21 世纪高等学校教材

Visual Basic 程序设计教程

主　编　于红光

副主编　冷金麟　王杰

上海交通大学出版社

内 容 提 要

本书是以微软公司的 Visual Basic 6.0 中文版为编程环境而编写的高等院校教材。全书共分 10 章，主要内容有：Visual Basic 入门、Visual Basic 编程基础、Visual Basic 程序设计、常用标准控件、数组、过程、可视化用户界面的设计、鼠标与键盘、文件和数据库的简单操作等。

本书根据教学规律，精心编排各章内容；结合课程的特点，注重培养学生的实际应用能力；每章中都以大量的案例，引导学生循序渐进地掌握基本内容；每章后配有经典的习题，以激发学生的学习兴趣。

与本书配套的实验教材《Visual Basic 程序设计上机实验与习题解答》同时出版。

本书另配有电子教案(PPT 格式)、所有例题、习题的解答及源程序，同时开发了基于 Windows 操作系统、适用于局域网的《Visual Basic 程序设计考试系统》，实现了理论知识和编程操作技能的全部自动化考核与判分，可供教材使用单位选用。联络邮箱：baiwen_sjtu@126.com

图书在版编目（CIP）数据

Visual Basic 程序设计教程／于红光主编 . —上海：
上海交通大学出版社，2006
ISBN 7-313-04610-3

Ⅰ.V... Ⅱ.于... Ⅲ.BASIC 语言－程序设计－教材 Ⅳ.TP312

中国版本图书馆CIP数据核字（2006）第129142号

Visual Basic 程序设计教程

于红光 主编

上海交通大学出版社出版发行
（上海市番禺路 877 号 邮政编码 200030）
电话：64071208 出版人：张天蔚
常熟市文化印刷有限公司印刷 全国新华书店经销
开本：787mm×1092mm 1/16 印张：20.5 字数：500 千字
2006 年 11 月第 1 版 2006 年 11 月第 1 次印刷
ISBN7－313－04610－3/TP·664 定价：29.50 元

21 世纪高等学校教材

编审委员会

前　　言

Visual Basic(简称 VB)简单易学、功能强大、应用广泛，不仅是计算机专业人员喜爱的开发工具，而且是非专业人员易于学习掌握的一种程序设计语言，也是目前在开发 Windows 应用程序中使用人数最多的一种面向对象的计算机高级语言。因此，近年来很多高校已将 VB 作为非计算机专业学生掌握的第一程序设计语言。

为了配合计算机基础教学新一轮的"1+X"课程体系改革，编者在结合多年 VB 教学与研发实践的基础上，针对非计算机专业学生初学计算机程序设计的特点，精心设计、组织编写了本书。

本书的主要特点是：在体系结构的安排上将 VB 的可视化编程方法和过程化程序设计思想进行有机地结合，依据大量的教学经验，实施案例驱动教学，对典型案例进行了详细的解题分析，给出操作步骤，在讲明概念、方法的同时，每章结尾再辅以一定量的习题巩固所学知识。通过通俗易懂的教学手段，启发学生的学习热情、调动学生的学习积极性，培养学生的程序设计思想和实际编程能力，以适应当今社会对大学教育发展的要求。

本书以 VB 6.0 为教学环境，全书内容共分 10 章。第 1 章是 VB 入门，讲解 VB 的基础知识，包括 VB 的启动、VB 的安装以及最基本的控件的使用方法。第 2 章是 VB 编程基础，介绍 VB 编程中最基本的知识，如数据类型、变量、运算符、函数等。第 3 章主要介绍 VB 程序设计中的一些基本算法、程序控制结构。第 4 章介绍 VB 的一些常用控件的使用方法，包括 VB 的标准控件和 ActiveX 控件。第 5 章与第 6 章分别介绍数组与过程的使用。第 7 章是用户界面的设计，介绍通用对话框、菜单及多重窗体的使用与设计。第 8 章讲述鼠标与键盘对系统的响应事件以及在 VB 环境下绘图的方法。第 9 章介绍文件系统控件的使用，讲解 VB 对文件的访问方式和操作手段。第 10 章介绍 VB 访问数据库的方法，包括 ADO 数据控件的使用和 SQL 语言的使用，并通过综合实例介绍用 VB 开发数据库的技术。

本书由于红光任主编并完成统编定稿，冷金麟、王杰任副主编。参加编写的有李明(第 1 章)、张桂容(第 2 章、附录 B)、宣善立(第 3、6 章)、冷金麟(第 4、8 章)、于红光(第 5、7 章)、周治钰(第 9 章)、王杰(第 10 章)，张继生参加了第 10 章的部分编写工作。在编写本书的过程中得到了广大同仁的支持，同时也参考了大量的书籍，在此向广大同仁和所有参考书籍的作者表示衷心的感谢。

由于时间仓促，加之我们水平有限，书中难免有疏漏和不足之处，恳请广大读者和专家指正。

编　者
2006 年 8 月

目 录

第 1 章　Visual Basic 入门

本章学习目标

➢　了解 Visual Basic(以下简称 VB)的发展及特点
➢　掌握 VB 的安装、启动和退出方法
➢　掌握 VB 的集成开发环境
➢　学会简单的 VB 控件设计
➢　掌握利用 VB 的集成开发环境开发应用程序的步骤

本章介绍 VB 的集成开发环境、简单的 VB 控件设计以及利用 VB 开发应用程序的过程。

1.1　Visual Basic 简介

1.1.1　Visual Basic 的发展

VB 是 Microsoft 公司于 1991 年在原 DOS 操作系统平台上广为流行的 BASIC 语言基础上开发出的新一代的、面向对象的、可视化的、以事件驱动为运行机制的程序设计语言，版本号为 1.0。其一经推出，就以其简单易学、语法简洁、功能强大等特点而深受广大编程人员的青睐，并因此而获得巨大成功。并于 1992 年至 1997 年，陆续推出 2.0 版、3.0 版、4.0 版、5.0 版。1998 年秋季，随着 Windows 98 的发行，Microsoft 又推出了功能更强、更完善的 VB6.0。该版本在创建自定义控件、对数据库的访问以及对 Internet 的访问等方面都得到了进一步的加强、完善和提高。Windows 2000 成功推出后，Microsoft 公司又推出了功能更强的版本 VB.net。本书以 VB 6.0 为基础介绍 VB 的使用。

1.1.2　Visual Basic 的特点

VB 采用可视化的图形用户界面(GUI)、面向对象的程序设计思想、事件驱动的工作机制和结构化的程序设计语言，简单易学、易于掌握，功能强大、界面丰富。

VB 具有如下特点：

1．可视化的编程

传统的程序设计语言是通过书写程序代码来进行程序开发的，编程人员在开发过程中看不到实际效果，必须编译后运行程序才能看到。VB 采用可视化的程序设计方法，开发人员利用系统提供的大量的可视化控件，按设计要求和布局，在屏幕上"画出"各种图形对象，并设置这些图形对象的属性，VB 自动产生这些图形对象的代码，开发人员只需编写程序功能的那一部分编码，就能大大提高程序设计的效率。

2．面向对象的程序设计

VB 提供的可视化控件，就是"对象"。VB 应用面向对象的程序设计方法(OOP)，将程序和数据封装为一个整体，作为一个对象，不同的对象赋予不同的功能。VB 自动产生这些图形对象的代码，并封装起来。

3．事件驱动的编程机制

VB 通过事件来执行对象的操作。在 VB 中，一个对象可以产生多个不同的事件，每个事件均能驱动一段程序，完成对象响应事件的工作，从而实现一段程序的功能。

4．结构化程序设计语言

VB 具有高级语言的语句结构，接近于自然语言，其语句简单易懂，结构清晰。在 VB 程序设计过程中，可随时运行程序；在整个应用程序设计完成后，可以编译生成可执行文件，脱离 VB 环境，直接在 Windows 环境下运行。

5．强大的数据库访问能力

VB 提供了强大的数据库管理和存取操作的能力。利用数据控件和数据库管理窗口，能直接编辑和访问多种数据库，还能通过 VB 提供的开放式数据连接接口(ODBC，Open Data Base Connectivity)，通过直接访问或建立连接的方式使用并操作后台大型网络数据库，如 SQL Server、Oracle 等。

此外，VB 还支持动态数据交换，支持对象链接与嵌入，支持 Active 技术，同时还提供强大的网络功能，并具备完备的联机帮助功能，为用户学习提供了多种途径。

1.2 Visual Basic 的安装与启动

1.2.1 Visual Basic 的安装

1．安装要求

任何一个软件都要占用计算机系统一定的资源，因此对计算机系统都有一定的要求，VB 系统程序对计算机系统的要求如下：

硬件要求：586 以上 CPU，16MB 以上内存，100MB 以上硬盘空间等。

软件要求：Windows 95/98/2000/XP 或 Windows NT。

2．安装

VB6.0 是 Visual Studio 6.0 套装软件中的一员，可与 Visual Studio 6.0 套装软件一起安装，也可以单独安装。一般都执行 VB 自动安装程序进行安装；也可执行 VB 子目录下的 Setup.exe 程序进行安装。VB 6.0 有两种安装方式：典型安装、自定义安装，一般选择典型安装。

安装步骤：将光盘插入光驱，根据安装程序的提示，逐一回答问题，如接受协议、输入序列号、单击"下一步"等，即可完成安装。VB 6.0 的联机帮助文件使用 MSDN(Microsoft Developer Network Library)文档的帮助方式，与 VB 6.0 系统不在同一 CD 盘上，而与"Visual Studio 6.0"产品的帮助集合在两张 CD 盘上，在安装过程中系统会提示插入 MSDN 盘。

1.2.2　Visual Basic 的启动

安装 VB 6.0 后，便可以启动运行 VB，与其他 Windows 应用软件一样，通常有以下 3 种启动方式：

(1) 通过"开始"按钮。单击桌面上的"开始"/"程序"菜单，然后打开"Microsoft Visual Studio 6.0 中文版"子菜单中的"Microsoft Visual Basic 6.0 中文版"程序，即可启动 VB 6.0。

(2) 利用快捷方式。若桌面上有 VB 6.0 的快捷图标，双击快捷图标也可启动 VB 6.0。

(3) 利用运行命令。可以在"开始"菜单的运行对话框中输入如下命令来启动 VB 6.0：

C:\Program Files\Microsoft Visual Studio\VB 98\VB6.exe

1.2.3　Visual Basic 的退出

退出 VB 有多种方式：

(1) 利用文件菜单。单击菜单"文件"/"退出"，即可退出 VB 环境。

(2) 利用快捷方式。利用快捷键 Alt+F4，即可退出 VB 环境。

(3) 利用标题栏。鼠标右击标题栏，选择"关闭"，即可退出 VB 环境。

(4) 利用"关闭"按钮。鼠标单击窗口右上方"关闭"按钮，即可退出 VB 环境。

注意：用户如果没有保存文件，退出 VB 环境时，系统会提示用户保存。

1.3　Visual Basic 应用程序设计的基本步骤

1.3.1　引例

以下以一个简单的案例，介绍利用 VB 环境开发 VB 应用程序的基本步骤。

【例 1-1】制作一个简单的可以进行加、减、乘、除算术运算的小型计算器，其界面如图 1-1 所示。要求在前两个空框(文本框)中输入两个数值，单击加、减、乘、除按钮中的一个，则第 3 个空框(文本框)中显示运算的结果；单击"清除"按钮，则清除文本框中的内容；单击"结束"按钮，则结束程序的运行。

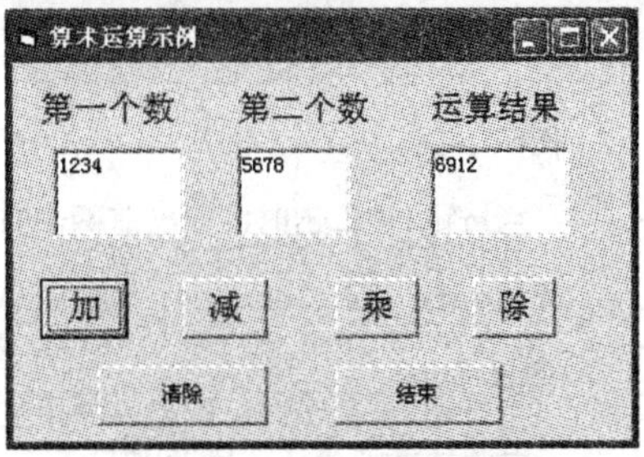

图 1-1　算术运算示例运行效果图

操作步骤：

(1) 设计用户界面：

① 启动 VB 环境，选择"标准 EXE"，单击"确定"命令，进入 VB 主窗口。

② 单击窗口左边工具箱中的"标签按钮" **A**，此时鼠标变成十字形状，拖动鼠标，分别在窗体上方画 3 个标签："Label1"，"Label2"，"Label3"。

③ 单击窗口左边工具箱中的"文本框按钮" [abl]，此时鼠标变成十字形状，拖动鼠标，分别在窗体上画 3 个文本框："Text1"，"Text2"，"Text3"。

④ 单击窗口左边工具箱中的"命令按钮" ▭，此时鼠标变成十字形状，拖动鼠标，分别在窗体上画 6 个命令按钮："Command1"，"Command2"，"Command3"，"Command4"，"Command5"，"Command6"。

⑤ 鼠标单击某个控件，此控件的周围即会出现 8 个控点，表示此控件已被选中，可进行操作。

⑥ 选中各控件，适当调整它们的大小和位置。

(2) 设置各相关控件的属性。依次选中各个控件，并在窗口右部的属性窗口中设置各控件的属性，如表 1-1 所示。

表 1-1　各相关控件的属性设置

控件名称	属　性	属性值	说　明
Label1	Caption	第一个数	标签的标题
Label2	Caption	第二个数	标签的标题
Label3	Caption	运算结果	标签的标题
Text1	Text	空	
Text2	Text	空	
Text3	Text	空	
Command1	Caption	加	按钮的标题
Command2	Caption	减	按钮的标题
Command3	Caption	乘	按钮的标题
Command4	Caption	除	按钮的标题
Command5	Caption	清除	按钮的标题
Command6	Caption	结束	按钮的标题
Form1	Caption	算术运算示例	窗体的标题

(3) 在代码窗口书写程序代码，算术运算示例代码分别如代码 1-1 和代码 1-2 所示。

(4) 保存工程：

① 保存窗体：单击菜单"文件"/"保存 form1"，并取名为例 1-1。

② 保存工程：单击菜单"文件"/"保存工程"，并取名为例 1-1。

(5) 运行工程。按 F5 功能键或菜单"运行/启动"或"运行"按钮▶，运行程序，即可得到如图 1-1 所示的运行结果，在文本框中输入数据，单击某个按钮即可产生相应的计算结果。

代码 1-1

```
'当按钮1被单击时，取出前两个文本框中的数据进行算术相加，
'并将结果显示在文本框3中
Private Sub Command1_Click()
    Text3.Text = Val(Text1.Text) + Val(Text2.Text)
End Sub
'当按钮2被单击时，取出前两个文本框中的数据进行算术相减，
'并将结果显示在文本框3中
Private Sub Command2_Click()
    Text3.Text = Val(Text1.Text) - Val(Text2.Text)
End Sub
'当按钮3被单击时，取出前两个文本框中的数据进行算术相乘，
'并将结果显示在文本框3中
Private Sub Command3_Click()
    Text3.Text = Val(Text1.Text) * Val(Text2.Text)
End Sub
```

代码 1-2

```
'当按钮4被单击时，取出前两个文本框中的数据进行算术相除，
'并将结果显示在文本框3中
Private Sub Command4_Click()
    Text3.Text = Val(Text1.Text) / Val(Text2.Text)
```

```
End Sub
'当按钮5被单击时，清除3个文本框中的数据
Private Sub Command5_Click()
    Text1.Text = ""
    Text2.Text = ""
    Text3.Text = ""
End Sub
'当按钮6被单击时，结束程序的运行
Private Sub Command6_Click()
    End
End Sub
```

1.3.2　程序设计基本步骤

首先让我们想像一场戏的演出过程，为表演一场戏，必须搭建舞台，舞台是摆放道具的地方，是为演员提供活动的场所；接着在舞台上摆放一些道具，道具按照剧情的要求制作，并摆放在特定的位置；接下来演员按照剧情的发展和需要登场，演员进行着不同的活动，而演员的活动则按照故事情节的发展进行着，并最终达到一个结局。舞台、道具、演员形成了一出戏的对象，它们融为一个有机的整体。

创建 VB 应用程序与表演一场戏非常类似，VB 应用程序设计者的工作与导演和编剧的工作相似。首先要设计用户界面——窗体(搭建舞台)；接着根据设计要求确定窗体上需要放置哪些控件(道具或演员)；再按照设计需要对这些事件编程(演员的活动)，最后保存和运行程序以达到最初设计的效果(结局)。程序的开发过程与编剧的编写过程相似；而程序的执行过程则是演员按导演的要求在舞台上表演的过程。

通过上述简单的例子可知，创建 VB 应用程序分为以下 5 个过程。

1．建立用户界面以及界面中的对象

按照上述过程，首先启动 VB 环境，选择"标准EXE"，单击"确定"命令，进入 VB 主窗口，导入一个窗体(Form1)，至此舞台的搭建工作完成；接着确定舞台上的演员，本例共用到 13 个对象：1 个窗体、3 个标签、3 个文本框、6 个命令按钮。窗体用来放置其他 12 个对象；3 个标签分别显示第 1 个数、第 2 个数、显示结果；3 个文本框用于输入和显示 3 个数据；6 个按钮分别用来激发一个事件，引发一个活动，达到一个效果。图 1-2所示为例 1-1 设计的界面以及界面上的对象。

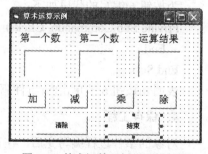

图 1-2　算术运算示例界面设计图

2．设置各个对象的属性

将各个对象按实际要求摆放在界面上的适当位置后，就要根据应用程序的要求，设置窗体及窗体上每个对象的属性值。用户每建立一个对象，系统会根据用户所建对象的外观特征，自动为每个对象的每个属性赋一个默认值。用户只需根据实际需要，修改控件的相关属性即可，无需对每个对象的每个属性进行设置。例 1-1 中各对象的属性只需按表 1-1 进行设置，其他的属性基本可以沿用系统的默认值。

设置对象的属性可在设计阶段或运行阶段进行，通常，对于反映对象外观特征的一些不变属性应在设计阶段完成；而一些内在的可变的属性应在编程中实现。

在设计阶段对属性进行设置一般有两步：

(1) 首先鼠标单击对象，以选定设置的对象。

(2) 在属性窗口选中需设置的属性，在右侧属性值栏中输入或选择相应的属性值。

3．为对象事件编写程序

VB 采用事件驱动机制，用户界面建立完成，开为各个对象设置了相应的属性后，就要根据应用程序的需要，编写程序，以某个事件来激发某个对象，从而完成某个任务，最终完成应用程序相应的功能，即对选择的对象编写事件过程代码。编程总是在代码窗口进行的，程序代码是针对某个对象的某个事件编写的，每个事件对应一个事件过程。

本例中为按钮 4 编写的代码如下：

```
Private Sub Command4_Click()
    Text3.Text = Val(Text1.Text) / Val(Text2.Text)
End Sub
```

表明当按钮 4 被单击时(事件驱动)，取出文本框 1 和文本框 2 中的文本，并将它们转换为数值后进行算术相除，再将结果显示在文本框 3 中(完成任务)。

为按钮 5 编写的代码如下：

```
Private Sub Command5_Click()
    Text1.Text = ""
    Text2.Text = ""
    Text3.Text = ""
End Sub
```

表明当按钮 5 被单击时(事件驱动)，清除 3 个文本框中的内容(完成任务)。

为按钮 6 编写的代码如下：

```
Private Sub Command6_Click()
    End
End Sub
```

表明当按钮 6 被单击时(事件驱动)，结束程序的运行(完成任务)。

4．保存工程

对象的事件过程编写完后，在试运行之前必须先保存程序，以避免因程序不正确造成意外的程序的丢失。程序运行结束后还要再次将修改过的有关文件保存到磁盘上。

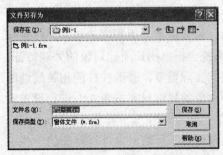

图 1-3　窗体另存为对话框

在 VB 中，一个应用程序是以工程文件的形式保存在磁盘上的。一个工程涉及多种类型的文件，如窗体文件，标准模块文件等。本例中仅涉及一个窗体，因此，只要保存一个窗体文件和一个工程文件。

文件的保存方法如下：

(1) 保存窗体文件。打开 VB 的菜单"文件" / "Form1 另存为"(窗体文件)，弹出"文件另存为"对话框，提示用户输入文件名，如图 1-3 所示。可在"保存在"文本框选择保存的文件夹；在"文件名"

文本框输入文件名；扩展名系统根据不同的文件类型自动添加，如：窗体文件扩展名为.frm，若不输入文件名，则系统默认窗体文件名为"Form1.frm"。本例取名为例 1-1.frm。

(2) 保存工程文件。打开 VB 的菜单"文件"/"工程另存为"(工程文件)，弹出"工程另存为"对话框，提示用户输入文件名，操作方法与保存窗体文件相同。工程文件扩展名为.vbp，若不输入工程文件名，则系统默认工程文件名为"工程 1.vbp"。本例取名为例 1-1.vbp。

整个工程所属文件保存完毕后，接下来就可运行应用程序了。

5．运行程序

在 VB 中，可以用两种方式运行程序，即编译运行模式和解释运行模式。

(1) 编译运行模式。打开菜单"文件"/"生成工程 1.exe"命令后，系统将读取程序中全部代码，将其转换编译为机器代码，并保存在扩展名为.exe 的可执行文件中，以后可脱离 VB 环境独立执行。

(2) 解释运行模式。打开菜单"运行"/"启动"命令；或按 F5 键；或单击工具栏上的"启动"按钮▶，系统读取事件激发的那段事件过程代码，将其转换为机器代码，边解释边执行该机器代码。由于转换后的机器代码不保存，如需再次运行该程序，必须再解释一次，运行速度比编译运行模式慢。此方式一般在开发阶段调试程序时使用。

当按"启动"按钮后，程序处于解释运行模式，程序等待用户激发事件，如：等待用户单击按钮，以激发事件，并执行相应的程序代码，从而实现相应的功能。若在程序运行过程中出错，系统将显示出错信息，并自动进入"中断"运行模式，回到代码窗口提示用户进行代码的修改，修改完毕，再运行，这是一个反复的过程，直到达到设计的效果。

1.4　Visual Basic 的编程环境

通过例 1-1 案例的制作，了解了利用 VB 环境开发程序的基本步骤，为更好的利用 VB 环境开发程序，以下系统地介绍 VB 环境。

1.4.1　主窗口

VB 启动后，出现如图 1-4 所示的启动窗口，该窗口列出了 VB 6.0 能够建立的应用程序类型，在该窗口中有 3 个标签：

(1) 新建：建立新工程。

(2) 现存：选择和打开已经建立好的工程。

(3) 最新：列出最近使用过的工程。

一般选择默认值"标准 EXE"。

单击"打开"按钮后，就可创建"标准 EXE"类型的应用程序，并进入如图 1-5 所示的 VB 6.0 应用程序集成开发环境，此窗口为利用 VB 环境开发程序的主窗口。

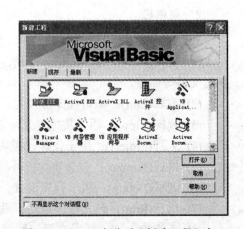

图 1-4　VB 6.0 启动后"新建工程"窗口

图 1-5   VB 6.0 主窗口

VB 6.0 的集成开发环境与其他的视窗软件类似，除具有常规的标题栏、菜单栏、工具栏外，还包括几个独立的窗口。

1. 标题栏

标题栏中的标题为"工程 1-Microsoft Visual Basic[设计]"，说明此时 VB 6.0 集成开发环境处于设计模式，进入其他状态时，方括号中的文字将作相应的变化。标题栏的最左端是窗口控制菜单按钮，右端是最小化按钮、最大化按钮和关闭按钮。

VB 有 3 种工作模式：

(1) 设计模式：可进行应用程序界面的设计和代码的编制，此模式用于开发应用程序。

(2) 运行模式：运行应用程序，此时不可编辑代码和界面，此模式用于显示运行结果。

(3) 中断模式：应用程序运行暂时中断，此时可编辑代码，但不可编辑界面，此模式用于调试程序。按 F5 键或单击"继续"按钮继续运行程序，单击"结束"按钮停止运行程序。在此模式下会弹出"立即"窗口，在窗口内可输入简短的调试命令，并立即执行。

2. 菜单栏

VB 6.0 菜单栏有 13 个下拉菜单，包括程序开发过程中需用到的命令，自左到右依次为：

(1) 文件(File)：包含新建、打开、添加、移出、保存工程、显示最近的工程以及生成可执行文件等命令。

(2) 编辑(Edit)：编辑程序源代码，包括复制、删除、查找、替换等。

(3) 视图(View)：用于集成开发环境下查看源程序代码和控件。

(4) 工程(Project)：用于控件、模块和窗体等对象的处理。

(5) 格式(Format)：包含窗体控件的对齐、尺寸、间距等格式化命令。

(6) 调试(Debug)：用于程序调试、命令查错。

(7) 运行(Run)：包含程序启动、设置中断和停止等程序运行的命令。

(8) 查询(Query)：用于在设计数据库应用程序时设计 SQL 属性。

(9) 图表(Diagram)：用在设计数据库应用程序时编辑数据库。

(10) 工具(Tools)：包含扩展集成开发环境的工具。

(11) 外接程序(Add_ins)：为工程增加或删除外接程序。

(12) 窗口(Windows)：用于屏幕窗口的层叠、平铺等布局及列出所有打开文档窗口。

(13) 帮助(Help)：帮助用户系统地学习和掌握 VB 6.0 的使用方法及程序设计方法。

3．工具栏

工具栏中提供了常用的菜单命令，利用它用户可快速访问菜单命令。图 1-6 是 VB 6.0 的标准工具栏。

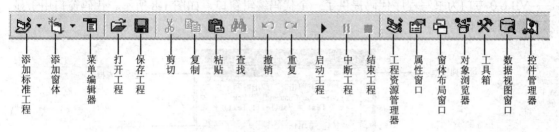

| 添加标准工程 | 添加窗体 | 菜单编辑器 | 打开工程 | 保存工程 | 剪切 | 复制 | 粘贴 | 查找 | 撤销 | 重复 | 启动工程 | 中断工程 | 结束工程 | 工程资源管理器 | 属性窗口 | 窗体布局窗口 | 对象浏览器 | 工具箱 | 数据视图窗口 | 控件管理器 |

图 1-6　标准工具栏

除标准工具栏以外，VB 6.0 还提供了编辑工具栏、窗体编辑器工具栏和调试工具栏等。显示或隐藏工具栏的方法是：选择菜单"视图"/"工具栏"命令或用鼠标在标准工具栏处单击右键来选取所需工具栏。

1.4.2　属性窗口

图 1-7 所示为属性窗口，属性窗口主要用来设置窗体和控件的属性。如每个对象的标题、颜色、字体、大小、位置等特征。点击属性窗口右上角的关闭按钮可以关闭属性窗口；如果没有属性窗口，可按快捷键 F4 或单击工具栏上的"属性窗口"按钮或单击菜单"视图"/"属性窗口"，即可弹出属性窗口。

属性窗口由以下几个部分组成：

1．对象列表框

用于显示窗体中的对象，单击其右边的下拉按钮可显示当前窗体所包含的对象列表。

2．属性显示排列方式

用于显示窗体中的所选对象的属性，通过窗口的滚动条可找到任何一个属性，窗口中的属性可以按以下两种方式排列：

按字母顺序：此时属性按字母的顺序排列。

按分类顺序：此时属性按外观、位置、行为、杂项等分类排列。

3．属性列表框

该列表框列出在设计模式下选定对象可更改的

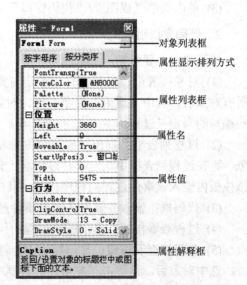

图 1-7　属性窗口

属性及缺省值，不同的对象其属性也不同。属性列表框由左右两部分组成，左边列出选定对象的各种属性名，右边列出其相应的属性值。用户可先选定某一属性，再在右部对该属性值进行设置或修改。

4．属性解释框

当用户在属性列表框中选定某属性后，解释框显示所选属性的含义。

1.4.3　代码窗口

VB 6.0 专门为书写程序代码提供了一个代码编辑窗口，如图 1-8 所示。代码窗口用于显示和编辑程序代码。

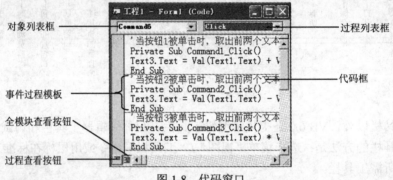

图 1-8　代码窗口

1．打开代码窗口的方式

打开代码窗口的方法有以下 3 种：

(1) 选中工程窗口中的一个窗体或标准模块，并单击"查看代码"按钮。

(2) 在窗体窗口中，用鼠标双击窗体窗口的控件或窗体本身。

(3) 单击菜单"视图"/"代码窗口"命令。

2．代码窗口组成

代码窗口主要包括：

(1) 对象列表框：显示窗体中选定对象的名称，单击右边的下拉按钮，将显示窗体中的所有对象名。其中"通用"表示与特定对象无关的通用代码，一般在此声明窗体级变量或用户编写的自定义过程。

(2) 过程列表框：列出对象列表框中相应对象的事件过程名称。在对象列表框中选定对象，再在过程列表框中选定事件过程名，代码框将显示所选对象的事件过程模板，用户可在该模板内输入该事件过程的程序代码。其中"声明"表示声明窗体级变量。

(3) 代码框：输入并显示各对象事件过程的程序代码。

(4) 过程查看按钮：显示所选过程的代码。

(5) 全模块查看按钮：显示模块中全部过程的代码。

选中对象后，再单击对象事件列表框中的事件，相应的事件过程的模板将出现在代码窗口，再在事件过程的模板内部即事件过程的开头语句和结尾语句之间输入程序代码。在 VB

程序设计中，许多功能封装在对象内部，因此，在实际编程时，只要编写少量的代码来满足应用程序的某些功能就行。

1.4.4　工程资源管理器窗口

图 1-9 所示为工程资源管理器窗口，它包含了正在运行的 VB 应用程序具有的所有文件清单。VB 将一个应用程序视为一项工程，用创建工程的方法来创建一个应用程序，并利用工程资源管理器窗口来管理工程。工程文件的扩展名为.vbp，工程文件名显示在标题栏内，工程的所有文件以类别、按层次结构的方式显示，单击 "+" 的节点，可展开一层；单击 "–" 的节点，可折叠文件夹；双击窗体文件名可打开该窗体。VB 6.0 的工程资源管理器窗口还可以将多个工程组织成一个工程组，并将工程组保存为一个工程组文件，扩展名为.vbg。

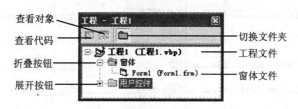

图 1-9　工程资源管理器窗口

工程资源管理器窗口标题栏下面有 3 个按钮，自左至右分别为：

(1) 查看代码按钮：切换到代码窗口，显示和编辑代码。

(2) 查看对象按钮：切换到窗体窗口，显示和编辑对象。

(3) 切换文件夹按钮：切换文件夹显示的方式。

工程资源管理器的列表窗口主要包括以下两种类型的文件：

(1) 窗体文件：扩展名为.frm，此文件用于存储窗体中的所有对象以及与此对象相关的属性、过程、代码。

(2) 标准模块文件：扩展名为.bas，此文件用于存储所有模块级的变量和用户自定义的通用过程。

1.4.5　立即窗口

立即窗口如图 1-10 所示，它是为调试应用程序而设置的。在用户调试程序时，如果需要了解某个表达式或某个变量的值，可直接在立即窗口中用 Print(或 ?) 方法或直接在程序中用 Debug.Print 方法显示。

图 1-10　立即窗口

1.4.6　窗体布局窗口

图 1-11 所示为窗体布局窗口，它主要用来指定应用程序运行时，窗体在屏幕上的初始位置。可用鼠标左键将此窗口中的窗体拖到某一位置，则程序运行时，该窗体就会显示在屏幕中对应的位置。

图 1-11　窗体布局窗口

1.4.7　工具箱窗口

图 1-12 所示为工具箱窗口。工具箱窗口位于窗体的左侧,由多个工具按钮组成。除指针外,每个工具按钮代表可在窗体上设计的一种控件,共 20 个,称为标准控件。其中"指针"不是控件,仅用于移动窗体和窗体上的控件,并调整它们的大小。当用户需要某个工具时,先用鼠标单击工具箱中的工具按钮图标,此时鼠标变为十字形状,在窗体上拖动鼠标到适当大小,即可画出相应的控件。

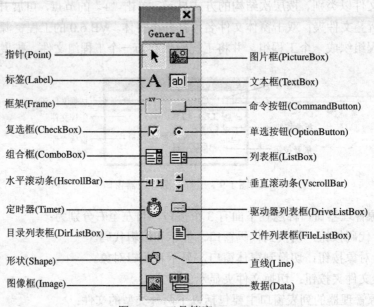

图 1-12　工具箱窗口

工具箱窗口中的控件为标准控件,除此之外,VB 环境还提供了大量其他的控件。必要时,用户还可通过菜单"工程"/"部件"命令,将 Windows 中注册过的 Active X 控件放置到工具箱窗口中去。

在设计状态下,工具箱总是出现在主窗体的左侧,单击其右上角的关闭按钮,可关闭工具箱窗口;单击"视图"菜单中的"工具箱"命令,即可显示工具箱窗口。在运行状态下,工具箱自动隐藏。

1.5　Visual Basic 的对象、属性、方法和事件

VB 是面向对象的程序设计语言,面向对象程序设计的核心是对象。VB 应用程序的设计,就是与 VB 提供的大量对象进行交互的过程,所以必须准确理解和掌握对象的概念。

1.5.1　对象和类

面向对象程序设计方法将客观世界看成是由各种各样的实体组成,这些实体就是面向对象方法中的对象。

对象(Object)是包含现实世界物体特征的抽象实体,反映了系统为之保存信息和与之交互

的能力。每个对象有各自的内部属性和操作方法,整个程序是由一系列相互作用的对象构成的,对象之间的交互通过发送消息来实现。

消息(Message)是向某对象请求服务的一种表达方式,对象内有方法和数据,外部的用户或对象向该对象提出服务请求,可以称为向该对象发送消息;当该对象完成请求服务后,也可向外部用户或对象发送服务完成的消息。

类(Class)是指具有相同的属性和操作方法,并遵守相同规则的对象的集合。从外部看,类的行为可以用新定义的操作(方法)加以规定。类是对象集合的抽象,规定了这些对象的公共属性和方法;而对象是类的一个实例。

在现实生活中对象和类随处可见。例如,学生是一个类,而王同学则是一个对象;汽车是一个类,而某一辆汽车则是一个对象;书是一个类,而《Visual Basic 程序设计教程》则是一个对象。

在 VB 应用程序设计中,构成图形用户界面(GUI)的每一个可视的部件,均可视为对象。即工具箱上的可视部件均是类,它是 VB 环境提供的标准控件类,而在窗体上画一个控件,则是利用 VB 环境提供的标准控件类创建一个对象,即控件,如图 1-13 所示。图形左部为工具箱上的类,右侧为利用类创建的一个对象。

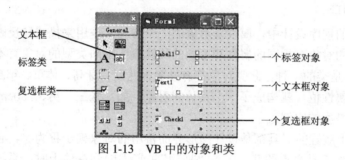

图 1-13　VB 中的对象和类

1.5.2　对象的建立和编辑

VB 中的对象分为窗体和控件两大类。窗体就是窗口本身,是屏幕上的一个矩形区域,创建工程时则创建了一个窗体对象;控件则是窗体上构成图形用户界面的一些基本组成部件。

1. 对象的建立

在窗体上创建对象有两种方法:

(1) 鼠标双击工具箱上所需的控件图标,则立即在窗体上出现一个默认大小的对象框。

(2) 鼠标单击工具箱上的控件图标,此时鼠标变成十字形状,在窗体上按住左键拖曳到所需的大小后释放鼠标。

2. 对象的选定

与 Windows 环境下的其他操作相同,如果需要对对象进行操作,必须先选定对象,被选定的对象周围出现 8 个控点。选定对象有多种方法:

(1) 鼠标单击对象,即可选定对象。

(2) 在窗体上拖动鼠标,即可选定某一范围内的连续的对象。

(3) 先选定一个对象,按住 Ctrl 键,再选取其他的对象。此法用于选择离散的对象。

3. 对象的编辑

(1) 对象的复制。首先选中对象，单击鼠标右键，选择"复制"，再单击鼠标右键，选择"粘贴"，此时显示是否创建控件数组对话框，选择"否"。

注意：在 VB 环境下，利用复制功能容易创建为控件数组，建议反复使用创建的方法。

(2) 对象的删除。首先选中对象，按 Del 键删除对象；或单击鼠标右键，选择"剪切"或"删除"。

(3) 对象位置的改变。拖动对象可以改变其在窗体上的位置，或使用键盘"Ctrl+方向箭头"组合键移动对象位置，也可通过改变对象的位置属性实现。

(4) 对象大小的改变。选定对象，利用 8 个控点拖曳鼠标可以调整对象的大小，也可通过改变对象的长宽属性实现。

1.5.3 对象的属性、事件和方法

VB 的对象是具有特殊属性和行为方法的一个可视化实体，每一个对象均有自己的特殊属性、事件和方法。属性、事件和方法构成了对象的三要素。

1. 对象的属性

在面向对象的程序设计中，属性是对象的一个特性，是用来描述和反映对象特征的一系列数值。同类型的对象有相同的属性和不同的属性值；不同类型的对象有不同的属性。

例如，"人"是类的一种，此类对象都有姓名、性别、身高、体重、年龄等属性，给这些属性赋以具体的属性值，就构成了一个具体的对象，如：张三、男、180cm、60kg、20 岁则是一个对象，它是类的实例。

VB 工具箱上放置的工具都是设计图形界面常用的对象模子称为类，它们的属性没有具体数值。当用户将工具箱上的某一工具"拖动"(或双击)到窗体上时，系统为它设置了初始属性值，创建了一个具体对象。例如，TextBox 是一个类，它具有外观、位置、行为、字体等多个属性；而 Text1 是一个对象，它具有具体的外观、位置、行为、字体的属性值。

设置对象的属性值有两种方法：

(1) 在设计阶段利用属性列表框进行设置。

(2) 在程序中通过程序代码进行设置。在程序中设置属性的语法格式为：

对象名.属性名=属性值

如：Text1.height=735；Command1.visible=true；Label1.backcolor= &H8000000F&等。

2. 对象的事件、事件过程和事件驱动

(1) 事件。在 VB 中，事件是发生在对象身上、能被对象识别的动作，也可理解为传送给对象的消息。VB 系统为每个对象预先定义了一系列的事件。例如，若用鼠标单击对象，则会在该对象身上产生一个单击事件(Click)；双击对象，则会在该对象身上产生一个双击事件(DblClick)；还有改变(Change)、鼠标移动(MouseMove)、键盘按下(KeyPress)等等事件。事件正是激发某一过程的导火索。

(2) 事件过程。当事件发生在对象上后，则激发了此事件背后的一段应用程序；应用程序就要处理这个事件，处理事件的步骤就是事件过程。每一个事件过程都是针对某个对象的

某个事件，都是为达到某一目的而编写的。开发 VB 应用程序的主要工作就是为对象编写事件过程的代码，其一般格式为：

Private Sub 对象名_事件([参数列表])

…　'事件过程代码

End Sub

其中，Sub 为定义过程开始的语句，End Sub 为定义过程结束的语句，Private 表示该过程为局部过程。具体编程时只要选中了编程对象和该对象要响应的事件，对应的事件过程模板由 VB 系统自动产生，用户只需在事件过程中编写实现具体功能的程序代码即可。如：

Private Sub Command5_Click()

　　Text1.Text = ""　　　　　'表明当按钮 5 被单击时，清除文本框 1 中的内容

　　Text2.Text = ""　　　　　'表明当按钮 5 被单击时，清除文本框 2 中的内容

　　Text3.Text = ""　　　　　'表明当按钮 5 被单击时，清除文本框 3 中的内容

End Sub

　　(3) 事件驱动程序设计。在传统的面向过程的程序设计中，应用程序的执行总是从主模块的第一行代码开始，按照程序设计者的要求，随着程序的流程执行相应的代码，即程序自身控制了程序的执行顺序。程序执行的顺序由程序设计人员编写的代码决定，用户无法改变程序的执行流程。

　　在面向对象的程序设计中，程序的执行采用事件驱动的编程机制。应用程序启动后处于等待状态，等待某个事件的发生，当发生了某个事件，则执行这个事件的过程；完毕后继续等待下一个事件的发生；若没有事件发生，则整个程序将处于停滞等待状态，如此周而复始地执行，直到遇到"END"结束语句结束程序的运行或单击工具栏上的"结束"按钮■强行结束程序的运行。由此可见，程序的执行顺序受事件的发生顺序的影响，而事件的发生顺序往往是随机的，即发生事件的顺序决定了事件驱动的顺序，也决定了代码执行的顺序。

　　VB 应用程序的执行步骤如下：

　　① 启动应用程序，装载和显示窗体。

　　② 窗体或窗体上的对象等待事件的发生。

　　③ 事件发生时，执行相应的事件过程。

　　④ 重复执行步骤②和③。

　　⑤ 直到遇到"END"结束语句结束程序的运行。

　　3. 对象的方法(Method)

　　"方法"是指对象本身所包含的一些特殊函数或过程，利用对象内部自带的函数或过程，可以实现对象的一些特殊功能和动作。面向对象的程序设计中，对象除有属于自己的属性和事件外，还拥有属于自己的行为即方法。VB 环境将一些常用的过程和函数事先编好，并封装起来放在系统内部，供用户随时调用。当用方法来控制某一个对象的行为时，其实质就是调用该对象内部的那个特殊的函数或过程。

　　在 VB 中，对象方法的调用格式为：

　　对象名.方法名[参数名表]

　　若省略了对象名，表示为当前对象，一般指窗体。如果方法需要带一些参数，只需将参

数放在方法名后面即可。

图 1-14　窗体对象及其 Print 方法

例如，窗体对象拥有 Print 方法，调用 Print 方法可以在窗体上显示信息，如果 Print 方法后没有内容则表明换行。

【例 1-2】在窗体上利用方法显示信息"欢迎使用 VB6.0"，图 1-14 所示为 VB 中的窗体对象以及利用 Print 方法在窗体上显示信息的效果。

1.6　简单控件设计

1.6.1　窗体

窗体为图形用户界面提供了一个基本平台(舞台)，它是所有控件的容器，所有的控件都放置在窗体上。窗体的结构如图 1-15 所示。

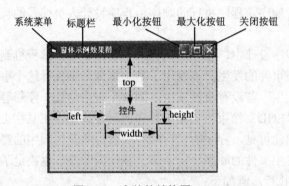

图 1-15　窗体的结构图

1．主要属性

窗体有自己的属性、事件和方法，在向工程添加了新窗体后，设计窗体的第一步就是设置或修改窗体的属性，以使窗体的外观特征符合设计的要求。窗体的主要属性如表 1-2 所示。

说明：

(1) Height、Width、Left、Top 属性。其单位为 twip，是 1 点(Point)的 1/20，或是 1/1440in，或是 1/567cm。

(2) BackColor 和 ForeColor 属性。在属性窗口中选中属性，单击向下小箭头，将弹出一个列表，用户可以选择用调色板设置或使用系统颜色设置，还可直接键入颜色参数或在程序中设置。

(3) Icon 和 Picture 属性。在属性窗口中，可以单击属性设置框右边的"…"，打开一个"加载图标"或"加载图片"对话框，用户可以选择一个扩展名为.ico 或.cur 的图标文件或图形文件装入；也可在程序中通过 LoadPicture()函数设置该属性。如：

Form1.Picture = LoadPicture(图形文件源路径及文件名)

(4) Font 属性。单击 Font 设置框右边的"…",打开 Font 属性对话框。该对话框中有字体、字形、大小等选项,其设置方法与 Word 中的字体的设置相同。

以上是窗体的一些主要属性。其他属性可通过属性窗口下面的属性功能说明来了解。

表 1-2 窗体的主要属性

属性名		属性值	说 明
Name		字符串	用于设置窗体的名称,中英文均可,默认名称为 Form1
Caption		字符串	用于设置窗体标题栏中显示的文本,默认标题为 Form1
Height		数值	用于指定窗体的高度
Width		数值	用于指定窗体的宽度
Left		数值	用于确定窗体左上角的坐标位置,即窗体左上角离屏幕左边的距离
Top		数值	用于确定窗体左上角的坐标位置,即窗体左上角离屏幕顶边的距离
Font	FontName	字符串	用于设置窗体或对象上文本的字体
	FontSize	整数	用于设置窗体或对象上文本字体的大小,单位为磅,范围 1~2160
	FontBold	逻辑值	该属性值为 True 时用于设置窗体或对象上显示的文本为粗体
	FontItalic	逻辑值	该属性值为 True 时用于设置窗体或对象上显示的文本为斜体
	FontStrikethru	逻辑值	该属性值为 True 时用于给窗体或对象上显示的文本加一删除线
	FontUnderline	逻辑值	该属性值为 True 时用于给窗体或对象上显示的文本加一下划线
Enabled		逻辑值	用于决定是否允许操作窗体,True:允许;False:禁止
Visible		逻辑值	用于决定程序运行时窗体是否可见,True:可见;False:不可见
MaxButton		逻辑值	用于设置窗体右上角的最大化按钮,True:有;False:无
MinButton		逻辑值	用于设置窗体右上角的最小化按钮,True:有;False:无
ControlBox		逻辑值	用于设置窗口控制框的状态,True:有;False:无
Icon			用于设置窗体最小化时的图标
ForeColor		整数	用于设置窗体或对象的前景颜色
BackColor		整数	用于设置窗体或对象的背景颜色
Border Style	None	0	窗体无边框,无法移动及改变大小
	Fixed Single	1	窗体为单线边框,可移动但不可改变大小
	Sizable	2	窗体为双线边框,可移动并可以改变大小
	Fixed Dialog	3	窗体为固定对话框,不可改变大小
	Fixed ToolWindow	4	窗体外观与工具条相似,有关闭按钮,不能改变大小
	Sizable Toolwindow	5	窗体外观与工具条相似,有关闭按钮,能改变大小
Picture		字符串	用于设置窗体中要显示的图片
Windows State	Normal	0	正常窗口状态,有窗口边界
	Minimized	1	最小化状态,以图标方式运行
	Maximized	2	最大化状态,无边框,充满整个屏幕

2. 事件

与窗体有关的事件较多,最常用的事件有下述几种:

(1) Click 事件。程序运行后,当用户将鼠标指针置于窗体上,单击鼠标左键,便会在该窗体上触发 Click(单击)事件。Click 事件过程格式为:

```
Private Sub Form_Click( )
    ...
End Sub
```

注意：单击的位置上必须无其他对象，否则就会激发其他对象的单击事件。

(2) DblClick 事件。程序运行后，当用户将鼠标指针置于窗体上，双击鼠标左键，便会在该窗体上触发 DblClick(双击)事件。双击事件实际上激发两个事件，第 1 次激发单击事件，第 2 次激发双击事件。DblClick 事件过程格式为：

```
Private Sub Form_DblClick( )
    ...
End Sub
```

(3) Load 事件。Load 事件通常用来在启动应用程序时对属性和变量进行初始化。当窗体从磁盘装入内存时自动引发该事件。它由系统操作触发或通过 Load 语句触发。程序启动后如果存在这个事件过程，则执行它；如果不存在这个事件过程，则显示窗体。Load 事件过程格式为：

```
Private Sub Form_Load( )
    ...
End Sub
```

(4) UnLoad 事件。当从内存中清除一个窗体时触发此事件。

另外，窗体装载和关闭时，系统还会自动产生 Initialize 事件、Resize 事件、Paint 事件、Activate 事件、Deactivate 事件、QueryUnLoad 事件、Terminate 事件。用户使用鼠标或键盘操作应用程序时，还会触发窗体的 MouseDown(鼠标按下)、MouseUp(鼠标释放)、MouseMove(鼠标移动)、KeyDown(键按下)、KeyUp(键释放)、KeyPress(键按下并释放)等等事件。

3. 方法

窗体的常用方法有：Print 方法、Cls 方法、Move 方法等。

【例 1-3】当用户运行程序，在标题栏显示"装入窗体"；单击窗体，在标题栏显示"鼠标单击"，在窗体上显示"单击窗体"；当用户双击窗体，在标题栏显示"鼠标双击"，并在窗体上显示"双击窗体"。图 1-16 所示为 VB 中的窗体对象以及利用 Print 方法在窗体上显示信息的效果。窗体上显示信息的代码如代码 1-3 所示。

代码 1-3

```
Private Sub Form_Load()
    Caption = "装入窗体"
    Font.Size = 40
    Font.Name = "隶书"
End Sub
Private Sub Form_Click()
    Cls
    Caption = "鼠标单击"
    Print "单击窗体"
End Sub
Private Sub Form_DblClick()
    Cls
    Caption = "鼠标双击"
    Print "双击窗体"
End Sub
```

图 1-16　窗体上显示信息的效果

1.6.2　标签

标签(Label)主要用于显示一小段文本信息，通常用来标注本身不具有 Caption 属性的控件，如利用标签给文本框控件附加描述信息等。标签控件的内容只能用 Caption 属性进行设置或修改，不能直接编辑。

1. 主要属性

标签具有窗体以及其他控件的一些共同属性，如 BackColor、ForeColor 等属性是用来设置控件外观；Font 属性是用来描述字体的；Height、Left、Top、Width 等属性是用来描述控件位置的；Enabled、Visible 是用来描述控件的行为能力等。除此之外，还有一些其他常用的属性，如表 1-3 中所示。

表 1-3　标签的常用属性

属性名	属性值	说　明
Caption	字符串	显示在标签上的正文(标题)
Alignment	0	显示的标题靠左
	1	显示的标题靠右
	2	显示的标题居中
Autosize	True	根据显示的标题自动调整大小
	False	保持设计时的大小
BorderStyle	0	标签无边框
	1	标签有边框(单边框)
BackStyle	0	标签覆盖背景
	1	标签透明

2. 事件

和其他控件一样，标签可触发 Click 和 DblClick 等事件，但标签一般用来显示标题或文字说明，不用来触发事件，因而一般无需为标签编写程序。

【例 1-4】在窗体中建立 4 个标签，各标签的主要属性设置如表 1-4 所示，其对应效果如图 1-17 所示。

(a) 标签的样式设计图

(b) 标签的样式效果图

图 1-17　例 1-4 图示

表 1-4　例 1-4 中各控件的主要属性

控件名称	Caption	BorderStyle	Autosize
Label1	BorderStyle=0，Autosize= True	0	True
Label2	BorderStyle=1，Autosize= True	1	True
Label3	BorderStyle=0，Autosize= false	0	false
Label4	BorderStyle=1，Autosize= false	1	false

【例 1-5】在窗体中建立 3 个标签，各标签的主要属性设置如表 1-5 所示。其对应效果如图 1-18 所示。

表 1-5　例 1-5 中各控件的主要属性

控件名称	Caption	Alignment
Label1	北京欢迎您！	0—Left Justify(居左)
Label2	北京欢迎您！	1—Right Justify(居右)
Label3	北京欢迎您！	2—Center(居中)

(a) 标签的对齐设计图　　　　　　　　　　　(b) 标签的对齐效果图

图 1-18　例 1-5 图示

1.6.3　文本框

文本框(TextBox)为用户提供了一个编辑文本的区域，在此区域中既能够显示又能够编辑文本信息。

1. 属性

文本框常用属性如表 1-6 所示。

表 1-6　文本框的常用属性

属性名	属性值	说　明
Text	字符串	文本框中显示的文本内容
MaxLength	数值	用来设置文本框中允许输入的最大字符数。默认值为 0，表示没有字符数的限制；如果为非零，此值即为允许输入的最大字符数
MultiLine	True	允许在文本框中输入多行文字
	False	文本框中只能输入一行文字
PasswordChar	字符串	设置口令输入。默认值为空，此时输入的字母按原样显示在文本框中；若为非空字符，则输入字符用该非空字符显示在文本框中

(续表)

属性名	属性值	说　　明
ScrollBars	0(默认)	文本框没有滚动条
	1	文本框只有水平滚动条
	2	文本框只有垂直滚动条
	3	文本框同时拥有水平和垂直滚动条
SelLength	数值	文本框中当前选中的字符个数。该属性只能在程序中进行设置和返回
SelStart	数值	文本框中当前选中的字符中第一个字符的位置。第一个字符的位置为0。该属性只能在程序中进行设置和返回
SelText	字符串	文本框中当前选中的文字内容。该属性只能在程序中进行设置和返回
Locked	True	文本框中的文字内容不可编辑
	False	文本框中的文字内容可以编辑

2．事件

文本框和窗体一样支持 Click 和 DblClick 事件，另外还支持以下最常用的事件。

(1) Change 事件。当文本框的 Text 属性值发生变化时，即用户向文本框输入新的信息，或对文本框的 Text 属性重新赋值时，将触发 Change 事件。用户每输入一个字符，将引发一次 Change 事件。

(2) GotFocus 事件。当文本框具有焦点时，即光标定位在文本框中时，触发该事件。

(3) LostFocus 事件。当文本框失去焦点时，即光标不在文本框中时(光标移到其他位置)，触发该事件。

(4) KeyPress 事件。在文本框获得焦点后，当用户在键盘上按下某个键时触发 KeyPress 事件，此时 KeyPress 事件会自动返回一个 KeyAscii 参数，此参数即为用户按下的键符的 Ascii 码。用户每输入一个字符，将引发一次 KeyPress 事件。

3．方法

文本框常用的方法是 SetFocus 方法，调用该方法，可以使文本框获得焦点。

【例 1-6】编写程序，用文本框检查用户输入的口令。在窗体上建立 1 个文本框，将其 PasswordChar 属性值设置为 "*"，Text 属性为空，其他属性使用默认值，设置其正确口令为 "123456"。

解题分析：程序启动运行后，用户在文本框中输入口令，并按下回车键确认输入完毕。在输入过程中，每输入一个字符，都将触发文本框的 KeyPress 事件，并获取输入字符的 ASCII 码值，给该事件以 KeyAscii 参数。事件中，当获取的 ASCII 码值为 13 时(即用户按下回车键时)，表示口令输入完毕，然后判断其正确性，若口令正确，在窗体中显示 "口令正确！"，否则在窗体中显示 "口令错误，请重新输入口令！"，并将文本框清空，等待用户重新输入口令。

运行结果如图 1-19 所示，其程序代码如代码 1-4 所示。

　　　　(a) 口令正确效果图　　　　　　　　　　
　　　　　　　　　　　　　　　　　　　　　　　　(b) 口令错误效果图

图 1-19　例 1-6 图示

代码 1-4

```
Private Sub Text1_KeyPress(KeyAscii As Integer)
   If KeyAscii = 13 Then    '判断是否按下了回车键
      If Text1.Text = "123456" Then
         Form1.Cls
         Print "口令正确!"
      Else
         Text1.Text = ""
         Form1.Cls
         Print "口令错误!请重新输入口令!"
      End If
   End If
End Sub
```

【例1-7】在窗体中建立4个文本框(它们的属性均可使用默认值),观察文本框的Change事件。

解题分析: 程序启动运行后,单击窗体,在第一个文本框中将显示由Form_Click事件过程中为其设定的内容;执行该事件后,由于Text1中所显示的内容被改变,即其Text属性值被改变,于是触发Text1_Change事件,则在Text2用小写字母显示文本框Text1中的内容;单击Text3,则在Text3中用大写字母显示文本框Text1中的内容;双击Text4,则在Text4中显示文本框Text1中的选定的内容。

其设计效果如图1-20(a)所示,执行效果如图1-20(b)所示,程序代码如代码1-5所示。

(a) 文本框设计图   (b) 文本框效果图

图1-20   例1-7图示

代码 1-5

```
Private Sub Form_Click()
   Text1.Text = " Visual Basic 6.0!"
End Sub
Private Sub Text1_Change()
   Text2.Text = LCase(Text1.Text) '将文本框2中的英文转变为小写
End Sub

Private Sub Text3_Click()
   Text3.Text = UCase(Text1.Text) '将文本框3中的英文转变为大写
End Sub

Private Sub Text4_DblClick()
   Text4.Text = Text1.SelText    '文本框4中的内容取自
End Sub                          '文本框1的选取部分
```

1.6.4   命令按钮

命令按钮(Command Button)是VB 6.0应用程序中最常用的控件,用户可以通过单击命令按钮执行一些操作。

1. 属性

命令按钮的常用属性如表 1-7 所示。

表 1-7　命令按钮的常用属性

属性名	属性值	说　明
Caption	字符串	在按钮上显示的标题信息，可在标题信息中的某个字母前加 "&"，标题中的该字母将带下划线并成为快捷键，当用户按下 Alt+字母相当于用鼠标单击该按钮
Cancel	逻辑值	该属性被设为 True 时，按键盘上的 Esc 键与单击该命令作用相同。在一个窗体中，只允许有一个命令按钮的 Cancel 属性设为 True
Default	逻辑值	该属性被设为 True 时，若窗体中所有的按钮都不具有焦点，则按回车键与单击该命令的按钮作用相同。在一个窗体中，只允许有一个命令按钮的 Default 属性设为 True
Picture	数值	如果 Style 属性为 1，则 Picture 属性可显示图形文件
Style	0	按钮上不可显示图形
	1	按钮上可显示图形，也可以显示文字
ToolTipText	字符串	设置当鼠标在控件上暂停时显示的文本

2. 事件

命令按钮通常响应 Click 事件和 DblClick 事件。

【例 1-8】 在窗体上建立以下控件：

(1) 建立 5 个标签，它们的 Caption 属性依次为数学、英语、物理、总分、均分。

(2) 建立 5 个文本框，它们的 Text 属性为空。

(3) 建立 4 个按钮，它们的 Caption 属性依次为统计总分、计算均分、清屏、结束。

窗体的 Caption 属性为学生分数的统计。适当调整它们的大小和位置。

解题分析：它们的其他属性均可使用默认值。程序启动运行后，在文本框中输入相应的各门功课的成绩，单击统计总分按钮，Text4 文本框中显示总分；单击计算均分按钮，Text5 文本框中显示均分；单击清屏按钮，清除文本框中的信息；单击结束按钮，结束程序的运行。

其执行结果如图 1-21 所示，程序代码如代码 1-6 所示。

(a) 按钮效果图一　　　　　　　　　　(b) 按钮效果图二

图 1-21　按钮效果图

代码 1-6

```
Private Sub Command1_Click()
    Text4.Text = Val(Text1.Text) _
            + Val(Text2.Text) + Val(Text3.Text)
End Sub
```

```
Private Sub Command2_Click()
  t! = Val(Text1.Text) + Val(Text2.Text) + Val(Text3.Text)
  Text5.Text = t / 3
End Sub

Private Sub Command3_Click()
  Text1.Text = "": Text2.Text = "": Text3.Text = ""
  Text4.Text = "": Text5.Text = ""
End Sub

Private Sub Command4_Click()
  End
End Sub
```

1.6.5　常用方法

在面向对象的程序设计中，最基本的元素是对象，属性则是说明对象的某一方面的特征；事件是激励对象引发某个过程；除此之外，VB 环境还为不同的对象提供了不同的方法。当用方法来控制某一个对象的行为时，其实质就是调用该对象内部的那个特殊的函数或过程。

在 VB 中，对象方法的调用格式为：

[对象名.]方法名[参数名表]

若省略了对象名，表示为当前对象，一般指窗体。如果方法需要带一些参数，只需将参数放在方法名后面即可。常用的方法有：

1．Print 方法

格式：

[对象.]Print[Spc(n)|Tab(n)][表达式列表][, |;]

功能：

在窗体、打印机或图片框上输出变量或表达式的值或其他信息。

说明：

(1) Spc(n)表明输出时从当前位置开始，插入 n 个空格。

(2) Tab(n)表明将其后需要输出的值从第 n 列开始，第 1 列是从对象的最左端开始算起，如果当前位置的列数大于 n，则输出将从下一行的第 n 列开始。

(3) 表达式列表是数值或表达式序列，如果省略表达式列表，即 Print 后面无任何内容，则输出一个空行；如果有多项，则以空格或逗号或分号相间隔，也可以 Spc(n)或 Tab(n)相间隔："；(分号)"表明将其后需要输出的值定位在前一次输出字符的后面；"，(逗号)"表明将其后要输出的值定位在下一个打印区的开始位置，而打印区以 14 列为间隔；无任何符号间隔，则表明换行输出。

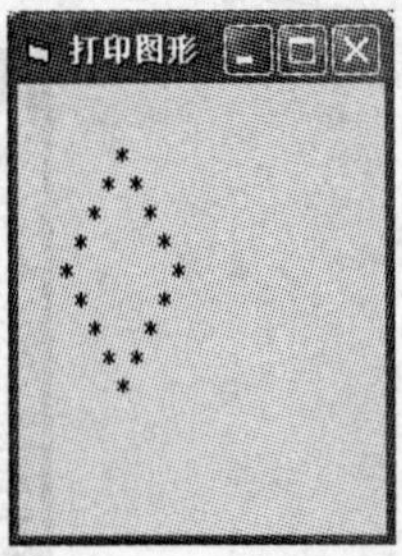

【例 1-9】在窗体上打印如图 1-22 所示的钻石形状，编写程序代码如代码 1-7 所示。

图 1-22　钻石形状图

代码 1-7

```
Private Sub Form_Click()
    Print: Print: Print Tab(8); "*"
    Print Tab(7); "*"; Tab(9); "*"
    Print Tab(6); "*"; Tab(10); "*"
    Print Tab(5); "*"; Tab(11); "*"
```

```
        Print Tab(4); "*"; Tab(12); "*"
        Print Tab(5); "*"; Tab(11); "*"
        Print Tab(6); "*"; Tab(10); "*"
        Print Tab(7); "*"; Tab(9); "*"
        Print Tab(8); "*"
End Sub
```

2. Cls 方法

格式:

[对象.] Cls

功能:

清除窗体或控件对象上的信息。

说明:

(1) 对象为窗体或图形框,对象省略则为窗体。

(2) Cls 方法只清除在运行阶段窗体或图形框中创建的文本或图形,不清除窗体在设计时建立的文本或图形。Cls 方法使用之后,CurrentX 和 CurrentY 坐标属性自动设置为 0。

【例 1-10】 在例 1-9 的基础上,增加两个按钮,它们的 Caption 属性分别为:打印、清除。单击"打印"按钮,则打印钻石形状;单击"清除"按钮,则清除钻石形状。

其效果如图 1-23 所示,代码如代码 1-8 所示。

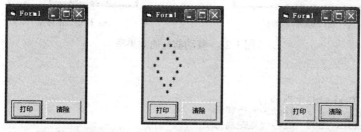

图 1-23 窗体导入、打印钻石形状、清除钻石形状效果图

代码 1-8

```
Private Sub Command1_Click()
    Print: Print: Print Tab(8); "*"
    Print Tab(7); "*"; Tab(9); "*"
    Print Tab(6); "*"; Tab(10); "*"
    Print Tab(5); "*"; Tab(11); "*"
    Print Tab(4); "*"; Tab(12); "*"
    Print Tab(5); "*"; Tab(11); "*"
    Print Tab(6); "*"; Tab(10); "*"
    Print Tab(7); "*"; Tab(9); "*"
    Print Tab(8); "*"
End Sub
Private Sub Command2_Click()
    Cls
End Sub
```

3. Move 方法

格式:

[对象.] Move 左边距离[, 上边距离 , 宽度 , 高度]

功能：

移动窗体或控件，并可改变其大小。

说明：

(1) 对象可以是除时钟、菜单以外的所有控件，省略对象时默认为窗体。

(2) 左边距离、上边距离、宽度、高度是数值表达式，以 twip 为单位。如果对象是窗体，左边距离和上边距离是以屏幕的左边界和上边界为基准；如果对象是窗体中的控件，左边距离和上边距离是以窗体的左边界和上边界为基准。

(3) 宽度和高度表示可以改变对象的大小。

【例 1-11】 在窗体上的适当位置画两个按钮，按钮 1 的 Caption 属性为移动前的位置，按钮 2 的 Caption 属性为移动，其他属性可取系统默认值。程序运行后，单击"移动"按钮，将按钮 1 右移一定距离，同时将按钮 1 的 Caption 属性改为移动后的位置。

移动前、后的效果分别如图 1-24 所示。程序代码如代码 1-9 所示。

(a) 移动前的效果　　　　　　　　　　　　　(b) 移动后的效果

图 1-24　移动前后的效果图

代码 1-9

```
Private Sub Command2_Click()
    Command1.Caption = "移动后的位置"
    Command1.Move 2300 '右移一定距离
End Sub
```

1.7　Visual Basic 的工程管理和环境设置

1.7.1　工程的构成

VB 是以工程为单位，管理用户的应用程序。用户每建立一个应用程序，VB 系统就根据应用程序的功能为此应用程序建立一系列的文件，并将这些文件的有关信息保存在工程文件中，每次保存工程时，这些信息都要被更新。

一个 VB 应用程序或一个 VB 工程可以包括 7 种类型的文件。其中最常用的是窗体文件、标准模块文件、类模块文件。

1. 窗体文件(.frm)

该文件包含窗体及控件的属性设置；窗体级的变量和外部过程的声明；事件过程和用户自定义过程。VB 中一个应用程序包含一个或多个窗体，每一个窗体都有一个窗体文件。一个窗体文件由两部分组成，一部分是作为用户界面的窗体；另一部分是窗体和窗体中的对象执行的代码。

2．标准模块文件(.bas)

标准模块文件完全由代码组成，在标准模块的代码中，可以声明全局变量，可以定义函数过程和子程序过程。标准模块中的全局变量可以被工程中的其他模块调用；而公共的过程可以被窗体模块的任何事件调用。该文件可选。

3．类模块文件(.cls)

类模块文件中既包含代码又包含数据，每个类模块定义了一个类，可以在窗体模块中定义类的对象，调用类模块中的过程。它用于创建含有属性和方法的用户自己的对象。该文件可选。

4．工程文件(.vbp)

该文件包含与该工程有关的全部文件和对象的清单。

5．窗体的二进制数据文件(.frx)

当窗体或控件的数据含有二进制属性(如图片或图标)，将窗体文件保存时，系统自动产生同名的.frx 文件。

6．资源文件(.res)

包含不必重新编辑代码就可以改变的位图、字符串和其他数据。该文件可选。

7．ActiveX 控件的文件(.ocx)

该文件可以添加到工具箱中并可在窗体中使用。

1.7.2　创建、打开和保存工程

创建、打开和保存 VB 的工程等操作，既可以使用菜单中的命令，也可以使用工具栏按钮来进行。下面仅以菜单命令简述工程的有关操作。

1．新建工程

创建一个应用程序，首先要创建一个工程。创建一个新工程的方法为：单击菜单“文件”中的“新建工程”选项，打开“新建工程”对话框；选择“标准 EXE”选项，然后单击“打开”，创建一个新工程，并自动命名为工程 1。

2．打开工程

在系统中找到一个 VB 工程文件，直接双击即可打开工程文件(必须已安装了 VB 环境)；如果在 VB 环境中单击菜单“文件”/“打开工程”，则系统提示保存当前工作的工程文件，出现“打开工程”对话框，如图 1-25(a)所示。选中工程文件，打开一个选定的工程文件。

3．保存工程

在 VB 环境中单击菜单“文件”/“保存工程”，将工程以原有工程名保存，当第一次保存工程时，系统自动弹出“文件另存为”对话框，提示用户输入文件名来保存此工程。

4．工程另存为

在 VB 环境中单击菜单"文件"／"工程另存为"，如图 1-25(b)所示，将工程以用户输入的工程名保存。

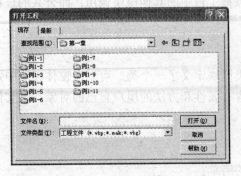
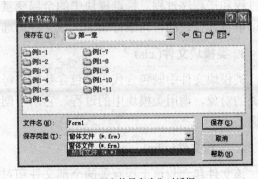

(a)"打开工程"对话框　　　　　　　　　　　　　　(b)"文件另存为"对话框

图 1-25　"打开工程"与"文件另存为"对话框

1.7.3　添加、删除和保存文件

1．添加

简单的 VB 工程，一般只有一个窗体文件。如果需要实现复杂的功能，可以使用多个工程、多个窗体、多个标准模块文件。

(1) 添加工程。在 VB 环境中，单击菜单"文件"／"添加工程"，出现"添加工程"对话框，如图 1-26(a)所示。在此对话框中选择相应的工程类型，单击"打开"即可。

(2) 添加窗体。在 VB 环境中，单击菜单"工程"／"添加窗体"，出现"添加窗体"对话框，如图 1-26(b)所示。在此对话框中选择相应的窗体类型，单击"打开"即可。

(3) 添加模块。在 VB 环境中，单击菜单"工程"／"添加模块"，选择模块项，单击"打开"即可。

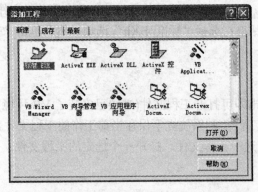
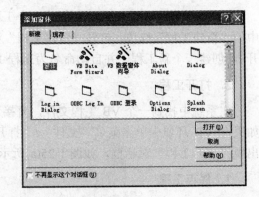

(a)"添加工程"对话框　　　　　　　　　　　　　　(b)"添加窗体"对话框

图 1-26　"添加工程"与"添加窗体"对话框

2．删除

在工程中删除文件时，VB 将此文件从工程中删除，但是该文件仍保存在磁盘上。如果在 VB 环境之外删除工程中的一个文件，VB 将无法更新此工程文件。因此，打开工程时，系统将报错，警告丢失一个文件。

3．保存文件

与保存工程基本类似。

4．工程属性的设置

打开"工程"菜单中"工程属性"对话框，如图 1-27 所示。此对话框中有 5 个选项卡，在此对话框中可以设置工程的属性。如果工程中包含多个窗体，则必须指定启动对象。启动对象是工程运行时的入口点。在"通用"选项卡的"启动对象"列表框中指定运行时显示的第一个窗体，单击"确定"即可。

图 1-27　"工程属性"对话框

1.7.4　工程组的使用

在 VB 环境中，单击菜单"文件"/"添加工程"，出现"添加工程"对话框，如图 1-26(a) 所示。在此对话框中选择相应的工程类型，单击"打开"，系统则创建了一个工程，默认名为工程 1；如果重复操作，则创建了第二个工程，默认名为工程 2，从而创建了由多个工程组成的工程组。工程组是一个工程的集合，它以一个独立的文件保存，扩展名为.vbg，图 1-28 所示为由两个工程组成的工程组。

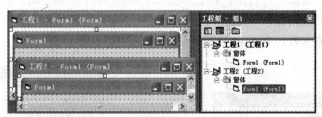

图 1-28　由两个工程组成的工程组

1.7.5　工程环境设置

VB 6.0 为程序员开发应用程序提供了个性化的环境，以满足用户的需要。

设置个性化的环境的步骤为：单击菜单"工具"/"选项"命令，打开"选项"对话框，如图 1-29 所示，在此对话框中，有 6 个选项卡，用户可根据自己的需要对各选项进行设置。

1. 编辑器

在"选项"对话框中选择"编辑器"选项卡，如图 1-29(a)所示。该选项卡可用于设置代码窗口和工程窗口的一些特殊功能。

(1) 自动语法检测。若选中该项功能，用户在代码窗口编程时，每输入一条命令并按回车键后，系统立即自动对该行代码进行语法检查。系统一旦检测到语法错误，就会弹出一个警告信息窗口，提示编译错误，如图 1-30 所示。若不选中此项，系统将不弹出警告信息窗口，仅以红色显示错误代码行。

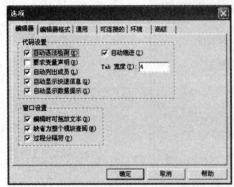
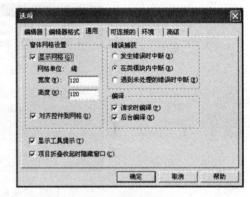

(a)"编辑器"选项卡　　　　　　　　　　(b)"通用"选项卡

图 1-29　"选项"对话框中的"编辑器"和"通用"选项卡

(2) 要求变量声明。尽管 VB 允许使用没有声明的变量，但其他语言一般都遵循先声明变量、再使用变量的原则。建议用户选中该项功能，养成先声明后使用变量的良好习惯。若选中该项功能，系统将在新建程序的模块文件顶部的通用声明段，自动加入变量强制声明语句"Option Explicit"。一旦在程序中使用未经声明的变量，程序运行时系统将自动报错。

(3) 自动列出成员。如果用户选中该项功能，当用户在程序输入过程中输入控件名和句点后，系统将自动列出该控件可用的属性和方法，如图 1-31 所示。用户只要在列表框选中所需的内容，按空格键或用鼠标双击该内容，则选中的内容将自动输入到光标的当前位置，这将大大减少用户的输入量，并大大增加了准确率。

图 1-30　编译错误提示信息　　　　　　　图 1-31　自动列出成员信息

(4) 自动显示快速信息。若选中此项功能，当用户输入程序时，如要调用函数或过程名时，系统将自动列出该函数或过程的参数信息，以提示用户正确输入。

2．编辑器格式

在编辑器格式选项卡中，可以设置编辑器上代码的字体、大小、颜色等参数。

3．通用

图 1-29(b)所示为"通用"选项卡。该选项卡将为当前的 VB 工程设置窗体网格信息，错误处理方式以及编译方式。

4．可连接的

此选项卡用于设置是否连接各种窗口，如立即窗口、本地窗口、监视窗口等。

5．环境

此选项卡用于设置 VB 启动时的环境，如是否提示创建工程、是否显示模板等。

6．高级

此选项卡用于对 VB 环境进行一些高级设置。

第 2 章　Visual Basic 编程基础

本章学习目标

➢ 掌握 VB 的基本数据类型和变量定义方法
➢ 了解变体数据类型的含义及赋值
➢ 掌握运算符和表达式的正确使用
➢ 掌握主要内部函数的使用
➢ 能够利用本章知识编写简单程序并能熟练利用立即窗口进行验证和测试

在着手编写 VB 应用程序之前，必须首先了解程序的基本语法单位。VB 和任何编程语言一样，其程序由语句组成，而语句又由命令词、数据、表达式、函数等基本语法单位组成。本章主要介绍 VB 的数据类型、常量、变量、运算符、表达式及内部函数等基本语法单位。

2.1　基本数据类型

实际应用中有各种不同类型的数据，如学生的学号、姓名、出生日期、身高、体重、贷款否、相片等。姓名是字符类型，身高和体重是数值型，出生日期一般采用"年/月/日"的日期型，贷款否用"是"或"否"来表示，而相片是图像格式。所有计算机处理的信息，包括文字、声音、图像等都是以数据形式存储的。数据在内存中存放，存放的形式、占用的存储空间的长度都由数据类型决定。在各种程序设计语言中，不同类型的数据定义和处理方法是各不相同的。VB 不仅提供了系统定义的数据类型，而且还允许用户自己定义数据类型。

VB 的主要数据类型有：数值型、字符串(String)、布尔型(Boolean)和日期型(Date)等。

2.1.1　数值型数据类型

VB 支持的数值型数据类型分为整型数和实型数两类。整型数包括 Integer(整型)、Long(长整型)和 Byte(字节型)。实型数包括 Single(单精度浮点型)、Double(双精度浮点型)和 Currency(货币型)。

1. 整数类型(Integer、Long 和 Byte)

整数类型的数据是不带小数点和指数符号的数。根据数据所占用空间的不同，整型数据可分为：整型、长整型、字节型。整数类型的特性如表 2-1 所示。

说明：

(1) 对于带符号的整数在内存中计算机采用二进制补码表示，除了 0 以外，首位为 0 的是正整数，首位为 1 的是负整数。Integer 类型中的正整数最大可以为 0 111 111 111 111 111，十六进制为 EFFFF，十进制为 32 767；而负整数最小为 1 000 000 000 000 000，十六进制为 8 000，各位取反之后的值再加 1，即为十进制的–32 768。

表 2-1　整数类型

数据类型	关键字	占用空间	取值范围	说　明
整型	Integer	2 字节	−32 768~32 767	为有符号整数
长整型	Long	4 字节	−2 147 483 648~2 147 483 647	为有符号整数
字节型	Byte	1 字节	0~255	为无符号整数

(2) 十进制整型和长整型数是由 0~9 十个数字和正、负号组成。如 10、−123 是整型数据，而 32 768、−32 769 则表示长整型数据。

(3) 八进制整型和长整型数是由 0~7 八个数字组成，加前缀&或&O 或&o。如&123、&O267、&o12 都表示八进制整型。八进制整型取值范围为&0~&177 777，长整型取值范围为&0~&37 777 777 777。

(4) 十六进制整型和长整型数是由 0~9 及 A~F(或 a~f)组成，加前缀&h 或&H。如&H2f、&hAE 都表示十六进制整型。十六进制整型取值范围为&h0000~&hFFFF，长整型取值范围为&h 00000000~&h FFFFFFFF。

(5) 字节型数据更多的是用于表示纯二进制数据，如一个汉字在计算机中是用两个字节的二进制数来存放，如果要将某个汉字的两个字节原样取出来，就要使用字节型。

(6) 对于 Long 型数，八进制长整型数值前加&O 或&o 或&，最后加&。如&O123&表示八进制长整型数。

(7) 十六进制长整型数值前加&H 或&h，最后加&。如&H123&表示十六进制长整型数。在 VB 中通常使用十六进制长整型数来表示颜色。如设置文本框的前景色，可使用语句：

text1. ForeColor =&hadefb9&。

2．实数类型

实数类型的数据是带小数部分的数。根据数据的存储格式又分为定点数和浮点数。

(1) 定点数：计算机中小数点的位置是固定不变的。

(2) 浮点数：由尾数和指数两部分组成，具体形式如下：

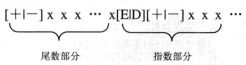

$$[+|-] x \ x \ x \ \cdots \ x[E|D][+|-] x \ x \ x \ \cdots$$

尾数部分　　　　　　　指数部分

VB 中浮点数包括单精度浮点型(Single)和双精度浮点型(Double)，实数类型数据的特性如表 2-2 所示。例如：

表 2-2　实数类型

数据类型	关键字	占用空间	取值范围	说　明
单精度型	Single	4 字节	负数 $-3.402\ 823 \times 10^{38} \sim -1.401\ 298 \times 10^{-45}$ 正数 $1.401\ 298 \times 10^{-45} \sim 3.402\ 823 \times 10^{38}$	有效位数：7 位
双精度型	Double	8 字节	负数 $-1.79\ 769\ 313\ 486\ 232 \times 10^{308} \sim$ $-4.94\ 065\ 645\ 841\ 247 \times 10^{-324}$ 正数 $4.94\ 065\ 645\ 841\ 247 \times 10^{-324} \sim$ $1.79\ 769\ 313\ 486\ 232 \times 10^{308}$	有效位数：15 位
货币型	Currency	8 字节	−922 337 203 685 477.580 8~ 922 337 203 685 477.580 7	定点小数：小数点左边有 15 位数字，右边有 4 位数字

134.5e2 或 134.5E2 表示单精度数，其中 134.5 是尾数，e2 或 E2 是指数，相当于数学中的 134.5×10^2。

134.5D2 或 134.5d2 表示双精度数，其中 134.5 是尾数，D2 或 d2 是指数，相当于数学中的 134.5×10^2。

货币型通常用于对精度有特别要求的场合，如货币计算和定点计算。

2.1.2 逻辑型数据

如上面所述，当描述一个学生是否贷款时，可以用"是"或"否"来表示。在 VB 中一般控件都有一个 Visible 属性，表示程序运行时该控件是否在窗体上可见。如果将该属性设置为 True，程序运行时该控件可以在窗体上显示；如果将该属性设置为 False，程序运行时该控件在窗体上不显示。该属性也只有两个状态 True 和 False，即"真"和"假"。这种只有两个状态值的数据在 VB 中可以用逻辑类型(Boolean)来表示。

逻辑型数据只有两个值：真(True)和假(False)，用 2 字节的二进制数存储，经常用来表示逻辑判断的结果。

当把数值型数据转换为逻辑型数据时，0 转换为 False，非 0 值转换为 True。当把逻辑型数据转换为数值型数据时，False 转换为 0，True 转换为 -1。

【例 2-1】编写程序，验证逻辑型数据的取值。其操作步骤为：

(1) 启动 VB 环境，选择"标准 EXE"，单击"确定"命令，进入 VB 主窗口。

图 2-1 运行结果

(2) 在代码编辑器中，编写 Form 的 Click 事件代码如代码 2-1 所示。

(3) 按 F5 功能键或单击工具栏中的"启动"按钮▶，单击窗体，运行结果如图 2-1 所示。

代码 2-1

```
Private Sub Form_Click()
  Dim Boolr1 As Boolean    '定义逻辑变量Boolr1
  Dim Boolr2 As Boolean    '定义逻辑变量Boolr2
  Boolr1 = 6 < 8           '将表达式6<8的值赋给Boolr1
  Boolr2 = 6 > 8           '将表达式6>8的值赋给Boolr2
  Print Boolr1             '输出  True
  Print Boolr2             '输出  False
End Sub
```

2.1.3 日期型数据

日期型(Date)数据固定 8 个字节的宽度，所表示的日期从公元 100 年 1 月 1 日~9999 年 12 月 31 日，时间范围为 0:00:00~23:59:59。

图 2-2 运行结果

任何在字面上可以被看作日期的文本都可以赋值给日期型变量，且日期文字必须用符号"#"括起来。VB 接受多种形式的日期时间格式。

【例 2-2】Date/Time 型数据示例(图 2-2)。其操作步骤为：

(1) 启动 VB 环境，选择"标准 EXE"，单击"确定"命令，进入 VB 主窗口。

(2) 在代码编辑器中，编写 Form 的 Click 事件代码如代码 2-2 所示。

(3) 按 F5 功能键或单击工具栏中的"启动"按钮▶，单击窗体，运行结果如图 2-2 所示。

代码 2-2

```
Private Sub Form_Click()
 '表示1993年3月6日13点20 分
 Print #3/6/1993 1:20:00 PM#

 '表示2006年3月27日凌晨1点20分
 Print #3/27/2006 1:20:00 AM#

 '表示1993年4月2日
 Print #4/2/1993#
 Print #4/14/1993#
 Print #12/18/1999#
End Sub
```

2.1.4　字符型数据

字符型(String)数据也称字符串，由标准的 ASCII 字符和扩展的 ASCII 字符组成，字符型数据必须用双引号括起来。例如，以下都是合法的字符串：

"abc"　　　　"ABC"　　　　"汉化 Visual Basic 6.0"

"12.34"　　　"3+2="　　　　""(空字符串，里面没有空格和其他任何字符)

VB 中有两种类型的字符串：可变长度字符串和固定长度字符串。

(1) 可变长度字符串：是指在程序运行期间字符串的长度不固定，最多可以包含大约 2^{31}(20 亿)个字符。

(2) 固定长度字符串：是指在程序运行期间字符串的长度保持不变，最多可以包含大约 2^{16}(64000)个字符。定长字符串的形式为：

Name　As　String*常数

其中"Name"为变量名；"常数"指明定长字符串的长度。例如：

Dim Name1 As String　　　　　'定义 Name1 为可变长度字符串变量

Dim Name2 As String * 20　　　'定义 Name2 为固定长度字符串变量，长度为 20 个字符

注意：

(1) 双引号在程序代码中起字符串的定界作用，在程序运行过程中，输出一个字符串时，双引号不会输出。

(2) 在程序运行过程中，需要从键盘上输入一个字符串时，不需要输入双引号。

(3) 空字符串用""表示，而" "则表示有一个空格的字符串。

(4) 在字符串中，字母的大小写是有区别的。如"abc456""和"ABC456"代表两个不同的字符串。

(5) 如果字符串本身包括双引号，必须用两个连续的双引号表示。例如要表示字符串 vb"3.0，则用连续两个双引号表示，即应为："vb""3.0"。

(6) 数字加引号和不加引号是有区别的，"12.34" 是字符型数据；而 12.34 是数值型数据。例如：

需要打印的字符串为：　　　　　　　"Are You from BeiJing?", he asks.

在程序中必须将该字符串表示成：：　　" """Are You from BeiJing?""" , he asks. "

2.1.5　对象型数据

对象型(Object)数据固定有 4 个字节的宽度,主要是以变量的形式存放应用程序中对象的地址,利用 Set 语句可以引用应用程序中的对象。

【例 2-3】编写程序,在窗体上创建命令按钮 Command1,单击命令按钮,可将该按钮的显示文字"Command1"改为"欢迎",且字体为黑体,字号为 14 号。其操作步骤为:

(1) 在 VB 环境中,单击"文件/新建工程"命令。在新建的窗体上创建命令按钮 Command1,界面如图 2-3(a)所示。

(2) 编写 Command1 的 Click 事件代码如代码 2-3 所示。

(3) 按 F5 功能键,运行程序。初始状态如图 2-3(a)所示;单击命令按钮"Command1",则程序运行结果如图 2-3(b)所示。

代码 2-3
```
Private Sub Command1_Click()
  Dim a As Object       '声明a为对象型变量
  Set a = Command1      '指定a引用Command1命令按钮
  a.Font = "黑体"       '与Command1.Font="黑体"等价
  a.FontSize = 14       '与Command1.Fontsize=14等价
  a.Caption = "欢迎"    '与Command1.Caption="欢迎"等价
End Sub
```

(a) 运行初态　　　　　　　　　　　　(b) 运行结果

图 2-3　运行初态与运行结果

2.1.6　可变类型数据

可变类型(Variant)又称为万用数据类型,它是一种特殊的、可以表示所有系统定义类型的数据类型。可变数据类型对数据的处理可以根据上下文的变化而变化,除了定长的 string 数据及用户自定义的数据类型之外,可以处理任何类型的数据而不必进行数据类型的转换,如数值型、日期型、对象型、字符型的数据类型等。

Variant 数据类型是 VB 对所有未定义的变量的缺省数据类型的定义。通过 VarType 或 Typename 函数可以检测 Variant 型变量中保存的具体的数据类型。Variant 数据类型包含 3 种特殊的数据:Empty 、Error 和 Null。

Empty:未赋值的可变类型变量的值。

Error: 表示在过程中出现错误时的特殊值。

Null:表示变量不含有效数据。

【例 2-4】编写程序验证:在程序运行期间可变类型变量的不同值。其操作步骤为:

(1) 在 VB 环境中,单击"文件/新建工程"命令,编写 Form 的 Click 事件代码,如代码 2-4 所示。

(2) 按 F5 功能键或单击"启动"按钮运行程序，运行初始状态如图 2-4(a)所示。

(3) 单击窗体，执行程序代码，运行结果如图 2-4 (b)所示。

可变类型数据占用存储空间较多，程序执行效率低，而且还降低了程序的清晰程度。为形成良好的编程习惯，建议避免使用 Variant，尽量使用清晰的变量声明。

代码 2-4

```
Private Sub Form_Click()
  Dim a                                    'a缺省为 Variant类型
  Form1.FontSize = 12
  a = "20"                                 'a被赋予字符串 "20"
  Print "变量a的类型为: "; TypeName(a)     '输出变量a的类型为字符串
  a = a - 4                                'a被赋予数值16
  Print "变量a的类型为: "; TypeName(a)     '输出变量a的类型为数值型
  a = "A" & a                              '将变量a与字符串"A"连接
  Print "变量a的类型为: "; TypeName(a)     '输出变量a的类型为字符串
End Sub
```

　　　　(a) 运行初态　　　　　　　　　(b) 运行结果

图 2-4　运行初态与运行结果

2.2　常量与变量

2.2.1　常量

在程序运行过程中其值始终保持不变的量称为常量。VB 中有两种形式的常量：直接常量和符号常量，其中符号常量又分为用户自定义符号常量和系统定义符号常量。

1. 直接常量

在程序代码中，以直接明显的形式给出的数据称为直接常量。

根据使用的数据类型，直接常量分为字符串常量、数值常量、布尔常量、日期常量。如：

```
"欢迎使用 Visual Basic 6.0"          '字符串常量
23 456                               '数值型常量
12.06                                '单精度常量(默认按存储空间最小的处理)
True                                 '逻辑型常量
#061/11/2006#                        '日期型常量
```

2. 符号常量

在程序设计中，经常遇到某些数据在程序中反复使用或者用到很难记忆的数字，在这些情况下，应使用符号名来代替这些数据，这样可以大大减少程序的出错率，也可以改进程序的可读性和可维护性。符号常量包括用户定义符号常量和系统内部符号常量。

(1) 用户定义符号常量。符号常量必须先定义后使用，一般用 Const 语句来定义符号常量。

格式：

[Public|Private]Const 符号常量名 [As 数据类型] = 表达式

说明：

① 符号常量名通常用大写字母表示，以区别于普通的变量名。

② 如果符号常量只在某个过程内有效，则应在该过程内部声明符号常量。

③ 如果符号常量对模块中的所有过程都有效，而对模块外的所有代码无效，则应在模块的通用声明段中进行声明。

④ 如果符号常量在整个程序中都有效，则应在标准模块的通用声明段中进行声明，并在 Const 前面放置关键字 Public。在窗体模块或类模块中不能声明 Public 符号常量。

⑤ 符号常量不能改变，不能重新赋值。

⑥ 可以用逗号分隔多个常量声明，如：Const pi = 3.14, e = 2.71828, MyStr="Hello"。

⑦ 可以使用先前定义过的常量定义新的符号常量，如：Const pi1 = pi * 2。例如：

Const pi = 3.14159265358979　　　　'符号常量 pi 代表 3.14159265358979，双精度

Const Max As Integer = 100　　　　'符号常量 Max 代表 100，整型

Const Birth = #1/1/06#　　　　'符号常量 Brith 代表 2006 年 1 月 1 日，日期型

Const　MyString = "China"　　　　'符号常量 MyString 代表字符串"China"

【例 2-5】程序在窗体的通用段声明符号常量 pi，在命令按钮 Command1 和 Command2 的单击事件过程中引用 pi。其操作步骤为：

① 在 VB 环境中，单击"文件/新建工程"命令。在新建的窗体上添加 2 个命令按钮，它们的属性取默认值。

② 打开代码编辑器，在窗体的通用段中输入语句：

Const pi = 3.14159, r = 20　　　　'pi 和 r 在整个窗体模块中有效

③ 编写程序代码如代码 2-5 所示。

④ 分别单击命令按钮 Command1 和 Command2，运行结果如图 2-5 所示。

代码 2-5

```
Const pi = 3.14159, r = 20  'pi和r在整个窗体模块中有效
Private Sub command1_click()
  Form1.Font = "黑体"            '窗体字体为黑体
  Form1.FontSize = 18           '窗体字号为18
  area = pi * r ^ 2             '把表达式pi*r^2的值赋给变量area
  Print "圆面积=": area         '输出字符串"圆面积="和area的值
End Sub
Private Sub command2_click()
  Form1.Font = "楷体_GB2312"
  Form1.FontSize = 18
  Form1.ForeColor = vbRed       '窗体的前景色为红色
  Const h = 5                   ' h只在本事件过程中有效
  v = pi * r ^ 2 * h            '把表达式pi*r^2*h的值赋给变量v
  Print "圆柱体体积=": v        '在窗体上输出变量v的值
End Sub
```

图 2-5　运行结果

(2) 系统内部定义的符号常量。系统内部定义的符号常量是由 VB 应用程序和控件提供的。这些常量可与应用程序的对象、方法和属性一起使用，在代码中可以直接使用。例如：

Form1.BackColor = vbBlue　　　'vbBlue 是表示蓝色的内部常量

从 VB 的"视图"中选择"对象浏览器"可以打开对象浏览器窗口，可以查看系统预定义的符号常量，如图 2-6 所示。

通过"对象浏览器窗口"可以查看包括当前工程及对象库在内的过程、模块、类、属性和方法等的描述信息。从"工程/库"下拉列表中选择某对象库，然后在"类"列表框中选择所需要的符号常量组，在右侧的成员列表中就会列出相应的符号常量，用鼠标单击某一符号常量，在窗口下面的描述框中显示有关该符号常量的定义及描述信息。

例如：选择库 VBRUN，在类中选择 ColorConstants(颜色符号常量组)，右侧显示出该类的成员列表，在成员列表中单击某一成员，如选择成员 VbRed，在描述框中显示 VbRed 的定义和其颜色值(&HFF)。

图 2-6 "对象浏览器"窗口

【例 2-6】编程使用系统符号常量。其操作步骤为：

(1) 在 VB 环境中，单击"文件/新建工程"命令。编写 Form 的 Activate 事件代码如代码 2-6 所示。

(2) 按 F5 功能键运行程序，运行结果如图 2-7 所示。

代码 2-6

```
Private Sub Form_Activate()
  Const a As String = "各种常量的使用"
  Form1.BackColor = vbGreen    '窗体背景色为绿色
  Form1.ForeColor = vbRed      '窗体前景色为红色
  Form1.Font = "黑体"          '窗体的字体为黑体
  Form1.FontSize = 14          '窗体的字号为14
  Print a
End Sub
```

图 2-7 运行结果

2.2.2 变量

变量代表内存中具有特定属性的一个存储单元，用来存储数据，即变量的值。也就是说，一个有名字的内存单元就叫变量。在程序运行期间变量的值是可以改变的。一个变量都有一个名字和数据类型，通过名字来引用一个变量，而通过数据类型来确定该变量的存储方式。

变量的形式有：属性变量和内存变量。

1. 变量的命名规则

(1) VB 变量名只能用字母(含汉字)、数字和下划线组成，第 1 个字符必须是字母或汉字，变量名中不能包含 "."，"、"和空格。

例如 hxy 、intcount、 w32、姓名、x_1 等都是合法的变量名；而 2x、a+b、α、ε、π、10.1、 wy%、e#a 等都是错误的变量名。

(2) 变量名的字符数不得超过 255 个字符。

(3) 变量名不能与关键字同名。关键字是 VB 使用的词，是语言的组成部分，例如不能用 for 作为变量名；也不能用 abs 作为变量名。

(4) 变量名不能与过程名或符号常量同名。

(5) 变量名不区分大小写；如 MystrING 和 mYstring 是同一个变量名。

(6) 变量名在同一个范围内必须是唯一的。

2. 变量的声明

使用变量前一般要对变量进行声明，所谓声明变量就是声明变量的名字和类型，以便系统根据变量的类型分配存储单元。声明变量可以用以下方式：

(1) 用声明语句声明变量。

格式：

Dim|Private|Static|Public 变量名 1 [As 类型][，变量名 2 [As 类型]]…

说明：

① 类型：可以是 Visual Basic 提供的各种数据类型或用户自定义类型。

② [As 类型]：方括号部分表示该部分可以省略。若省略 "As 类型"，则所创建的变量默认为可变类型。

③ Dim：在窗体模块、标准模块或过程中声明变量。

④ Private：在窗体模块或过程中声明变量，使变量仅在该模块或过程中有效。

⑤ Static：在过程中定义静态变量，即当该过程结束后，仍然保留变量的值。

⑥ Public：在模块的通用声明段中声明全局变量，使变量在整个应用程序中有效。例如：

Dim fac As Long	'声明 fac 是长整型变量
Dim addr As String	'声明 addr 是字符串型变量
Dim no As String * 8	'声明 no 是固定长度字符串型变量，长度为 8 个字符
Dim Price As Currency	'声明 price 是货币型变量
Dim score, Total As Integer	'声明 score 为可变类型变量，total 为整型变量
Dim average As Single	'声明 average 为单精度型变量

使用声明语句定义变量后，VB 自动给变量分配内存空间，并赋以初始值。各种类型变量的初始值分别为：

数值型变量初始值为 0。

逻辑型变量初始值为 False(逻辑假)。

可变字符串型变量初始值为零长度的字符串 ("")；固定长度字符串变量初始值为其长度数量的空格。

可变类型(Variant)变量初始值为 Empty。

(2) 用类型说明符表示变量。将类型说明符放在变量名的尾部，可以表示不同的变量。例如：

strName$　　　　表示字符串型变量

dblNum%　　　　表示整型变量

curWage@　　　　表示货币型变量

常用的类型说明符如表 2-3 所示。

表 2-3　类型说明符

数据类型	整型	长整型	单精度	双精度	货币型	字符型
类型说明符	%	&	!	#	@	$

说明：在声明变量的语句中，可以用类型说明符来说明变量的类型。

例如，Dim A As Integer, B as integer, Temp as integer，可写成：Dim a%, B%, Temp%。

(3) 隐式声明。在默认状态下，VB 中可以不进行变量声明而直接使用变量，此时变量类型默认为可变类型(Variant)，称为隐式声明。例如：

myvalue="200"　　　　　　　　　　　　　　　'myvalue 为字符串变量

myvalue=myvalue+100　　　　　　　　　　　　'myvalue 的值为 300，类型为数值型

myvalue="myvalue" & myvalue　　　　　　　　'myvalue 的值为字符串"myvalue300"

这种方法使用起来很方便，但常常会因为转换过程难以预料，或者是由于变量名的误写而产生难以查找的错误，所以在程序中最好是先声明变量，然后再使用变量。

(4) 用 Option Explicit 语句强制显式声明变量。VB 系统默认设置是隐式声明方式，可以在程序中进行强制显式声明变量，方法是在窗体模块或标准模块的通用声明段中加入语句：Option Explicit，或在“工具”菜单中选择“选项”命令，打开“选项”对话框，单击“编辑器”选项卡，选中“变量声明”选项卡，如图 2-8 所示，然后单击确定。这样就可以在任何新创建的模块中自动添加 Option Explicit 语句。

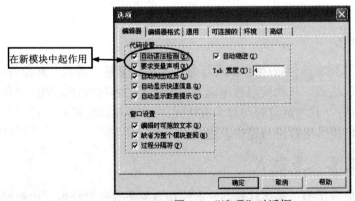

图 2-8　“选项”对话框

添加了 Option Explicit 语句后，程序中所有的变量必须先声明，然后才能使用。否则将出现“变量未定义”的错误。

注意：Option Explicit 语句的作用范围仅限于该语句所在的模块。所以对每个需要强制显式声明变量的窗体模块、标准模块、类模块，必须将 Option Explicit 语句放在这些模块的通

用声明段中。

【例 2-7】 编写程序，理解变量的强制声明和作用范围。其操作步骤为：

(1) 在 VB 环境中，单击"文件/新建工程"命令，在新建的窗体上放置命令按钮 Command1 和 Command2。

(2) 在窗体的通用段中声明变量 a。

(3) 编写 Command1 和 Command2 的 Click 事件代码，如代码 2-7 所示。

(4) 按 F5 功能键或单击工具栏中的"启动"按钮运行程序，初始状态如图 2-9(a)所示。

(5) 单击 Command1，窗体上的输出结果为 5；再单击 Command2，窗体上的输出结果为 20，如图 2-9(b)所示。

代码 2-7

```
'通用段声明变量a, a的作用范围为整个窗体模块, a的值默认为0
Dim a As Integer
Private Sub Command1_Click()
  'Dim a As Integer 'a只在本事件过程中有效
  a = a + 5          'a+5再赋给a, a的值为5
  Print a            '在窗体上输出5
End Sub
Private Sub Command2_Click()
  a = a + 15         'a+15再赋给a, a的值为20
  Print a            '在窗体上输出20
End Sub
```

 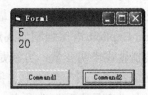

(a) 运行初态   (b) 运行结果

图 2-9   运行初态与运行结果

2.3   运算符及表达式

在高级语言中，用运算符将操作数(操作数可以是：常量、变量、函数、对象等)连接起来，可以组成各种类型的表达式，从而实现程序编制中所需要的各种操作。VB 中有丰富的运算符和表达式，它们包括： 算术运算符与算术表达式、 字符串运算符与字符串表达式、关系运算符与关系表达式、逻辑运算符与逻辑表达式。

2.3.1   算术运算符及算术表达式

算术运算符是 VB 中最常用的一类运算符，它的操作对象是数值型数据，如整型数、长整型数、单精度浮点数、双精度浮点数、货币型数。VB 提供了 7 个算术运算符，表 2-4 以优先级次序列出了这些运算符。

表中列出的运算符中，取负 "−" 运算符是单目运算符(只需要一个操作数)，其余都是双目运算符(需要两个操作数)。VB 中的加、减、取负、乘、除运算符与数学中的含义基本相同。

说明：

(1) 乘方运算(^)。乘方运算用来计算乘方和方根。例如：

10^2	10 的平方，结果为 100
10^(−2)	10 的平方的倒数，结果为 0.01
36^0.5	36 的平方根，结果为 6
27^(1/3)	27 的立方根，结果为 3
2^2^3	运算顺序从左到右，结果为 64
(−27)^(−1/3)	错误，当底数为负时，指数必须是整数

(2) 整除运算(\)。整除运算符运算结果为整型值，如 10\3 结果为 3。如果操作数是带小数点的数，先进行四舍五入，然后进行整除运算，如 26.88\5.6 结果为 4。运算结果取整数部分，小数部分不进行舍入处理。

(3) 取模运算(mod)。取模运算符用于计算第 1 个操作数整除以第 2 个操作数的余数。若两个操作数均为整型数，则可以直接进行整除求余运算。若两个操作数中有单精度浮点数或双精度浮点数，则按四舍五入的原则对小数点后的部分进行处理，再进行求余运算。运算结果的符号取决于第 1 个操作数的符号。该运算通常被用来判断第 1 个数是否能被第 2 个数整除。例如：

10 Mod 4	结果为 2
26.88 Mod 5.6	先四舍五入再求余数，结果为 3
13 Mod −3	结果的符号取决于第一个操作数，结果为 1
−13 Mod 3	结果为−1
−13 Mod −3	结果为−1

表 2-4　算术运算符

优先级	运算符	含　义	算术表达式实例	结　　果
1	^	乘方	2^3	8
2	−	取负	−5^2	−25
3	*	乘法	3*4	12
3	/	浮点除法	10/3	3.333 333 333 333 33
4	\	整除	10\3	3
5	Mod	取模	10 mod 3	1
6	+	加法	2+3	5
6	−	减法	2.5−3.5	−1

2.3.2　字符运算符及字符表达式

VB 中字符串运算符有两个：　& 和+。它们的作用是将两个或多个字符串连接起来合并成一个新的字符串。

格式：

字符串 1 & | + 字符串 2 [&|+字符串 3]…

两个运算符的区别是：

&：强制两个表达式做字符串连接；两边的操作数可以是任何类型的数据，若是非字符串类型的数据，先转换成字符串类型，再进行连接。

+：若两边的表达式都是字符串，则做字符串连接运算。若两边的表达式有数值，则做算术加法运算。在编程时如果希望做字符串连接运算，则建议使用"&"。注意"&"运算符和运算对象之间要加空格，因为它也可以作为长整型数据的类型标识符。例如：

"计算机 " & " Exam"	结果为字符串 "计算机 Exam"
"Check" & 123	结果为字符串 "Check123"
123 & 456.789	结果为字符串 "123456.789"
"123" & 456	结果为"123456 "
"今天是：" & #2006/06/30#	结果为字符串 "今天是：2006-6-30"
"123" + 456	结果为数值 579
"123" + "456"	结果为字符串 "123456"
"Check" + 123	错误，"Check"不是数值型字符串

2.3.3 关系运算符及关系表达式

关系运算符属于双目运算符，用来对两个表达式的值进行比较，其结果为逻辑值，即若关系成立则返回 True；否则返回 False。在 VB 中，分别用非 0 和 0 表示 True 和 False。

关系表达式的一般格式为：

表达式 1 关系运算符 表达式 2

表 2-5 列出了 VB 中的关系运算符和关系表达式。

表 2-5 关系运算符和关系表达式

关系运算符	含　　义	关系表达式实例	结　　果
=	等于	"abc"="ABC"	False
<> 或 ><	不等于	"abc"<>"ABC"	True
>	大于	"abc">"ABC"	True
>=	大于等于	"abc">="甲"	False
<	小于	3<4	True
<=	小于等于	" 23"<="3"	True
like	字符串匹配	"CDE" Like "*CD*"	True
is	比较对象变量		

说明：

(1) 如两个操作数是数值型，则按其大小比较。

(2) 如两个操作数是字符串，则按字符的 ASCII 码值从左到右逐一比较，最先出现的不一样字符之间的关系决定了两个字符串比较的结果。

(3) 如两个操作数是日期型，则将日期看成"yyyymmdd"的 8 位整数，按数值大小比较。

(4) 汉字字符按区位顺序比较。

(5) 对单精度或双精度数进行比较时，由于机器的运算误差，可能会得到意想不到的结果，所以应避免两个浮点数直接进行"等"和"不等"的比较。通常是用两个浮点数差的绝对值是否小于一个很小的数来判断两个浮点数是否相等。例如，要判断单精度变量 a 和 b 的值是否相等，可以用表达式 abs(a-b)<1E-6 来判断。

(6) Like 运算符的功能是判定左边的字符串是否与右边的字符串匹配,通常与通配符"*"、"？"、"#"、"[范围]"、"[!范围]"结合使用，在数据库的 SQL 语句中用于模糊查询，如"aBBBa"

Like "a*a" 的值是 True；"aBBBa" Like "a???a" 的值也是 True 。

(7) Is 运算符是判定两个对象类型的变量是否引用同一个对象。

(8) 关系运算符的优先级别相同。

2.3.4　逻辑运算符及逻辑表达式

逻辑运算符的作用是将操作数进行逻辑运算，结果是逻辑值 True 或 False。逻辑运算符中，除 Not 为单目运算符外，其他都为双目运算符。

逻辑表达式由关系表达式、逻辑运算符、逻辑常量、逻辑变量和函数组成。

逻辑表达式一般格式为：

表达式 1　逻辑运算符　表达式 2

表 2-6 列出了逻辑运算符、含义以及真值表。

表 2-6　逻辑运算符及优先级和真值表

优先级	运算符	功　　能	说　　明	逻辑表达式实例	结　　果
1	Not	取反	操作数为假时，结果为真 操作数为真时，结果为假	Not True Not False	False True
2	And	与	两个操作数都为真时，结果为真，其余情况均为假(即全真为真)	True And true False And False True And False False And True	True False False False
3	Or	或	两个操作数之一为真或全为真，结果为真 (即全假为假)	True Or True False Or False True Or False False Or True	True False True True
3	Xor	异或	两个操作数为一真一假时，结果为真，否则为假	True Xor False False Xor True True Xor True False Xor False	True True false False
4	Eqv	等价	两个操作数相同时，结果为真，否则为假	True Eqv True False Eqv False False Eqv True	True True False
5	Imp	蕴含	第一个操作数为真，第二个操作数为假时，结果为假，其余结果均为真	True Imp False False Imp False False Imp True True Imp True	False True True True

例如，设 A = 10: B = 8: C = 6，则

```
Not (A > B)                          '结果为 False
Not (B > A)                          '结果为 True
A > B And B > C                      '结果为 True
B > A And B > C                      '结果为 False
A > B Or B > C                       '结果为 True
B > A Or B > C                       '结果为 True
A < B Or B = C                       '结果为 False
```

2.3.5 日期运算符及日期表达式

日期型数据只有加"+"和减"−"两种运算。两个日期型数据相加没有意义，两个日期型数据相减，结果是这两个日期相差的天数；可以将一个日期型数据加上一个整数(表示天数)，结果是向后推算的日期；将一个日期型数据减去一个整数，结果是向前推算的日期。如：

```
#1998-07-23# +5              '结果为：1998-7-28
#2006-08-17# -30             '结果为：2006-7-18
```

2.3.6 对象表达式

对象表达式是用来说明控件属性的表达式,实际上是对控件属性所具有的数据进行算术、字符、逻辑等运算。例如对象表达式：

```
Text1.text + "Hello! "
Text1.text = text1.text & text2.text
```

第 1 个对象表达式的含义是：将文本框 text1 的 text 属性值与字符串"Hello! "连接起来。第 2 个对象表达式的含义是：将文本框 text1 的 text 属性值与文本框 text2 的 text 属性值连接起来再赋给文本框 text1 的 text 的属性。

2.3.7 混合运算规则

前面介绍了各种表达式，当然也可将各种不同类型的数据组合在一个表达式中，从而组成了混合表达式，即在一个表达式中出现了多种不同类型的运算数和运算符，此时必须注意以下几个问题。

1. 表达式的组成

表达式由变量、常量、运算符、函数和圆括号等按一定的规则组成，表达式的运算结果的类型由参与运算的数据类型和运算符共同决定。

2. 表达式的种类

根据表达式中运算符的类别可以将表达式分为算术表达式、字符串表达式、日期表达式、关系表达式和逻辑表达式等。

3. 运算符的优先级

当一个表达式中存在多种运算符时，按如下优先级的先后顺序进行运算：

函数→幂(^)→取负(-)→乘、浮点除(*、/)→整除(\)→取模(mod)→加、减(+、−)→连接(&)→关系运算符→逻辑运算(Not→And→Or→Xor→Eqv→Imp)。

注意：

(1) 用括号可以改变运算顺序。

(2) 乘方和负号相邻时，取负优先，如 $2 \wedge -2$ 的结果是 0.25，相当于 $2 \wedge (-2)$。

例如，设 a=5，b=4，c=3，d=2。则以下表达式的执行顺序为：

```
3>2*b  or  a=c  and  b<>c  or  c>d
```

① 2*b

② 3>8
③ a=c
④ b<>c
⑤ c>d　　　得出：false or false and True or True
⑥ and　　　得出：　false or false or True
⑦ Or　　　　结果为：false or True
⑧ or　　　　结果为：True

4．表达式的书写规则

(1) 每个符号占 1 格，所有符号都必须一个一个并排写在同一基准上，不能出现上标和下标。

(2) 不能按常规习惯省略乘号*，如 2x 要写成 2*x ，也不能写成 2•x。

(3) 只能使用小括号()，且必须配对，表达式中不能出现中括号和大括号。

如数学式：$\dfrac{a+b}{c+\dfrac{d+c}{d-c}}$ 应写成：(a+b)/(c+(d+c)/(d-c))

(4) 不能出现非法的字符，如 π。

5．表达式中不同数据类型的转换

如果表达式中操作数具有不同的数据精度，则将较低精度转换为操作数中精度最高的数据精度，即按

Integer> Long > Single > Double > Currency

的顺序转换。特别注意，Long 型数据和 Single 型数据进行运算时，运算结果的类型总是 Double 型数据。

【例 2-8】用立即窗口观察类型的转换。其操作步骤为：

(1) 在 VB 环境中，选择菜单"视图/立即窗口"命令，打开立即窗口。

(2) 在立即窗口中输入 print typename(12!+23&) 回车。

(3) 在立即窗口的输出结果为：Double(即 12!+23&的结果的数据类型)。

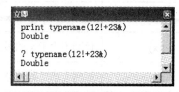

图 2-10　立即窗口观察类型

(4) 在立即窗口中再输入? typename(12!+23&) 回车，结果仍为：Double，如图 2-10 所示。

说明：函数 typename()的功能是测试参数的数据类型。

用"print"命令或"?"命令都能看到函数的值或表达式的值。

【例 2-9】用前面所提到的关于运算符优先级的例子，在立即窗口中进行测试，如图 2-11 所示。

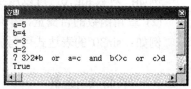

图 2-11　立即窗口测试表达式

2.4　常用内部函数

在高级语言中，为方便程序开发，系统设计人员将常用的功能模块编写成函数，放在公

共函数库中供用户随时调用。VB 提供了大量的内部函数，也称标准函数；同时 VB 环境允许用户自己定义函数过程。VB 的标准函数基本上可以分为 5 类：数学函数、转换函数、字符串函数、日期时间函数和随机函数。这些标准函数的调用方法与数学中的函数使用方法相同，先书写函数名，后面跟上小括号，在括号内写上自变量，即函数名(自变量列表)。这里的自变量在计算机语言中称函数的参数。为了正确使用标准函数，使用者必须熟悉函数名、函数的功能、函数是否带参数、函数值的类型等信息，如果是带参数的函数，还必须熟悉参数的个数、类型、含义。

2.4.1 数学函数

数学函数用于各种数学运算，包括三角函数、求平方根、绝对值、对数、指数函数等。表 2-7 列出了常用数学函数及示例。

表 2-7　常用数学函数

函　　数	功能及说明	实　　例	结　　果
Sin(x)	计算 x(弧度)的正弦值	Sin(1)	0.841 470 984 807 897
Cos(x)	计算 x(弧度)的余弦值	Cos(1)	0.540 302 305 868 14
Atn(x)	计算 x(弧度)的反正切值	Atn(1)	0.785 398 163 397 448
Tan(x)	计算 x(弧度)的正切值	Tan(1)	1.557 407 724 654 9
Abs(x)	计算 x 的绝对值	Abs(−5.4)	5.4
Exp(x)	计算 e 的 x 次幂，即数学中的 e^x	Exp(1)	2.718 281 828 459 05
Log(x)	计算数值 x 的自然对数，即数学中的 lnx	Log(2.718 281 828 459 05)	1
Sgn(x)	返回数的符号值 x>0　函数值是 1 x=0　函数值是 0 x<0　函数值是−1	Sgn(−10)	−1
Sqr(x)	返回 x 的平方根(x≥0)	Sqr(16) Sqr(10)	4 3.162 277 660 168 38
Int(x)	返回不大于 x 的最大整数	Int(5.6) Int(−4.4)	5 −5
Fix(x)	返回 x 的整数部分	Fix(−3.6) Fix(3.6)	−3 3

说明：

(1) 由基本函数可导出所需的数学函数。

例如：对数 $\log_n b$，可以用换底公式，在 VB 中可以写成表达式 Log(b)/Log(n)。

(2) 三角函数的自变量，单位为弧度，1 度=3.14159/180 弧度。

例如：sin30°的表达式可写成：sin(30*3.14159/180)。

2.4.2 字符串函数

字符串函数用于字符型数据的运算，大部分返回到字符型数据。表 2-8 列出了常用字符串函数及示例。

表 2-8　常用字符串函数

函　　数	功能及说明	实　　例	结　　果
Ltrim(s)	返回删除字符串左端空格后的字符串	LTrim("　　Program")或 LTrim$("　　Program ")	" Program "
Rtrim(s)	返回删除字符串右端空格后的字符串	RTrim("Program　　")或 RTrim$(" Program　　")	" Program "
Trim(s)	返回删除字符串前导和尾随空格后的字符串	Trim("　　Program　　")	" Program "
Left(s , n)	从字符串 s 的左边开始取 n 个字符的字符串	Left("Program " , 3)	"Pro"
Right(s , n)	从字符串 s 的右端开始取 n 个字符的字符串	Right("Program " , 4)	"gram"
Mid(s , n1[, n2])	从字符串 s 中指定位置 n1 开始，取 n2 个字符的字符串	Mid ("Program " , 2 , 3)	"rog"
Len(s)	返回字符串中字符的个数	Len("VB 程序设计")	6
Space(n)	产生一个指定数目的空格字符组成的字符串	Space (5)	"　　　　　" 产生 5 个空格
String$(n , s)	取字符串 s 的第一个字符，构成长度为 n 的新字符串	String(3 , "abc") String(3 , 65)	"aaa" "AAA" ("A"的 ASCII 码为 65)
Instr(n , s1 , s2)	在字符串 s1 中从第 n 个位置开始查找字符串 s2 出现的起始位置　·	InStr(3 , "ASdfDFSDSF" , "DF")	5

2.4.3　转换函数

转换函数可以用于数据类型的转换，如整型、实型、字符串型之间及与 ASCII 码字符之间的转换。表 2-9 列出了常用转换函数及示例。

表 2-9　常用转换函数

函　　数	功能及说明	实　　例	结　　果
Asc(s)	返回字符串 s 中第一个字符的 ASCII 码值	Asc("a") Asc("abc")	97 97
Chr(x)	将 x 的值转换成对应的 ASCII 码字符	Chr(65) Chr(48)	"A" "0"
str(x)	将数值数据 x 的值转换成字符串，如果 x 为正数，则返回的字符串前有一个符号位空格	str(135) len(str(135))	" 135" 字符串长度为 4
Val(s)	将数字字符串 s 转换为数值型数据(与 str 函数对应)，一直转换到非数值型数据截止	Val("135") Val("135sd") Val(".13sd5") Val("a13sd5")	135 135 0.13 0
Hex(x)	返回 x 所代表十六进制数值的字符串	Hex(10)	A
Oct(x)	返回 x 所代表八进制数值的字符串	Oct(8)	10
Ucase(s)	将小写字母转换成大写字母	UCase("ABCabc")	"ABCABC"
Lcase(s)	将大写字母转换成小写字母	LCase("ABCabc")	"abcabc"

说明：

(1) 使用 Str 函数将数值转换成字符串时，转换后的字符串的首位一定是空格或是负号。

例如：

    S1 = Str(67)   返回   " 67"

    S2 = Str(−67.5)   返回   "−67.5"

(2) 使用 Val 函数时，如果遇到不能识别为数字的字符，则停止转换。例如：

Val("24 and 57")   返回 24

Val("not 57")   返回 0

(3) VB 中还有其他类型的转换函数，如 Cint、CDbl、Clng、Csng 等，可以参见附录 B。

2.4.4 日期／时间函数

    日期和时间函数可以返回系统当前的日期和时间，返回指定日期的年份、月份、日期、星期及指定时间的时、分、秒等信息，在程序中可用于某个事件发生和持续的时间。常用的日期/时间函数如表 2-10 所示。

表 2-10 日期／时间函数

函　数	功能及说明	实　例	结　果
Now	返回计算机系统当前的日期和时间(yy-mm-dd hh:mm:ss)	Now	2006-7-5 下午 06:52:15
Date	返回当前系统日期(yy-mm-dd)	Date	2006-7-5
Time	返回系统时间	Time	下午 07:14:12
Day(d)	返回参数 d 中指定月份的第几天	Day("2006-7-15")	15
Weekday(d)	返回是星期几(1~7) 1(星期日)…7(星期六)	WeekDay("2006-7-4")	3(星期二)
Month(d)	返回参数 d 中指定的月份(1~12)	Month("2006-6-5")	6
Year(d)	返回参数 d 中指定的年份	Year("2006-7-5")	2006
Hour(d)	返回参数 d 中指定的小时(0~23)	Hour(time)	9(由具体时间决定)
Minute(d)	返回参数 d 中指定的分钟(0~59)	Minute(Now)	32(由具体时间决定)
Second(d)	返回参数 d 中指定的秒(0~59)	Second(Now)	48(由具体时间决定)
Timer	返回从午夜算起到现在经过的秒数	Timer	34 514.26(由具体时间决定)

2.4.5 随机函数

1. 随机函数

格式：

Rnd[(x)]

功能：

产生[0，1]之间的单精度随机数，即产生大于或等于 0 且小于 1 的随机数。

说明：

(1) 当 x<0 时：每次使用 x 作为随机数种子得到相同的随机数。

(2) 当 x>0 或者缺省时： 以上一个随机数作种子，产生序列中的下一个随机数。

(3) 当 x=0 时：产生与最近生成的随机数相同的数 。

(4) 要生成[a，b]闭区间的随机整数，可以使用以下公式：

Int((b−a+1)*Rnd+a)

【例 2-10】在立即窗口中用 print 语句(可以用?代替 print)观察 Rnd 函数的结果。其运行结果如图 2-12 所示。

【例 2-11】在立即窗口中产生[0，100]、[20，50]之间的随机数。其运行结果如图 2-13 所示。

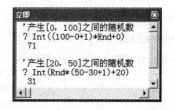

图 2-12　立即窗口观察 Rnd 函数　　　　图 2-13　立即窗口观察 Rnd 函数

2．Randomize 语句

如果反复运行一段程序，同一序列的随机数会反复出现，这是因为 VB 在产生随机数时，必须依靠一个"随机数生成器"的值产生新的随机数。如果不改变"随机数生成器"的值，产生的随机数序列是一样的。为避免这种情况发生，在调用 Rnd 函数之前，使用 Randomize 语句可产生不相同的随机数序列。

Randomize 语句的格式为：

Randomize[n]

其中 n 是一个整型数，作为随机数生成器的"种子"。

【例 2-12】以系统时间作为随机数生成器的值，随机产生[1, 99]之间的 3 个随机整数 。其运行结果如图 2-14 所示。

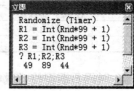

图 2-14　Randomize 语句的应用

2.4.6　格式输出函数

1．格式化函数 Format()

格式化函数 Format()可以将数值、日期或逻辑型数据转换成字符串，并将数值、日期或字符型数据按指定的格式输出。

Format 函数的格式为：

Format(表达式 [，格式字符串])

说明：

(1) <表达式>：指需要格式化的数值、日期或字符型数据。

(2) <格式字符串>：指定表达式的值的转换输出格式。格式字符有 3 类：数值格式、日期格式和字符串格式。格式字符要加引号。

2．数值型格式说明字符

常用的数值型格式说明字符如表 2-11 所示。

说明：经 Format 函数格式化后的数据为字符串类型。

例如：

print Format(123.45, "0000.000")	结果为 "0123.450"
Print Format(123.45, "0.0")	结果为 "123.5"
Print Format(123.45, "####.###")	结果为 "123.45"
Print Format(123.45, "#.#")	结果为 "123.5"
Print Format(0.123, ".##")	结果为 ".12"
Print Format(0.123, "0.##")	结果为 "0.12"
Print Format(123.456,"0.0e+00")	结果为 "1.2e+02"
Print Format(123.456,"0.000e-00")	结果为 ".123e+03"
Print Format(123) + Format(456)	结果为 "123456"

表 2-11　常用的数值型格式说明字符

字　　符	说　　明
#	数字占位符，显示一位数字或什么都不显示，如果表达式在格式字符串#号的位置上有数字存在，那么就显示出来，否则，该位置什么都不显示
0	数字占位符，显示一位数字或是零，如果表达式在格式字符串中 0 的位置上有一位数字存在，那么就显示出来，否则就以零显示
.	小数点占位符
,	千分位符号占位符
%	百分比符号占位符，表达式乘以 100，而百分比字符(%)会插入到格式字符串中出现的位置上
$	在数字前强加$
+	在数字前强加+
−	在数字前强加−
E+	用指数表示
E−	用指数表示

3. 时间日期型格式说明字符

常用的时间日期型格式说明字符如表 2-12 所示。

表 2-12　常用的时间日期型格式说明字符

符　　号	说　　明
d	显示日期(1~31)，个位前不加 0
dd	显示日期(1~31)，个位前加 0
ddd	显示星期缩写(Sun~Sat)星期为数字(1~7，1 是星期日)
dddd	显示星期全名(Sunday~Saturday)
ddddd	显示完整日期(yy/mm/dd)
dddddd	显示完整长日期(yyyy 年 m 月 d 日)
w	星期为数字(1~7，1 为星期日)
ww	一年中的星期数(1~53)
m	显示月份(1~12)，个位前不加 0
mm	显示月份(1~12)，个位前加 0
mmm	显示月份缩写(Jan~Dec)
mmmm	显示月份全名(January~December)
y	显示一年中的第几天(1~366)
yyyy	四位数显示年份(0100~9999)
q	季度数(1~4)

(续表)

符　号	说　明
h	显示小时(0~23)，个位前不加 0
hh	显示小时(0~23)，个位前加 0
m	在 h 后显示分(0~59)，个位前不加 0
mm	在 h 后显示分(0~59)，个位前加 0
s	显示秒(0~59)，个位前不加 0
ss	显示秒(00~59)，个位前加 0
tttt	显示完整时间(小时、分和秒)默认格式为 hh:mm:ss
A/P, a/p	12h 的时钟，中午前 A 或 a，中午后 P 或 p
AM/PM, am/pm	12h 的时钟，中午前 AM 或 am，中午后 PM 或 pm

例如：

d = #7/9/2006#	'可变类型变量 d 赋日期值
t = #12:36:15 pM#	'可变类型变量 t 赋日期值
Print Format(d, "d")	'输出结果为 9
Print Format(d, "ddd")	'输出结果为 sun
Print Format(d, "ddddd")	'输出结果为 2006 年 7 月 9 日
Print Format(d, "m")	'输出结果为 7
Print Format(d, "mmm")	'输出结果为 Jul
Print Format(d, "yy/m/d/ddd")	'输出结果为 06–7–9–sun
Print Format(d, "yyyy/mmmm/dd/ddd")	'输出结果为 2006–July–09–sun
Print Format(t, "h/m/s pm")	'输出结果为 12–36–15　p12
Print Format(t, "hh/mm/ss")	'输出结果为 12–36–15
Print FormatDateTime(Now)	'输出结果为 2006–7–9 14:16:19

4. 字符型格式说明字符

常用的字符型格式说明字符如表 2-13 所示。

表 2-13　常用的字符型格式说明字符

字　符	说　明
@	字符占位符。显示字符或是空白。如果字符串在格式字符串中@的位置有字符存在，那么就显示出来，否则就在那个位置上显示空白。除非在格式字符串中有惊叹号字符(!)，否则字符占位符将由右到左被填充
&	字符占位符。显示字符或什么都不显示，如果字符串在格式字符串中 & 的位置有字符存在，那么就显示出来，否则就在那个位置上什么都不显示
<	强制小写。将所有字符以小写格式显示
>	强制大写。将所有字符以大写格式显示
!	强制由左至右填充字符占位符

例如：

print Format("ABCD","@@@@@@")	输出结果为："　　ABCD"。
print Format("ABCD","@@@@@@")	输出结果为："ABCD"。
Print Format("HELLO", "<")	输出结果为："hello"。
print Format("ABCD", "<&&&&&&")	输出结果为："　abcd"。
Print Format("This is it", ">")	输出结果为："THIS IS IT"。

print Format("abcd", ">@@@@@@@")   输出结果为："   ABCD"。
print Format("ABCD", "!@@@@@@@")   输出结果为："ABCD   "

2.4.7 RGB( )函数和 QBColor( )函数

1. RGB 函数

VB 的对象常常带有颜色属性(如 ForeColor)。在程序运行阶段可以使用 RGB 函数获取一个长整型(Long)的 RGB 颜色值，其中 3 个低字节分别表示构成颜色的三原色：红色、绿色、蓝色。它们以十进制数表示，取值范围从 0 到 255。通过合理搭配三原色所占的比例，可以得到各种不同的颜色。

格式：

RGB(Red , Green , Blue)

说明：

(1) Red：数值范围从 0 到 255，表示颜色的红色成分。

(2) Green：数值范围从 0 到 255，表示颜色的绿色成分。

(3) Blue：数值范围从 0 到 255，表示颜色的蓝色成分。

(4) RGB 函数的参数值，如果超过 255，系统作为 255 来处理。

表 2-14 列出了一些常见的标准颜色，以及这些颜色的红、绿、蓝三原色的成分。

表 2-14   标准颜色及其三原色的成分

颜　　色	红色值	绿色值	蓝色值
黑色	0	0	0
蓝色	0	0	255
绿色	0	255	0
青色	0	255	255
红色	255	0	0
洋红色	255	0	255
黄色	255	255	0
白色	255	255	255

例如：将 Form1 的背景颜色设置为洋红色。

Dim Red

Red = RGB(255, 0, 255)   '返回代表洋红色的值。

Form1.BackColor = Red   '设置 Form1 的 BackColor 属性为洋红色。

2. QBColor 函数

格式：

QBColor(x)

功能：返回一个 Long 类型的数据，用来表示所对应颜色值的 RGB 颜色码。

说明：x 参数的值是一个界于 0 到 15 的整型数。x 参数的设置值如表 2-15 所示。

例如：用 QBColor 函数将 MyForm 窗体的背景(BackColor) 属性改成红色，其语句为：

MyForm.BackColor = QBColor(4)

表 2-15　参数及其对应的颜色

参数值(x)	颜　色	参数值(x)	颜　色
0	黑色	8	灰色
1	蓝色	9	亮蓝色
2	绿色	10	亮绿色
3	青色	11	亮青色
4	红色	12	亮红色
5	洋红色	13	亮洋红色
6	黄色	14	亮黄色
7	白色	15	亮白色

2.5　程序书写规则及格式约定

1．VB 编码和书写规则

程序是由语句组成，语句又由各种语法成分组成。编写代码时应遵循以下规则：

(1) 一条语句通常写在一行中。

(2) 一行中若输入多条语句，需用"："分隔。例如：

IntTemp = a : a = b : b = intTemp

(3) 一行书写不完的长语句可通过续行符"　_"(空格后加下划线)分行。例如：

Print "a 变量和 b 变量内容交换前："; a; b

可分成以下两行输入：

Print "a 变量和 b 变量内容交换前：";　_

a; b

(4) VB 代码不区分字符的大小写，但关键字将会自动转换为大写字母开头，后续字母为小写字母。

(5) 一行最多为 255 个字符，一条语句最多含 1023 个字符。

(6) 用户自定义的变量、过程名等，VB 以第一次定义的为准，其后的输入自动转换。如：

Dim AB1 As Integer　　(定义变量 AB1)

ab1 = 100　　输入完本条语句后，系统自动转换成：AB1=100。

(7) 程序中可使用标号用于程序的转向，标号为以字母或数字开头、冒号结尾的字符串。

(8) 注释行以 Rem 或撇号"　'"开头，但若在语句之后加注释只能用撇号。可以使用"编辑"工具栏中的"设置注释块"命令将选定的若干行语句或文字设置为注释项，也可以使用"解除注释块"命令将选定的若干行解除注释。

(9) 若对代码中的某语句进行"缩进"或"凸出"设置：将光标移到本语句行中，选择菜单"编辑/缩进"，或"编辑/凸出"命令；也可以使用"编辑"工具栏中的"缩进"或"凸出"命令。

打开"编辑"工具栏的方法：从"视图"→"工具栏"→"编辑"。

(10) 系统定义的符号常量名是大小写混合的，其前缀是两个字符，表示定义该常量的对象库，Visual Basic(VB)和 Visual Basic for Application(VBA)对象库中的符号常量的前缀为"vb"，如 vbRed；数据访问对象(DAO)库中的常量的前缀为："db"，如 dbAttachedODBC。

2．符号约定

为了方便解释语句、方法和函数，本书中的语句、方法和函数格式中的符号将采用以下统一约定：

(1) <>：必选参数表示符，尖括号中的参数是必写的，但不要键入尖括号本身。输入时如果不提供参数，将产生语法错误。

(2) [ ]：可选参数表示符，表示符内的参数，用户可根据具体情况可以输入，也可以省略。如果省略参数，则 VB 会使用该参数的缺省值。

(3) |：为多个取一表示符，多个选项中必须选择其中之一。

(4) { }：表示括起多个选择项。

(5) …：省略叙述中不涉及的部分。

(6) ,…：表示同类项目的重复出现。

注意：这些特定的符号不是语句或函数的组成部分，只是语句、函数格式的书面表示，输入时不能输入这些符号。

第 3 章　Visual Basic 语言的基本控制结构

本章学习目标

➢ 掌握算法的基本描述方法
➢ 掌握 VB 中数据的输入输出方法
➢ 掌握 3 种控制结构，并利用 3 种控制结构进行程序的设计
➢ 掌握常见的算法
➢ 学习利用 VB 语言进行程序的开发

本章简要介绍各种算法的基本描述方法；重点介绍 VB 的控制结构——顺序结构、分支结构、循环结构，以及常用的算法。

3.1　算法与结构

3.1.1　算法

1. 算法的概念

算法是解决问题的逻辑步骤，是对特定问题求解步骤的一种描述。简单的说，任何解决问题的过程都是由一定的步骤组成的，算法是解决问题的确定方法和有限步骤的描述。只有通过算法能够表示的问题，才能够通过计算机求解。能够用算法描述的问题称为可以形式化的问题。

对同一个问题，可以有不同的解题方法和步骤，也就有不同的算法。

算法是一个有穷规则的集合，这些规则确定了解决某类问题的一个运算序列。对于该类问题的任何初始输入值，它都能一步一步地执行计算，经过有限步骤后，终止计算并产生输出结果。

2. 算法的特征

对于同一个问题，可能有多种不同的算法，这就要求在众多的算法中，选择一种较好的算法。一个正确的算法，应具备如下的基本特征：

(1) 算法的有穷性。算法应在有限步骤内结束，应在有限的时间内终止。

(2) 算法的确定性。只要初始条件相同，无论算法在何种环境下实现，都应该得到相同的、确定的结果。

(3) 算法的可行性。算法中的每一步操作必须是可执行的，并得到确定的结果。

(4) 有零个或多个输入。一个算法至少应该有 0 个以上的输入数据。

(5) 至少有一个输出。任何算法至少应该有 1 个以上的输出结果。

3．算法的描述

算法本身可以采用任何形式的语言和符号来描述，通常采用自然语言、伪代码、流程图、N-S 图、PAD 图、程序语言等方法。

(1) 用自然语言表示。自然语言是人类在日常生活中使用的语言，自然语言可以是中文、英文、数学表达式等，可用于描述问题求解的算法。用自然语言表示的算法通俗易懂，但是文字过长，不太严谨，表达分支和循环的结构不太方便。

【例 3-1】输入两个数，求其中的最大数。

自然语言算法可表示如下：

① 设两个数为 x 和 y，最大数为 z。

② 输入两个数给 x 和 y。

③ 如果 x 大于或等于 y，则最大数 z 的值等于 x 的值；否则最大数 z 的值等于 y 的值。

④ 输出最大数 z，结束算法。

【例 3-2】对一个大于或等于 3 的正整数 n，判断它是不是一个素数。

自然语言算法可表示如下：

① 输入 n 的值。

② 将 2 送给变量 i，$2 \Rightarrow i$。

③ n 被 i 除，得余数 r，$n \bmod i \Rightarrow r$。

④ 如果 r=0，表示 n 能被 i 整除，则打印 n "不是素数"，算法结束，否则执行⑤。

⑤ i 在原值的基础上累加 1，$i+1 \Rightarrow i$。

⑥ 如果 $i \leqslant n-1$，返回③；否则打印 n "是素数"，然后算法结束。

或描述为：如果 $i \leqslant \sqrt{n}$，返回③；否则打印 n "是素数"，然后算法结束。

(2) 用传统流程图表示。传统流程图是用一些图形框来表示各种操作。其优点是形象直观，简单易懂，便于修改和交流。图 3-1 列出了美国国家标准化协会 ANSI 规定的一些常用的流程图符号。

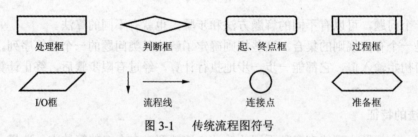

图 3-1　传统流程图符号

【例 3-3】用传统流程图描述下列函数：

$$y = \begin{cases} 1 & x \geqslant 0 \\ -1 & x < 0 \end{cases}$$

其流程图描述如图 3-2 所示。

(3) 用伪代码表示。伪代码是用介于自然语言和计算机语言之间的文字和符号来描述算法的，它不用图形符号，因此书写方便，格式紧凑，也容易理解；同时也便于向计算机语言表示的算法(即程序)转换。

【例 3-4】求 5!。

用伪代码表示的算法如下：

开始

　　　　置 t 的初值为 1

　　　　置 i 的初值为 2

　　　　当 i<=5，执行

　　　　　　begin

使 t×i ⇒t

使 i+1 ⇒i

end

打印 t 的值

结束

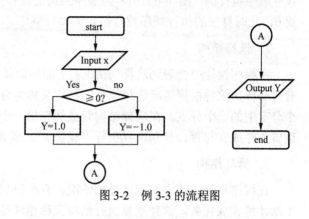

图 3-2　例 3-3 的流程图

(4) 用计算机语言表示算法。计算机是无法直接识别自然语言、流程图和伪代码形式的算法，只有用计算机语言编写的程序才能被计算机识别和处理，因此用自然语言、流程图和伪代码形式描述的算法，最终还要将它转换成计算机语言描述的程序。

【例 3-5】用 VB 语言描述实现例 3-4 的求 5!。

其描述代码如代码 3-1 所示，运行结果如图 3-3 所示。

代码 3-1

```
Private Sub Form_click()
  n = 1                   '设初始值
  For i = 1 To 5
    n = n * i             '不断累乘
  Next i
  Print
  Print
  Print Spc(5); "5!="; n  '输出结果
End Sub
```

图 3-3　运行结果

3.1.2　程序控制结构

在程序设计中，算法是由一系列的控制结构构成的，而每一个控制结构又有若干个语句组成。语句是程序中有明确意义的、能实现某一个简单功能的基本单位，也是构成程序的基本成分。计算机程序是由若干条语句组成的语句序列，用以完成算法的功能，语句的执行顺序决定了程序的流程；但程序并不一定按照语句的书写顺序执行，在算法中，常常会遇到根据不同条件进行判断，以选择不同的处理方法；或者根据某个条件重复一段语句等。这就需要控制程序的流程。

按照结构化程序设计的观点，任何算法功能都可以通过由程序模块组成的 3 种基本控制结构(顺序结构、选择结构和循环结构)或 3 种基本控制结构的组合来实现。通过 3 种控制结构就可以实现任何程序的逻辑。3 种控制结构是：顺序结构、分支结构和循环结构，它们是组成各种复杂程序的基本元素，是结构化程序设计的基础。

1. 顺序结构

顺序结构是一种最简单的控制结构，在顺序结构中，算法的每一个操作是按从上到下的线性顺序执行的，图 3-4(a)所示为顺序结构的流程图。程序段落首先执行模块 a，接着执行模块 b，此时算法的执行顺序就是语句的书写顺序。

2．选择结构

在程序设计中会遇到这样的情况：下面该做什么不是绝对的，而是根据情况，有时这样，有时那样。这种根据情况选择执行的结构又称为分支结构，它是根据给定的条件选择执行多个分支中的一个分支。在选择结构时必然包括一个判断条件的操作，如图 3-4(b)所示。根据逻辑条件成立与否，分别选择执行"模块 a"，或者"模块 b"。

3．循环结构

在程序设计中也会遇到这样的情况，有些语句只做一遍解决不了问题，需要反复执行若干次才能完成任务，这种重复执行结构又称循环结构。它根据给定条件，判断是否重复执行某一组操作。循环结构如图 3-4(c)所示。

在进入循环结构后首先判断条件是否成立，如果成立则执行"内嵌模块"，如果不成立则退出循环结构；执行完"内嵌模块"后再去判断条件，如果条件仍然成立，则再次执行内嵌模块，循环往复，直至条件不成立时退出循环结构。

以上介绍了 3 种基本控制结构，当然在实际的程序设计中，会遇到许多复杂的问题，此时可用 3 种基本控制结构的组合实现。

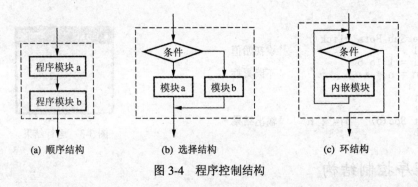

(a) 顺序结构   (b) 选择结构   (c) 环结构

图 3-4　程序控制结构

3.2　顺序结构

为实现某一功能，必须书写程序，而程序的功能由一条语句一般难以实现，通常是由若干条语句共同实现，多条语句共同合作以完成一个完整的功能。一般情况下，一个完整的程序应该包含 4 个部分：

(1) 说明部分。说明程序中使用的变量的类型、初始值、特性等。

(2) 输入部分。输入程序中需要处理的原始数据。

(3) 加工部分。对程序中的数据按需要进行加工和处理。

(4) 输出部分。将结果以某种形式进行输出。

本节首先介绍一些程序设计中常用的基本语句。

3.2.1　赋值语句、注释语句、暂停语句、结束语句

1. 赋值语句

格式：

变量名 = 表达式

功能：

先计算赋值号右边表达式的值，再将此值赋给左边的变量。

说明：

表达式可以是任何类型的值，一般应与左边变量的类型保持一致。

赋值语句是程序设计中使用的最基本语句，用赋值语句可以将指定的值赋给某个变量或某个属性值赋给带有属性的对象，它是为变量和控件属性赋值的最基本的方法。如：

x＝15　　　　　　　　　　'将数值常量 15 赋给变量 x

Text1.Text="北京"　　　　'将控件 Text1 的文本值设为北京

Text2.Text="欢迎你!"　　'将控件 Text2 的文本值设为欢迎你!

Text3.Text =Text1.Text & Text2.Text

　　　　　　　　　　　'将 Text1 的文本值和 Text2 的文本值连接后赋给 Text3 的文本值

x=x+1　　　　　　　　　　'将变量 x 的值加上 1 后再赋给 x，即在原值的基础上累加 1

注意：

(1) 赋值号与等号的区别。在 VB 语言中，"="称为赋值号，其形式与数学中的等号(=)完全一致，但意义不同。数学中其表示左右两边绝对相等；而在语言中其表示先计算右边表达式的值，再将此值赋给左边的变量。例如在 x=x+1 语句中，执行时先计算"="右边的表达式的值，即将变量 x 的值在当前值的基础上加上 1，然后将结果赋给变量 x，此时变量 x 获得了新值，如果 x 的原值为 5，则现在新值为 6。

在 VB 语言中，"="是一个具有二义性的符号，既可作为赋值号，又可以作为关系运算符中的符号，它的实际意义需根据其前后文的形式来判断。

如：

if　x=y　then　　'在 if 语句中的"="是关系运算符用于判断其左右两边的值是否相等

z=x　　　　　'此时"="为赋值

else

z=y　　　　　'此时"="为赋值

end if

(2) 类型问题。赋值语句中的赋值号两边的两个量都有特定的数据类型，因此存在以下两种可能：

① 当左右两边的数据类型一致时，仍保持它们的原类型。

② 当左右两边的数据类型不一致时，存在以下一些情况：

a. 当表达式为数值型而精度不同时，强制转化为左边的精度。

b. 当表达式是数字字符串时，左边变量为数值类型时，则其结果自动转换为数值类型再赋值。

c. 当表达式是非数字字符串，左边变量为数值类型时，则出错。

d. 当表达式是逻辑型，左边变量为数值类型时，则表达式结果为 true 转化为-1，false 转换为 0。

e. 当表达式是数值类型，左边变量为逻辑型时，则表达式结果为非 0 转化为 true，0 转换为 false。

f. 任何非字符类型赋值给字符类型，就会自动转换为字符类型。

如：

```
n%=5.6              '转换时自动四舍五入为 6
n%="56"             'n 中的结果为 56
n%="5abc6"          '出现错误
n%=""               '出现错误
```

(3) 赋值号左边只能是变量，不能是常量、常数符号、表达式。

以下语句均为错误语句：

```
x+y=9               '赋值号左边不能是表达式
9= x+y              '赋值号左边不能是常量
```

(4) 一条赋值语句只能为一个变量赋值，不能为多个变量赋值。

```
x=y=z=9             '系统将最左边的"="看成赋值号，而将后边的"="作为关系运算处理
```

2．注释语句

格式：

'注释内容 (或：Rem 注释内容)

功能：

注释语句用来对程序或程序中某些语句作注释，以便于程序的阅读和理解。

说明：

(1) 注释语句是非执行语句，对程序的执行结果没有任何影响，仅在列程序清单时，注释内容被完整地列出。

(2) Rem 是 Remark 的缩写。

(3) 任何字符(包括汉字)均可放在注释行中作为注释内容。

(4) 注释语句作为一个独立行，可放在过程、模块的开头作为标题，也可以放在执行语句的后面。

如：

```
x=x+1                          '将变量 x 的值加上 1 后再赋给 x，即在原值的基础上累加 1
```

其中 x=x+1 为语句本身，而"'"后的内容则为注释内容。

3．暂停语句

格式：

Stop

功能：

暂时停止程序的运行。

说明：

（1）在程序运行期间，有时需要中途中止一下，以便观察前面运行的结果或修改程序，然后让程序接着运行下去，这时就要用到暂停语句 Stop。

（2）Stop 可以放置在过程中的任何地方，相当于在程序代码中设置断点，类似于执行"运行"菜单中的"中断"命令。当执行 Stop 语句时，系统将自动打开"立即窗口"，方便程序员调试跟踪程序。它是用户调试程序的一种方法，在程序调试后，生成可执行文件(.exe 文件)之前，应删去代码中的所有 Stop 语句。

4．结束语句

格式：

End

功能：

程序运行时，遇到结束语句就终止程序的运行。

说明：End 语句除用来结束程序外，在不同环境下还有其他一些用途，包括：

（1）End Sub：结束一个 Sub 过程。

（2）End Function：结束一个 Function 过程。

（3）End If：结束一个 If 语句块。

（4）End Type：结束记录类型的定义。

（5）End Select：结束情况语句。

当在程序中执行 End 语句时，将终止当前程序，重置所有变量，并关闭所有数据文件。

为了保持程序的完整性，特别是要求生成.exe 文件的程序，应该含有 End 语句，并且通过 End 语句正常结束程序的执行。

3.2.2　输入输出语句

一个完整的计算机程序通常由 4 部分组成，即说明、输入、处理和输出。其中输入和输出是程序提供给用户的一个交互式的平台，是程序和用户进行信息交流的通道。VB 语言也提供了能实现这样功能的函数和语句。下面介绍 VB 提供的输入和输出数据的两个函数，即 InputBox 函数和 MsgBox 函数。

1．InputBox 函数

格式：

InputBox[$](prompt[, title][, default][, xpos][, ypos])

功能：

InputBox 函数产生一个对话框，这个对话框作为输入数据的界面，等待用户输入数据或按下按钮，当用户按下确定按钮或回车键，则返回用户在文本框中输入的内容。函数返回值是 String 类型。

说明：

（1）prompt：提示信息，是作为对话框提示消息出现的字符串表达式，允许使用汉字，最大长度为 1 024 个字符，该项不能省略。在对话框内显示 prompt 时，可以自动换行，如果用户需要换行，则插入回车 Chr$(13)、换行符 Chr$(10)或者 VB 常数 vbCrlf 来分隔提示信息。

（2）title：是字符串表达式，它作为对话框的标题，显示在对话框顶部的标题栏上，如果省略则标题栏上显示应用程序名。

(3) default：是一个字符串表达式，如果输入对话框无输入数据时，则用此默认数据作为输入的内容；如果用户输入数据，则用户输入的数据立即取代默认值；若省略该参数，则默认值为空白。

(4) xpos 和 ypos：x 坐标和 y 坐标是两个整型表达式，作为对话框左上角在屏幕上的点坐标，其单位为 twip，若省略，则对话框显示在屏幕中心线向下约 1/3 处。

注意：

(1) 每执行一次 InputBox 函数，只能输入一个值，如果需要输入多个数据，则必须多次调用 InputBox 函数。

(2) 输入数据后，应按"确认"按钮，或按回车键，输入的数据才能返回，否则输入的数据不能保留；如果单击"取消"按钮，则当前输入无效，返回一个空字符串。

(3) InputBox 函数的返回值是一个字符串。

【例 3-6】任意输入 3 个数，求由这 3 个数组成的三角形的面积。

解题分析：程序运行后出现图 3-5(a)所示的提示框，请用户输入第 1 条边，单击"确定"，又出现提示框，请用户输入第 2 个和第 3 个数据，输入结束后，窗体上出现用户输入的 3 条边的值，以及由这 3 个数组成的三角形的面积。

注意：假设输入的 3 条边符合三角形的边长条件。

运行结果如图 3-5(b)所示，程序代码如代码 3-2 所示。

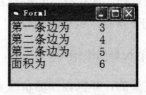

(a) 输入数据提示框　　　　　　　　　　　　　　　(b) 运行结果

图 3-5　例 3-6 图示

代码 3-2

```
Private Sub Form_click()
    Dim a!, b!, c!, t!, s!
    a = InputBox("请输入第一条边", "请输入三角形的三条边")
    b = InputBox("请输入第二条边", "请输入三角形的三条边")
    c = InputBox("请输入第三条边", "请输入三角形的三条边")
    t = (a + b + c) / 2
    s = Sqr(t * (t - a) * (t - b) * (t - c))
    Print "第一条边为", a
    Print "第二条边为", b
    Print "第三条边为", c
    Print "面积为", s
End Sub
```

【例 3-7】分别输入学生的姓名、性别、年龄、成绩信息，并将信息显示在窗体上。

解题分析：程序运行后出现图 3-6(a)所示的提示框，请用户输入学生姓名，单击"确定"按钮，又出现提示框，请用户输入学生性别、学生年龄、学生成绩，输入结束，窗体上出现用户输入的学生信息。

运行结果如图 3-6(b)所示，程序代码如代码 3-3 所示。

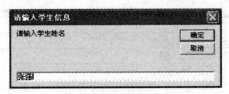

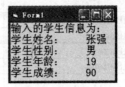

(a) 输入数据提示框　　　　　　　　　　　　　　(b) 运行结果

图 3-6　例 3-7 图示

代码 3-3

```
Private Sub Form_click()
    Dim a$, b$, c$, d$
    a$ = InputBox$("请输入学生姓名", "请输入学生信息")
    b$ = InputBox$("请输入学生性别", "请输入学生信息")
    c$ = InputBox("请输入学生年龄", "请输入学生信息")
    d$ = InputBox("请输入学生成绩", "请输入学生信息")
    Print "输入的学生信息为: "
    Print "学生姓名: ", a$
    Print "学生性别: ", b$
    Print "学生年龄: ", c$
    Print "学生成绩: ", d$
End Sub
```

2．MsgBox 函数

格式：

变量[%] = MsgBox(msg [, type][, title])

功能：

MsgBox 函数打开一个信息框，等待用户选择一个按钮，并可根据用户在对话框上的选择进行对应的响应，此函数返回一个整型值，以决定其后的操作。

说明：

(1) Msg：与 InputBox 中的 prompt 参数定义相同，是提示信息。

(2) Type：指定显示按钮的数目及形式，使用的图标样式，默认按钮是什么，以及消息框的强制返回级别等。该参数是一个数值表达式，是 4 类数值相加产生的，其默认值为 0。这 4 类数值或符号常量分别表示按钮的类型、显示图标的种类、活动按钮的位置、强制返回。Type 的取值和意义如表 3-1 所示。

表 3-1　Type 的取值和意义

符号常量	值	描　　述
vbOkOnly	0	只显示"确定"按钮
vbOkCancel	1	显示"确定"、"取消"按钮
vbAbortRetryIgnore	2	显示"终止"、"重试"、"忽略"按钮
vbYesNoCancel	3	显示"是"、"否"、"取消"按钮
vbYesNo	4	显示"是"、"否"按钮
vbRetryCancel	5	显示"重试"、"取消"按钮
vbCritical	16	显示图标　×
vbQuestion	32	显示图标　?
vbExclamation	48	显示图标　!
vbInformation	64	显示图标　i

（续表）

符号常量	值	描　　述
vbDefaultButton1	0	第 1 个按钮是默认值
vbDefaultButton2	256	第 2 个按钮是默认值
vbDefaultButton3	512	第 3 个按钮是默认值
vbDefaultButton4	768	第 4 个按钮是默认值
vbApplicationModal	0	应用程序强制返回，当前应用程序被挂起，直到用户对消息框做出响应才继续工作
vbSystemModal	4 096	系统强制返回，系统全部应用程序都被挂起，直到用户对消息框做出响应才继续工作

表 3-1 中的数据可分为 4 类：

① 第 1 组值(0~5)：描述了对话框中显示的按钮的类型与数目，按钮共有 7 种：确认、取消、终止、重试、忽略、是、否。每个数值表示一种组合方式。

② 第 2 组值(16，32，48，64)：指定对话框显示的图标样式，共有 4 种：×、?、!、i。图 3-7 所示为第 2 组值的各种信息框效果。

图 3-7　MsgBox 函数中第 2 组值的各种信息框效果

③ 第 3 组值(0，256，512，768)：指明默认活动按钮，即活动按钮周边有虚线，按回车键可执行该按钮的操作。

④ 第 4 组值(0，4 096)：决定消息框的强制返回值。

Type 参数由每组值选取一个数字相加而成。参数表达式既可以用符号常数，也可以用数值。例如：

16＝0+16+0　或　vbCritical

显示"确定"按钮，"×"图标，默认活动按钮为"确定"。

321=1+64+256　或　vbOkCancel+vbInformation+vbDefaultButton

显示"确定"和"取消"按钮，"i"图标，默认活动按钮为"取消"。

(3) Title：为标题信息，是用来显示对话框标题的字符串。

(4) MsgBox 函数的参数只有 Msg 参数不可省略，其他均可省略。如果省略 Type，则对话框中只显示"确定"按钮；如果省略 Title，则标题框显示当前工程的名称。

(5) MsgBox 函数的返回值是一个整数，这个整数与选择的按钮有关，分别与 7 种按钮相对应，MsgBox 函数的返回值如表 3-2 所示。

表 3-2　MsgBox 函数的返回值

值	操　　作	符号常量
1	选"确定"按钮	vbOk
2	选"取消"按钮	vbCancel
3	选"终止"按钮	vbAbort
4	选"重试"按钮	vbRetry

(续表)

值	操　作	符号常量
5	选"忽略"按钮	vbIgnore
6	选"是"按钮	vbYes
7	选"否"按钮	vbNo

【例 3-8】如果用户关闭窗口而没有保存文件，则系统会出现一个提示框，提示用户保存文件。以图 3-8 为模仿此操作的效果图，实现的代码如代码 3-4 所示，其中 36 为 32+4，即显示图标"?"和显示"是"、"否"按钮。

代码 3-4

```
Private Sub Form_click()
    a% = MsgBox("文件已被修改，要保存吗？", 36)
End Sub
```

【例 3-9】在程序设计中，用户经常需要检查输入数据的正确性，图 3-9 所示为模仿此提示信息的效果图，其对应代码如代码 3-5 所示，其中 19 为 16+3，即显示图标 ×、显示"是"、"否"、"取消"按钮。

代码 3-5

```
Private Sub Form_Load()
    a% = MsgBox("请确认此数据是否正确", 19, "数据检查")
End Sub
```

图 3-8　例 3-8 效果图

图 3-9　例 3-9 效果图

3．MsgBox 语句

格式：

MsgBox Msg$[, type][, title]

功能：

MsgBox 语句与 MsgBox 函数的功能相同，是 MsgBox 函数的语句形式。

说明：

各参数的含义及作用与 MsgBox 函数相同。由于 MsgBox 语句没有返回值，因此常被用于简单的信息显示。

3.3　分支(选择)结构

顺序程序的执行是按照程序的书写顺序执行的，即程序走过的路径是线性的，而线性的路径能够解决的问题是非常有限的，遇到较为复杂的问题则无法解决；另一方面，程序中经常需要根据给定的条件进行分析、比较和判断，并根据判断结果采取不同的操作，这就需要利用 VB 语言提供的分支结构。以下介绍 VB 语言提供的各种选择结构。

3.3.1　简单结构 If 条件语句

格式 1：

If 条件 Then 语句 1 [Else 语句 2]

格式 2：

If 条件 Then

　　　　语句 1

Else

　　　　语句 2

End if

功能：

如果"条件"成立(其值为 True)或为非 0 值，则执行"语句 1"；否则，执行"语句 2"，其执行流程如图 3-10(a)所示。

说明：

(1)"条件"通常是关系表达式或逻辑表达式，其值为 True 或 False；若是数值表达式，表达式的结果是 0 则为 False，非 0 为 True。

(2)"语句 1"和"语句 2"既可以是简单语句，也可以是用冒号分隔的复合语句。

(3)"Else 语句 2"可以省略，其语句可简化为：

格式 1：

If 条件 Then 语句

格式 2：

If 条件 Then

　　　　语句

End if

它的功能是：条件成立执行语句(序列)，否则执行下一行或 End if 后的语句，其执行流程如图 3-10(b)所示。

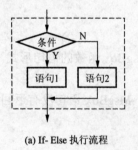

(a) If- Else 执行流程

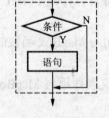

(b) If- Then 执行流程

图 3-10　执行流程

【例 3-10】输入 2 个数，求它们中的最大数。

解题分析：程序执行后先后弹出 2 个输入框，如图 3-11(a)所示，提示用户输入 2 个数，经过程序的比较后，将其中的最大数打印在窗体上。

运行结果如图 3-11(b)所示，对应的程序代码如代码 3-6 所示。

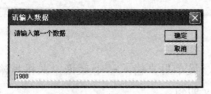

　　　(a) 输入数据提示框　　　　　　　　　　　　　(b) 运行结果

图 3-11　例 3-10 图示

代码 3-6

```
Private Sub Form_click()
  Dim a%, b%, max%
  a% = Val(InputBox("请输入第一个数据", "请输入数据"))
  b% = Val(InputBox("请输入第二个数据", "请输入数据"))
  If a > b Then
    max = a
  Else
    max = b
  End If
  Print "第一个数据是："; a
  Print "第二个数据是："; b
  Print "最大数据是："; max
End Sub
```

【例 3-11】输入 3 个数，求它们中的最小数。

解题分析： 程序执行后先后弹出 3 个输入框，如图 3-12 (a)所示，提示用户输入 3 个数，经过程序的比较后，将其中的最小数打印在窗体上。

运行结果如图 3-12(b)所示，对应的程序代码如代码 3-7 所示。

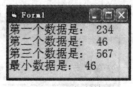

　　　(a) 输入数据提示框　　　　　　　　　　　　　(b) 运行结果

图 3-12　例 3-11 图示

代码 3-7

```
Private Sub Form_click()
  Dim a%, b%, c%, max%
  a% = Val(InputBox("请输入第一个数据", "请输入数据"))
  b% = Val(InputBox("请输入第二个数据", "请输入数据"))
  c% = Val(InputBox("请输入第三个数据", "请输入数据"))
  Min = a           '设最小数是a
  If Min > b Then Min = b
   '如果假设最小数大于b则最小数是b, 此时最小数是a和b中的小数
  If Min > c Then Min = c
   '如果假设最小数大于c则最小数是c, 此时最小数是a、b和c中的小数
  Print "第一个数据是："; a
  Print "第二个数据是："; b
  Print "第三个数据是："; c
  Print "最小数据是："; Min
End Sub
```

【例 3-12】编程求符号函数的值。

符号函数形式如下：$y = \begin{cases} 1 & x>0 \\ 0 & x=0 \\ -1 & x<0 \end{cases}$

解题分析：程序执行后，弹出 1 个输入框，提示用户输入一个数据，并根据输入的数值的大小，判断函数的取值，在窗体上打印 x 和 y 的值。

运行结果如图 3-13 所示，其程序代码如代码 3-8 所示。

【例 3-13】单击按钮实验。

解题分析：程序执行后弹出一个提示框，提示用户选择并单击某个按钮，用户单击某个按钮后，程序根据 msgbox 函数的返回值，判断用户单击的是哪一个按钮，并在窗体上打印对应的按钮名称。

运行结果如图 3-14(a)、(b)、(c)、(d)所示，程序代码如代码 3-9 所示。

图 3-13　运行结果

代码 3-8
```
Private Sub Form_click()
    x% = InputBox("请输入自变量的值", " 输入数据")
    y% = 0                     '设y为0
    If x > 0 Then y = 1      '如果x大于0，则y更正为1
    If x < 0 Then y = -1    '如果x大于0，则y更正为-1
    Print "x="; x; "y="; y
End Sub
```

(a) 提示信息框

(b) 效果图

(c) 效果图

(d) 效果图

图 3-14　提示信息框与效果图

代码 3-9
```
Private Sub Form_click()
    a% = MsgBox("请单击一个按钮", 35, "单击按钮实验")
    If a = 2 Then Print "你单击的是 '取消' 按钮"
    If a = 6 Then Print "你单击的是 '是' 按钮"
    If a = 7 Then Print "你单击的是 '否' 按钮"
End Sub
```

3.3.2　块结构 If 条件语句

以上一个 if-else 结构可以解决 2 个分支，如果需要解决多个分支可以利用多个 if-else 结构的组合，也可使用块 If 结构。

格式：

If 条件 1 Then
　　语句块 1
[ElseIf 条件 2 Then
　　语句块 2]
[ElseIf 条件 3 Then
　　语句块 3]
…
[Else
　　语句块 n]
End If

功能：

若"条件 1"为 True，执行"语句 1"；否则，若"条件 2"为 True，执行"语句 2"；否则，若……，即依次判断各条件的值，若上述条件均不成立，执行"语句 n"。其执行流程如图 3-15 所示。

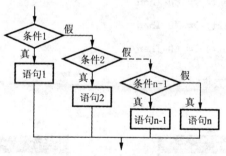

图 3-15　if-else-if 语句流程图

说明：

(1) 条件语句中的"条件"既可以是逻辑表达式或关系表达式，也可以是数值表达式。当条件是逻辑表达式时，非 0 值表示 True；0 值表示 False。

(2) "语句块"中的语句不能与 Then 写在同一行上，否则 VB 认为这是一个简单结构的条件语句。

(3) 块结构条件语句，必须以 End If 结束，而简单结构的条件语句以单行出现时，不需要 End If。

(4) ElseIf 子句的数量根据程序的需要而定，最少时可以没有，此时，块结构条件语句简化为简单结构条件语句：

If 条件 Then
　　语句块

End If

完全可替代单行结构的条件语句：

If 条件 Then 语句

(5) 块结构条件语句能够实现在多条路径中选择其中的一条，其执行过程是依次顺序判断各条件表达式的值，执行其遇到的第一个条件为真时的语句块，只有当所有的条件均为假时，才执行最后的 Else 块。

(6) 语句块中可以包含有条件语句的嵌套。

【例 3-14】分数转化问题。

操作步骤：

(1) 在 VB 环境中，单击"文件/新建工程"命令。在新建的窗体上添加 2 个标签，它们的 Caption 属性分别为：百分制分数、5 分制分数，Autosize 属性为真；2 个文本框，它们的 Text 属性为空；其界面如图 3-16(a)所示。

(2) 编写程序代码，如代码 3-10 所示。

(3) 按 F5 功能键，运行程序。用户输入分数，程序将百分制的分数转化为 5 分制的分数，在窗体上显示转化前后的分数，如图 3-16(b)所示。

代码 3-10

```
Private Sub Form_click()
    If Val(Text1.Text) >= 90 Then
        Text2.Text = "优"
    ElseIf Val(Text1.Text) >= 80 Then
        Text2.Text = "良"
    ElseIf Val(Text1.Text) >= 70 Then
        Text2.Text = "中"
    ElseIf Val(Text1.Text) >= 60 Then
        Text2.Text = "及格"
    Else
        Text2.Text = "不及格"
    End If
End Sub
```

(a) 界面

(b) 运行结果

图 3-16　界面与运行结果

【例 3-15】判断大小写字母问题。

操作步骤：

(1) 在 VB 环境中，单击"文件/新建工程"命令。在新建的窗体上添加 2 个标签，它们的 Caption 属性分别为：输入字符、显示结果，Autosize 属性为真；2 个文本框，它们的 Text 属性为空。 其界面如图 3-17(a)所示。

(2) 编写程序代码如代码 3-11 所示。

(3) 按 F5 功能键，运行程序。用户输入一个字符，程序判断输入的是大写字母、小写字母、数字还是其他字符，并将判断结果显示在窗体上，如图 3-17(b)所示。

代码 3-11

```
Private Sub Form_click()
    If Text1.Text >= "a" And Text1.Text <= "z" Then
        Text2.Text = "它是小写字母"
    ElseIf Text1.Text >= "A" And Text1.Text <= "Z" Then
        Text2.Text = "它是大写字母"
    ElseIf Text1.Text >= "0" And Text1.Text <= "9" Then
        Text2.Text = "它是数字字符"
    Else
        Text2.Text = "它是其它字符"
    End If
End Sub
```

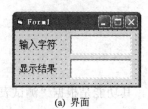
(a) 界面

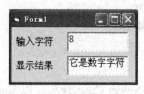
(b) 运行结果

图 3-17　界面与运行结果

【例 3-16】税率问题。

操作步骤：

(1) 在 VB 环境中，单击"文件/新建工程"命令。在新建的窗体上添加 4 个标签，它们的 Caption 属性分别为：工资、税率、税后工资、应交税款，Autosize 属性为真；4 个文本框，它们的 Text 属性为空。

(2) 编写程序代码如代码 3-12 所示。

(3) 按 F5 功能键，运行程序。用户输入一个数据，代表工资，程序判断输入的工资在什么范围，求出对应的税率和税后工资，并将结果打印在对应的文本框中。其运行结果如图 3-18 所示。

代码 3-12

```
Private Sub Form_click()
    Dim x!, y!
    x = Val(Text1.Text)
    If x > 3000 Then
        y = 0.08    '如果x大于3000，则税率为8%
    ElseIf x > 2000 Then
        y = 0.06    '如果x大于2000，则税率为6%
    ElseIf x > 1000 Then
        y = 0.04    '如果x大于1000，则税率为4%
    ElseIf x > 500 Then
        y = 0.02    '如果x大于500，则税率为2%
    Else
        y = 0#      '如果x小于500，则税率为0
    End If
    Text2.Text = y
    Text3.Text = x * (1 - y)
    Text4.Text = y * x
End Sub
```

图 3-18　运行界面

3.3.3 Select Case 多分支语句(情况语句)

格式:

Select Case 测试表达式

    Case 表达式列表 1

       语句块 1

    [Case 表达式列表 2

       [语句块 2]]

       …

    [Case Else

       [语句块 n]]

End Select

功能:

情况语句以 Select Case 开头,以 End Select 结束。其功能是根据"测试表达式"的值,从多个语句块中选择符合条件的一个语句块执行。

说明:

(1) 情况语句的执行过程是:先对"测试表达式"求值,然后将该值依次与各个 Case 子句中的"表达式列表"的值进行相等测试,一旦测试成功,则执行该 Case 分支的语句块,然后控制转移到 End Select 后面的语句行;如果均不成功,则执行 Case Else 分支的语句块,然后控制转移到 End Select 后面的语句行。

(2) "测试表达式"可以是数值表达式或字符串表达式,通常为变量或常量。

(3) 每个 Case 子句中的语句块可以是一行或多行 VB 语句。

(4) "表达式列表"中的表达式必须与测试表达式的类型相同。

(5) "表达式列表"可以是下列形式:

① 表达式 1 [, 表达式 2]……

即一组用逗号间隔的表达式。当"测试表达式"的值与其中之一相同时,就执行该 Case 子句中的语句块。

例如:Case 1,3,5

② 表达式 1 To 表达式 2

表示一段取值范围,当"测试表达式"的值落在表达式 1 和表达式 2 之间时(含表达式 1 和表达式 2 的值),则执行该 Case 子句中的语句块。书写时,必须把较小值写在前面。

例如:Case 1 To 10

③ Is 关系表达式

当"测试表达式"的值满足"关系表达式"指定条件时,执行该 Case 子句中的语句块。

例如:

Case Is>18   表示"测试表达式"的值大于 18,即成功

Case Is=5   表示"测试表达式"的值等于 5,即成功

Case Is>5, -1 To 9   表示"测试表达式"的值大于 5 或在-1~9 之间,即成功

注意:此处关系表达式只能是简单条件,不能为组合条件。

【例 3-17】将例 3-15 中的判断大小写字母问题，改为用 Select Case 情况语句实现。其实现程序代码如代码 3-13 所示。

代码 3-13

```
Private Sub Form_click()
    Dim s$
    s = Text1.Text
    Select Case s
        Case "a" To "z"
            Text2.Text = "它是小写字母"
        Case "A" To "Z"
            Text2.Text = "它是大写字母"
        Case "0" To "9"
            Text2.Text = "它是数字字符"
        Case Else
            Text2.Text = "它是其它字符"
    End Select
End Sub
```

3.3.4　条件函数

1. IIf 函数

格式：

IIf(条件 , True 部分的值 , False 部分的值)

功能：

当"条件"为真时，返回 True 部分的值为函数值；而当"条件"为假时，返回 False 部分的值为函数值。

说明：

(1) "条件"是逻辑表达式或关系表达式。

(2) "True 部分的值"或"False 部分的值"是表达式。

(3) "True 部分的值"和"False 部分的值"的返回值类型必须与结果变量类型一致。

(4) IIf 函数的功能与 If…Then…Else 的功能基本相同，用于执行简单的判断和处理。

如：　　　　　　if x>y then z=x　else　z=y

可等价于：　z = IIf(x>y,x,y)

2. Choose 函数

格式：

Choose(整形表达式 , 选项列表)

功能：

根据整形表达式的值，决定返回选项列表中的某个值。当变量的值为 1 时，函数值为第 1 项的值；当变量的值为 2 时，函数值为第 2 项的值；当变量的值为 n 时，函数值为第 n 项的值。

说明：

(1) 表达式的类型为数值型。

(2) 当变量的值是 1~n 的非整数时，系统自动取整。

(3) 若变量的值不在 1~n 之间，则 Choose 函数的值为 Null。

(4) Choose 函数可代替 Select Case 语句，适用于简单的多重判断场合。

如：n = 2

st = Choose(n , "red" , "green" , "blue")

可等价于：st="green"

3.4　循环结构

分支结构能够解决根据不同的情况，采取不同措施的选择结构的程序设计；在程序设计中，通常还会遇到反复执行某一部分程序的情况，这就需要利用循环结构。

循环是指某段程序需要重复执行若干次，才能完成的特定任务。为使循环能够正常进行，必须解决以下几个问题：

(1) 哪些语句需要反复。在循环中被反复执行的部分称为循环体，它可由若干语句构成。

(2) 采用什么手段控制循环的次数，即循环需要反复多少次。任何循环都不能是无限的死循环，即循环必须适可而止。

如：求 s=1+2+3+…+100。可用如下算法描述：

① 定义变量 i，s，并将 i 和 s 赋初值为 0；

② i+1→i;

　　s+i→s;

③ 如果 i<100，重复②，否则结束。

就是在 i<100 条件下，重复执行②的过程，结束后 s 的值即为级数的和。

由此可见，循环必须有 3 个要素：

(1) 初始化：决定循环的初始状态，即与循环相关的变量的初值。

(2) 循环体：循环中反复执行的部分。

(3) 循环的条件：决定循环结束的条件。

VB 语言提供了 3 种循环结构：For、While、Do。

3.4.1　For 循环

格式：

For　循环变量　=　初值　To　终值　[Step　步长]

　　　[循环体]

　　　[Exit　For]

Next　[循环变量]

功能：

For 循环按确定的次数执行循环体，该次数是由循环变量的初值、终值和步长确定的。首先循环变量取初值，接着将循环变量与终值进行比较，如果不满足，则继续执行循环体，并将循环变量按步长递增或递减，继续与终值进行比较；如果满足，则结束循环。其流程如图 3-19(a)、(b)所示。

说明：

(1) 循环变量：是一个数值变量。

(2) 初值、终值和步长：均是数值表达式，其值若是实数，则自动取整。

当初值≤终值时，步长为正数，其流程如图 3-19(a)所示；当初值>终值时，步长为负数，其流程如图 3-19(b)所示；步长为 1 时，可省略不写；步长不应为 0，否则造成死循环。循环次数=int((终值−初值)/步长)+1。

(3) 循环体：是需重复执行的语句，可以是一句或多条语句的序列。

(4) Exit For：可选项，用于某些特殊情况下退出循环。

(5) Next：循环终端语句，其后面的"循环变量"必须与 For 语句中的"循环变量"相同，表明它们是一对循环的开始和结束语句。

(6) 循环变量在循环体内可以引用，但不应改变其值，否则将导致循环无法正常执行。

如：① For i=1 to 10 Step 1

　　　　s=s+i

　　Next i

循环次数为 10 次。

② For i=1 to 10 Step 1

　　　　i=i+1

　　Next i

由于在循环体内改变了循环变量的值，导致循环无法按既定的次数进行，循环将达不到 10 次。

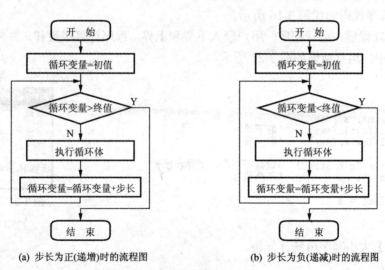

(a) 步长为正(递增)时的流程图　　　　　(b) 步长为负(递减)时的流程图

图 3-19　流程图

【例 3-18】打印循环变量的值。

解题分析：在程序中设计一个简单的单层循环，循环变量为 i，其初始值为 1，终止值为 10，步长值为 1，在窗体上打印循环变量的值，程序代码如代码 3-14 所示。在图 3-20(a)中可以看出，循环变量 i 从 1 开始，每次递增 1，变到 10 的过程，即 1、2、3、4、5、6、7、8、9、10。

如将步长值设为 2，其初始值仍然为 1，终止值仍为 10，程序代码如代码 3-15 所示。从图 3-20(b)可以看出，循环变量 i 从 1 开始，每次递增 2，变到 10 的过程，即 1、3、5、7、9。

步长值为 1 时，程序代码如代码 3-14 所示，运行结果如图 3-20(a)所示。

步长值为 2 时，程序代码如代码 3-15 所示，运行结果如图 3-20(b)所示。

代码 3-14

```
Private Sub Form_click()
  Dim i%
  For i = 1 To 10 Step 1
    Print "i="; i
  Next i
End Sub
```

代码 3-15

```
Private Sub Form_click()
  Dim i%
  For i = 1 To 10 Step 2
    Print "i="; i
  Next i
End Sub
```

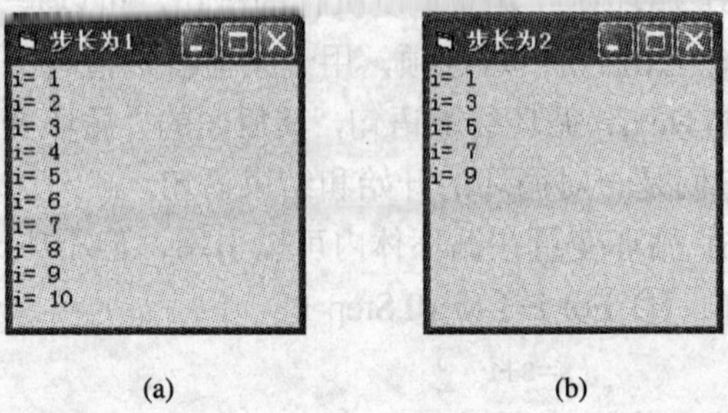

图 3-20   运行结果

【例 3-19】求级数和 $s=\sum_{i=m}^{n}i$ 的问题。

操作步骤：

(1) 在窗体上添加 3 个标签，它们的 Caption 属性分别为：下界、上界、级数和，Autosize 属性为真；3 个文本框，它们的 Text 属性为空。

(2) 编写程序代码如代码 3-16 所示。

(3) 按 F5 功能键，运行程序。用户输入下界和上界，程序计算级数和，并将结果打印在对应的文本框中。运行结果如图 3-21 所示。

代码 3-16

```
Private Sub Form_click()
  Dim m!, n!, s!, i%
  m = Val(Text1.Text)          '取下界
  n = Val(Text2.Text)          '取上界
  s = 0
  For i = m To n Step 1        '设循环下界、上界和步长
    s = s + i                  '不断累加
  Next i
  Text3.Text = s
End Sub
```

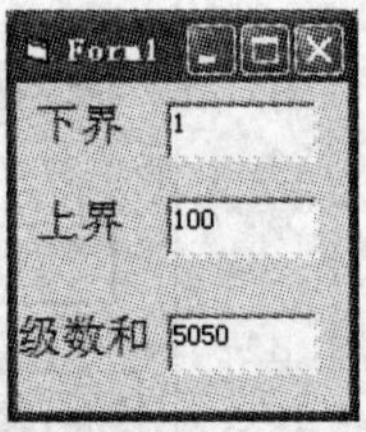

图 3-21   界面

【例 3-20】大小写字母统计问题。

操作步骤：

(1) 在 VB 环境中，单击"文件/新建工程"命令。在新建的窗体上添加 5 个标签，它们的 Caption 属性分别为：输入字符、大写字母个数、小写字母个数、数字个数、其他字符个数，Autosize 属性为真；5 个文本框，它们的 Text 属性为空。

(2) 编写程序代码如代码 3-17 所示。

(3) 按 F5 功能键，运行程序。用户输入字符串，统计其中大写字母的个数，小写字母的个数，数字的个数，以及其他字符的个数，并将结果打印在对应的文本框中。运行结果如图 3-22 所示。

代码 3-17

```
Private Sub Form_click()
    Dim i%, n%, s$, m$
    Dim k1%, k2%, k3%, k4%
    s = Text1.Text                        '取整个字符串
    For i = 1 To Len(s)                   '设循环次数为字符串长
    m = Mid(s, i, 1)                      '取字符串中的一个字符
    If m >= "A" And m <= "Z" Then
        k1 = k1 + 1                       '大写字母个数累加
    ElseIf m >= "a" And mt <= "z" Then
        k2 = k2 + 1                       '小写字母个数累加
    ElseIf m >= "0" And m <= "9" Then
        k3 = k3 + 1                       '数字个数累加
    Else
        k4 = k4 + 1                       '其他字符个数累加
    End If
    Next i
    Text2.Text = k1                       '输出大写字母个数
    Text3.Text = k2                       '输出小写字母个数
    Text4.Text = k3                       '输出数字个数
    Text5.Text = k4                       '输出其他字符个数
End Sub
```

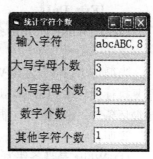

图 3-22　界面

3.4.2　While 循环

格式：

While 条件

　[循环体]

Wend

功能：

当给定的"条件"为 True 时，执行循环体。While 语句，又称当型循环语句，根据某一条件进行判断，决定是否执行循环，其执行流程如图 3-23 所示。

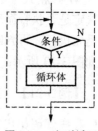

图 3-23　当型循环

说明：

(1) While 循环语句先对"条件"进行测试，然后决定是否执行循环，循环次数有可能为 0 次。

(2) 如果"条件"总是成立，则不停地执行循环体，构成死循环；如果"条件"总是不成立，则不执行循环体。因此，在循环体中应包含有对"条件"的修改操作，使得开始时条件为真，接着条件逐渐趋向假，使循环体能正常结束。

3.4.3　Do 循环

格式 1：

Do [While | Until 条件]

　[循环体]

　[Exit Do]

Loop

格式 2：

Do

　　[循环体]

　　[Exit Do]

Loop [While | Until 条件]

功能:

当循环"条件"为真(While 条件), 或直到指定的循环结束"条件"为真之前(Until 条件)重复执行循环体。Do 循环语句也是根据条件决定循环的语句。其构造形式较灵活, 既可以指定循环条件, 也能够指定循环终止条件。

说明:

(1) While 是当条件为 True 时执行循环, 而 Until 则是在条件变为 True 之前重复, 即直到条件满足时为止。

(2) Exit Do 为可选项, 遇到该语句结束循环, 常用于某些特殊情况下退出循环。

(3) 当只有 Do 和 Loop 两个关键字时, 其格式简化为:

Do

　　[循环体]

Loop

为使循环能正常结束, 此种形式下, 循环体中应有 Exit Do 语句。

(4) 在格式 1 中, While 和 Until 放在循环的开头是先判断条件, 再决定是否执行循环体; 在格式 2 中, While 和 Until 放在循环体的末尾是先执行, 再判断条件决定是否继续执行循环体。格式 1 的执行流程如图 3-23 所示; 格式 2 的执行流程如图 3-24 所示。

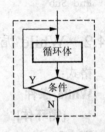

图 3-24　直到型循环

　　【例 3-21】 将例 3-19 中的求级数和 $s=\sum\limits_{i=m}^{n} i$ 的问题改为用 While 循环实现。

　　程序代码如代码 3-18 所示。

　　【例 3-22】 将例 3-19 中的求级数和 $s=\sum\limits_{i=m}^{n} i$ 的问题改为用 Do 循环实现。

　　程序代码如代码 3-19 所示。

代码 3-18

```
Private Sub Form_click()
  Dim m!, n!, s!, i%
  m = Val(Text1.Text)      '取下界
  n = Val(Text2.Text)      '取上界
  s = 0: i = m             '设循环下界
  While i <= n             '设循环条件
    s = s + i              '不断累加
    i = i + 1              '步长增1
  Wend
  Text3.Text = s
End Sub
```

代码 3-19

```
Private Sub Form_click()
  Dim m!, n!, s!, i%
  m = Val(Text1.Text)      '取下界
  n = Val(Text2.Text)      '取上界
  s = 0: i = m             '设循环下界
  Do
    s = s + i              '不断累加
    i = i + 1              '步长增1
  Loop While i <= n        '设循环条件
  Text3.Text = s
End Sub
```

3.4.4　多重循环

　　以上介绍了各种形式的循环, 当然, 根据需要循环还可以嵌套, 即在一个循环结构的循环体内含有另一个完整的循环结构, 又称多重循环。处于内部的循环称内循环, 处于外部的循环称外循环。使用多重循环必须注意内外循环之间必须完整包含，不得交叉。

如果在一个循环结束后，才开始另一个循环，这两个循环成为并列循环，并列循环可以用同一个变量名作循环变量，而嵌套的循环不能用同一个变量名作循环变量。　如：

①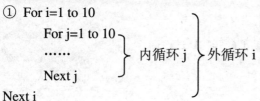

变量 i 和变量 j 控制的两个循环为多重循环，其中循环变量 i 的循环为外循环，循环变量 j 的循环为内循环；

②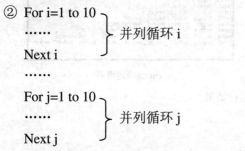

变量 i 和变量 j 控制的两个循环为并列循环。

【例 3-23】打印循环变量的值。

解题分析：在程序中，设计一个简单的双层循环，外循环变量为 i，它的初始值为 1，终止值为 3，步长值为 1；内循环变量为 j，它的初始值为 1，终止值为 4。在窗体上打印循环变量的值，程序如代码 3-20 所示。在图 3-25 中可以看出，外循环变量 i 从 1，每次递增 1，变到 3 的过程。外循环共改变了 3 次，外循环每改变 1 次，内循环改变了 4 次。因此内循环内语句 " Print "j=";j " 执行了 3×4=12 次。

程序代码如代码 3-20 所示，运行结果如图 3-25 所示。

代码 3-20
```
Private Sub Form_click()
  Dim i%, j%
  For i = 1 To 3          '外循环变化为1、2、3
    Print "i="; i; ": ";  '打印外循环变量i的值
    For j = 1 To 4        '内循环变化为1、2、3、4
      Print "j="; j;      '打印内循环变量j的值
    Next j
    Print: Print
  Next i
End Sub
```

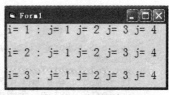

图 3-25　运行结果

【例 3-24】打印九九乘法表。

解题分析：在程序中设计一个双层循环，外循环变量为 i，其初始值为 1，终止值为 9，步长值为 1；内循环变量为 j，它的初始值为 1，终止值为 9，步长值为 1，共执行了 9×9=81 次，在窗体上打印 i×j 的值。

编写程序如代码 3-21 所示，运行结果如图 3-26(a)所示。思考如何得到图 3-26(b)的结果。

代码 3-21

```
Private Sub Form_click()
   Dim i%, j%
   Print Tab(30); "九九乘法表"
   Print
   For i = 1 To 9
     For j = 1 To 9
       Print Tab(8 * (j  1)), i & "*" & j & "=" & i * j;
     Next j
     Print
   Next i
End Sub
```

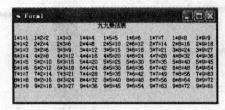

(a) 程序运行结果

(b) 思考题图示

图 3-26　运行结果

3.5　应用程序举例

【例 3-25】输入一个年号，判断它是否闰年。

解题分析：闰年是能被 4 整除而不能被 100 整除的年份，或者是能被 400 整除的年份。

根据闰年的定义可利用一个逻辑表达式即可实现闰年的判断问题，如果年份 n 除 4 余数为 0 且除 100 余数不为 0，或者 n 除 400 余数为 0，则满足闰年的条件，即逻辑表达式：

n Mod 4 = 0 And n Mod 100 <> 0 Or n Mod 400 = 0

操作步骤：

(1) 在 VB 环境中，单击"文件/新建工程"命令。在新建的窗体上添加 2 个标签，其 Caption 属性分别为：输入年份、输出结果，Autosize 属性为真；2 个文本框，其 Text 属性为空。

(2) 编写程序代码如代码 3-22 所示。

代码 3-22

```
Private Sub Form_click()
   Dim n%
   n = Val(Text1.Text)
   If n Mod 4 = 0 And n Mod 100 <> 0 Or n Mod 400 = 0 Then
       Text2.Text = "是闰年"
   Else
       Text2.Text = "不是闰年"
   End If
End Sub
```

(3) 按 F5 功能键，运行程序。用户输入年份，程序判断它是否是闰年，并将结果打印在对应的文本框中。其运行结果如图 3-27 所示。

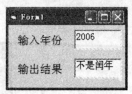 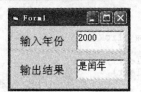

图 3-27　运行结果

【例 3-26】求阶乘的累加和 $s=\sum_{i=1}^{n} i!$ 。

解题分析：界面上有两个标签，两个文本框，它们的属性均可取默认值，程序中定义 4 个变量，构造一个单层循环，循环用变量 i 控制；变量 n 作为循环的上界，在循环体中不断的累乘，累乘结果放入变量 t 中；并将累乘的结果及时累加到变量 s 中，以得到结果。

运行结果如图 3-28 所示，程序代码如代码 3-23 所示。

代码 3-23

```
Private Sub Form_click()
   Dim n!, s!, i%, t!
   n = Val(Text1.Text)      '取上界
   s = 0: t = 1
   For i = 1 To n           '设循环上界和步长
     t = t * i
     s = s + t              '不断累加
   Next i
   Text3.Text = s
End Sub
```

图 3-28　界面

【例 3-27】用辗转相除法(即欧几里德算法)求两个正整数的最大公约数。

解题分析：设两个数 m、n，假设 m >= n，并用 m 除以 n，求得余数 q，若 q 为 0，则 n 即为最大公约数；若 q 不等于 0，则按如下迭代：m=n，n=q，原除数变为新的被除数，原余数变为新的除数；重复除法，直至余数为 0 为止，余数为 0 时的除数 n，即为原始 m、n 的最大公约数。

总结迭代的 3 个要素如下：

(1) 迭代初值：m、n 的原始值。

(2) 迭代过程：q = m mod n

　　　　　　　m = n

　　　　　　　n = q

(3) 迭代条件：n <> 0

操作步骤：

(1) 在 VB 环境中，单击"文件/新建工程"命令。在新建的窗体上添加 3 个标签，它们的 Caption 属性分别为：第 1 个数据、第 2 个数据、最大公约数；3 个文本框，它们的 Text 属性为空，用于采集两个数据，并显示结果，如图 3-29 所示。

(2) 编写程序代码如代码 3-24 所示。

(3) 按 F5 功能键，运行程序。用户输入数据，程序判断进行迭代，并将结果打印在对应的文本框中。其运行结果如图 3-29 所示。

代码 3-24

```
Private Sub Form_click()
 Dim m%, n%, t%, q%
 m = Val(Text1.Text)
 n = Val(Text2.Text)
 If n > m Then              '如果m小于n，交换
   t = m: m = n: n = t
 End If
 Du                         '开始迭代
   q = m Mod n              '循环作整除取余，
   m = n
   n = q                    '更改除数和被除数，为下一次迭代准备
 Loop While q <> 0          '直到余数为0，则该被除数为最大公约数
   Text3.Text = m
End Sub
```

图 3-29　运行结果

【例 3-28】输入 n 个学生的分数，统计各分数段人数。

解题分析：学生的分数统计的问题首先需要确定学生的人数 n，接着输入 n 个学生的分数；再利用多分支结构对分数进行判断，以确定分数所在的范围，将相应的值加 1；当然输入分数、进行判断和累加的工作根据要求需进行 n 次，从而此题还需构造一个 n 次的循环。

操作步骤：

(1) 在 VB 环境中，单击"文件/新建工程"命令。在新建的窗体上添加 6 个标签，它们的 Caption 属性分别为：总人数、优秀人数、良好人数、中等人数、及格人数、不及格人数；6 个文本框，它们的 Text 属性为空。文本框 1 用于采集人数，文本框 2~6 用于显示结果；1 个按钮，其 Caption 属性为：开始统计。其他属性可取默认值。

(2) 编写程序代码如代码 3-25 所示。

(3) 按 F5 功能键，运行程序。用户输入总人数，单击"开始统计"按钮后，系统弹出提示框，提示用户输入每个学生的成绩，如图 3-30(a)所示，并将结果打印在对应的文本框中。运行结果如图 3-30(b)所示。

代码 3-25

```
Private Sub Command1_Click()
 Dim n%, a%, b%, c%, d%, e%, i%, x!, s$
 n = Val(Text1.Text)                  '输入学生人数
 For i = 1 To n
  s = "请输入第" & i & "个学生成绩"
  x = InputBox(s, "请输入成绩")       '输入学生成绩
  If x >= 90 Then
    a = a + 1
  ElseIf x >= 80 Then
    b = b + 1
  ElseIf x >= 70 Then
    c = c + 1
  ElseIf x >= 60 Then
    d = d + 1
  Else
    e = e + 1
  End If                              '分别判断并统计
  Text2.Text = a: Text3.Text = b: Text4.Text = c
  Text5.Text = d: Text6.Text = e      '分别输出
 Next i
End Sub
```

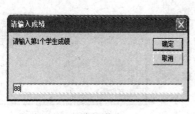

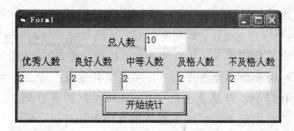

(a) 提示信息　　　　　　　　　　　　　　　　(b) 运行界面

图 3-30　提示信息与运行界面

【例 3-29】 求 100~200 之间的素数。

算法分析：素数是只能被 1 和本身整除的数，2 以上的所有偶数均不是素数。其测试条件是：对于任意数 m，用 $2~\sqrt{m}$ 之间的数去除，所有数都除不尽时，m 即为素数。测试的范围是 100 到 200 之间的奇数，测试的条件可构造一个控制变量 i 从 $2~\sqrt{m}$ 的循环，让 m 被 i 逐一除，如果有一个能整除，则不是素数，退出测试。此时 i 的值小于等于 $\sqrt{m}$；如果都不能整除，通过循环正常退出时，i 的值>$\sqrt{m}$，m 即为素数。本程序需要两层循环才能实现：外循环 m 用于检测需要测试的数据，内循环 i 用于构造测试条件。在内循环中进行除法操作时，如果除尽则结束内循环。在内循环结束后对内循环变量 i 进行判断，以决定结果。

程序运行界面如图 3-31 所示，程序代码如代码 3-26 所示。

代码 3-26

```
Private Sub Form_click()
  Dim m%, i%, n%
  For m = 101 To 200 Step 2       '外循环测试奇数
    For i = 2 To Sqr(m)           '内循环构造测试条件
      If m Mod i = 0 Then         '能够整除，不是素数
        Exit For                  '结束内循环
      End If
    Next i
    If i > Sqr(m) Then            '正常结束内循环，是素数
      n = n + 1                   '统计素数个数
      Print m;
      If n Mod 5 = 0 Then Print
    End If
  Next m
  Print
  Print "素数的个数为"; n         '输出素数个数
End Sub
```

图 3-31　运行界面

【例 3-30】"百鸡百钱" 问题。

我国古代数学家在《算经》中出了一道题："鸡翁一，值钱五；鸡母一，值钱三；鸡雏三，值钱一。百钱买百鸡，问鸡翁、母、雏各几何？"

要求用 100 元钱买 100 只鸡，已知一只公鸡 5 元，一只母鸡 3 元，3 只小鸡 1 元。现有 100 元钱，要买 100 只鸡，求公鸡、母鸡和小鸡各买多少只。

算法分析：设 x 是公鸡数、y 是母鸡数、z 是小鸡数，根据所给条件列出如下方程：

$$\begin{cases} x+y+z = 100, \\ 5x+3y+z/3 = 100 \text{(z 能被 3 整除)}。 \end{cases}$$

以上方程是三元一次方程，只有两个方程。因此，该方程是不定方程。解决这一问题的

方法是，将 x、y、z 的所有可能代到方程中去试，满足方程条件的即为解。可以通过枚举(循环)一一列出 x、y 的所有组合。z 通过方程 x+y+z=100 计算得出，然后用 5x+3y+z/3=100(z 能被 3 整除)测试条件。

由于公鸡是 5 元一只，那么其数量应小于 20，枚举范围是 0 到 19；母鸡是 3 元一只，其枚举范围是 0 到 32。在循环中不断测试条件，满足条件则打印和统计。

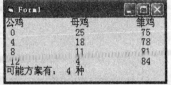

图 3-32   运行界面

程序运行界面如图 3-32 所示，程序如代码 3-27 所示。

代码 3-27

```
Private Sub Form_click()
    Dim x%, y%, z%                              '设x,y,z代表数量
    Dim k!
    Print "公鸡", "母鸡", "雏鸡"
    For x = 0 To 19                             '试探公鸡可能的范围
        For y = 0 To 32                         '试探母鸡可能的范围
            z = 100 - x - y                     '计算雏鸡的值
            If 5 * x + 3 * y + z / 3 = 100 Then
                Print x, y, z                   '满足条件输出结果
                k = k + 1                       '统计可能方案
            End If
        Next y
    Next x
    Print "可能方案有：": k: "种"                 '输出可能数目
End Sub
```

【例 3-31】求级数的和。$\sin(x) = x - \dfrac{x^3}{3!} + \dfrac{x^5}{5!} - \dfrac{x^7}{7!} + \cdots + (-1)^n \dfrac{x^{2n+1}}{(2n+1)!} + \cdots$

试求 $\sin(x)$ 的近似值，要求误差小于给定的 eps。

算法分析：$\sin(x)$ 的近似值是通过展开级数的有限项之和得到的。由于级数的收敛性，随着项数的增加，每一项的绝对值将越来越小，当小于给定误差时可以结束。

在循环累加某一项 t 的过程中，需要利用已知的前一项 t 和当前的相序(第几项，以 2 递增)，求出新的一项累加到 fsin 上，即利用不断的迭代过程，求出每项，并将它们累加。

迭代的 3 个要素为：

① 迭代初值：

fsin=0.0, i=1, t=x(级数的第 1 项作为 t 的初值)

② 迭代过程：

fsin= fsin + t   累加当前项

i=i+2   变化相序

t=-t*x*x/(i*(i-1))   求下一项(新的一项)

③ 条件：fabs(t)>=eps,继续迭代。

操作步骤：

(1) 在 VB 环境中，单击"文件/新建工程"命令。在新建的窗体上添加 3 个标签，它们的 Caption 属性分别为：x 的值、精度、级数和，Autosize 属性为真；3 个文本框，它们的 Text 属性为空，如图 3-33 所示。

(2) 编写程序代码如代码 3-28 所示。

(3) 按 F5 功能键，运行程序。用户输入 x 的值和精度，单击窗体，程序计算级数和，并

将结果打印在对应的文本框中。其运行结果如图 3-33 所示。

代码 3-28

```
Private Sub Form_click()
  Dim x!, eps!, t!, fsin!, i%
  x = Val(Text1.Text)           '输入x值
  eps = Val(Text2.Text)         '输入误差值eps
  fsin = 0
  i = 1
  t = x                         '设第一项
  Do
    fsin = fsin + t
    i = i + 2
    t = -t * x * x / (i * (i - 1)) '由当前项，求下一项
  Loop While Abs(t) > eps       '判断精度
  Text3.Text = fsin             '输出结果
End Sub
```

图 3-33　运行界面

【例 3-32】编写程序，打印如下数字金字塔。

1

1 2 1

1 2 3 2 1

1 2 3 4 3 2 1

1 2 3 4 5 4 3 2 1

⋮

1 2 3 4 5 6 7 8 9 8 7 6 5 4 3 2 1

解题分析：本题可采用二重循环来完成。外循环 i 控制行数，此题打印 9 行，语句 Print Tab(27-3*i)，用于控制每一行的起始打印位置，即通过打印一定数量的空格实现。外循环变量 i 增加，则打印的空格随之减少。内循环有 2 个并列的循环：第 1 个内循环打印一行的前半递增数字部分；第 2 个内循环打印一行的后半递减数字部分。第 2 个内循环后的 Print 语句用于换行。

图 3-34　运行界面

程序运行界面如图 3-34 所示，程序代码如代码 3-29 所示。

代码 3-29

```
Private Sub Form_click()
  Dim i%, j%
  For i = 0 To 8             '外循环确定行数
    Print Tab(27 - 3 * i);   '确定每行的起点
    For j = 1 To i
      Print j;               '打印一行的前半递增数字部分
    Next j
    For j = i + 1 To 1 Step -1
      Print j;               '打印一行的后半递减数字部分
    Next j
    Print                    '换行
  Next i
End Sub
```

第4章 常用控件

本章学习目标

➢ 熟悉各常用控件的主要属性、方法和事件

➢ 掌握各常用控件的用法，并能利用其完成应用程序界面的设计

➢ 能使用各控件对象完成系统界面及应用功能的设计

➢ 了解 ActiveX 控件的基本用法

控件是 VB 通过控件工具箱提供的与用户交互的可视化部件，在窗体中使用控件可以方便地获取用户的输入，也可以显示程序的输出。因此，必须熟练地掌握控件的使用，才能较好的开发应用程序。本章主要介绍 VB 常用的控件，包括用来显示和输出图形、图片的图形控件、提供功能选择的选择控件、与时间事件有关的时钟控件以及 ActiveX 控件等。控件的应用使程序界面的设计和功能的实现更为方便、快捷。

4.1 控件的基本知识

控件是 VB 应用程序的重要元素，VB 为不同的控件定义了不同的属性、方法和事件。控件的使用与窗体相似，其命名规则和属性分类与窗体相同，大多数控件的属性、方法和事件也与窗体一致。

4.1.1 控件的分类

VB 的控件分为标准控件、ActiveX 控件和可插入对象 3 类。

1. 标准控件

标准控件又称为内部控件，是 VB 系统本身所内嵌的控件，这些控件总是显示在工具箱中，不能从工具箱中删除。

启动 VB6.0 后，在工作界面上，工具箱中列出的都是标准控件，如图 4-1 所示。若界面上未显示工具箱，可选择"视图/工具箱"命令或单击"工具栏"上的工具箱按钮 ✎。

表 4-1 列出了工具箱中各标准控件的名称和作用。

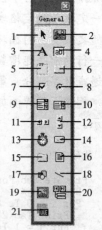

图 4-1　Visual Basic 工具箱

表 4-1　VB6.0 的标准控件

编号	控件名	类　名	描　述
1	指针	Pointer	这不是一个控件，只有在选择 Pointer 之后，才能改变控件在窗体中的位置
2	图片框	PictureBox	显示图形、图像文件，也可显示文本或作其他控件的容器
3	标签	Label	为用户显示不可交互操作或不可修改的文本
4	文本框	TextBox	提供一个区域来输入文本、显示文本

(续表)

编号	控件名	类　名	描　述
5	框架	Frame	为控件提供可视的功能化容器
6	命令按钮	CommandButton	为用户选定后执行相应的操作
7	复选框	CheckBox	显示 True/False 或 Yes/No 选项。一次可在窗体上选定任意数目复选框
8	单选按钮	OptionButton	多个单选按钮组成选项组来显示多个选项，用户只能从中选择一项
9	组合框	ComboBox	将文本框和列表框组合起来，用户可以输入选项，也可以从下拉式列表中选择选项
10	列表框	ListBox	显示项目列表，用户可从中进行选择
11	水平滚动条	HScrollBar	对于不能自动提供滚动条的控件，允许用户为它们添加滚动条(这些滚动条与许多控件的内建滚动条不同)
12	垂直滚动条	VScrollBar	
13	时钟控件	Timer	按指定时间间隔执行时钟事件
14	驱动器列表框	DriveListBox	显示有效的磁盘驱动器并允许用户选择
15	目录列表框	DirListBox	显示目录和路径并允许用户从中进行选择
16	文件列表框	FileListBox	显示文件列表并允许用户从中进行选择
17	形状	Shape	向窗体、框架或图片框添加矩形、正方形、椭圆或圆形
18	线形	Line	向窗体上添加线段
19	图像	Image	显示图像文件
20	数据控件	Data	能与现有数据库连接并在窗体上显示数据库中的信息
21	OLE 容器	OLE	将数据嵌入到 VB 应用程序中

2. ActiveX 控件

ActiveX 控件是扩展名为.ocx 的独立文件，其中包括各种 VB 版本提供的控件(如 DataCombo 和 Datalist 控件等)及许多第 3 方提供的 ActiveX 控件。

ActiveX 控件是 VB 控件工具箱的扩充部分，这些控件在使用之前必须先添加到工具箱中，然后就可像使用其他标准控件一样地进行使用。添加 ActiveX 控件的步骤如下：

(1) 选择菜单"工程/部件"命令，弹出"部件"对话框，如图 4-2(a)所示。

(2) 在"控件"选项卡中，选定要添加的 ActiveX 控件名称左边的复选框。

(3) 单击"确定"按钮，关闭"部件"对话框，所有选定的 ActiveX 控件将出现在 VB 控件工具箱中。例如在图 4-2(a)中，选中"Microsoft Common Dialog Control 6.0"复选框，单击"确定"按钮后，在工具箱中即可加入"通用对话框"图标，如图 4-2(b)所示。

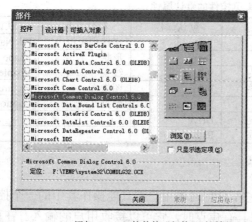

添加的 ActiveX 控件图标

(a) 添加 ActiveX 控件的"部件"对话框　　　　(b) 添加控件后的工具箱

图 4-2　ActiveX 控件

3．可插入对象

可插入对象是由其他应用程序创建的对象，利用可插入对象，就可以在 VB 应用程序中使用其他应用程序的对象。将可插入对象添加到工具箱的方法与添加 ActiveX 控件相同。

将 Microsoft Excel 工作表对象添加到工具箱中作为控件的方法为：

(1) 鼠标右击常用工具箱，在弹出快捷菜单中选择"部件"命令，弹出"部件"对话框，如图 4-2(a)所示。

(2) 在"可插入对象"选项卡中，选中"Microsoft Excel 工作表"复选框。

(3) 单击"确定"按钮，在工具箱中即可加入"Microsoft Excel 工作表对象"图标。

4.1.2　控件的通用特性

VB 的每个控件都有其不同的功能及不同的属性、方法和事件，但有些常用的属性、方法和事件是大部分控件都具有的。

1．名称(Name)属性

每个控件都有名称属性，用于程序中对控件的辨别和操作。创建控件时，新对象的默认名称由对象类型加上一个唯一的整数组成。例如，第 1 个 OptionButton 单选按钮是 Option1，第 2 个为 Option2，……。

2．控件的值属性

所有的控件都有一个与控件值有关的属性，称为值属性或默认属性。控件的值属性是控件最常用的属性，在引用该属性时不需要指定属性名，而只需要指定控件名即可。例如，CheckBox 控件的 Value 属性，ListBox 控件的 Text 属性等都是值属性。如希望将列表框 List1 中选择的内容在文本框 Text1 中显示，可直接通过以下赋值语句实现：

Text1=List1

(该语句等价于 **Text1 . text=List1 . text**)

常见控件的默认属性如表 4-2 所示。

表 4-2　常见控件的默认属性

控件名称	默认属性	控件名称	默认属性	控件名称	默认属性
图片框	Picture	组合框	Text	文件列表框	FileName
标签	Caption	列表框	Text	形状	Shape
文本框	Text	水平滚动条	Value	线条	Visible
框架	Caption	垂直滚动条	Value	图像框	Picture
命令按钮	Value	时钟	Enabled	数据	Caption
复选框	Value	驱动器列表框	Drive		
单选按钮	Value	目录列表框	Path		

3．焦点

从界面看，窗体和窗体上的控件有很多，任何时候用户都只能操作其中的一个控件对象，当前被操作的对象称为获得焦点。当对象具有焦点时，它可以接收用户的输入。在程序运行时，每按一次 Tab 键，可以使焦点从一个控件移到另一个控件。

下列方法可以将焦点赋予对象：

(1) 运行时用鼠标选择对象。

(2) 运行时用快捷键选择对象。

(3) 运行时按 Tab 键将焦点移到对象上。

(4) 在程序代码中用 SetFocus 方法。

图 4-3　焦点显示

对于可以接受焦点的控件，从外观上可以看出它是否获得焦点。例如，当单选按钮获得焦点时，单选按钮的文本标题四周有黑色虚线条围绕，如图 4-3 所示。

当对象获得焦点时，会产生 GotFocus 事件；当具有焦点的对象改变时，原操作的对象将失去焦点；当对象失去焦点时，将产生 Validate 和 LostFocus 事件。Validate 事件是在失去焦点之前触发的，而 LostFocus 事件是在焦点移动之后触发的。因此，在程序中经常利用 Validate 事件来验证数据的有效性。

控件的 TabIndex 属性决定了它在 Tab 键顺序中的位置。程序运行时，按 Tab 键将使焦点按照控件 TabIndex 属性的顺序在控件间移动。按照默认的规定，在窗体上第一个建立的控件，其 TabIndex 的属性值为 0，第二个控件的 TabIndex 值为 1，以此类推。当改变了一个控件的 Tab 键顺序位置，VB 自动为其他控件的 Tab 键顺序位置重新编号。如果将 TabStop 属性设计为 False，便可将此控件从 Tab 键顺序中删除。

说明：

(1) 框架(Frame)、标签(Label)、菜单(Menu)、直线(Line)、形状(Shape)、图像框(Image)和时钟(Timer)控件都不能接受焦点。

(2) 不能获得焦点的控件，以及无效(属性 Enabled=False)的和不可见的控件(属性 Visible=False)不包含在 Tab 键顺序中，按 Tab 键时，这些控件将被跳过。

4．访问键

访问键是通过键盘来访问控件，访问键不仅菜单可具有，命令按钮、复选框和单选按钮都可以创建访问键。

访问键的设置是在控件的 Caption 属性中，用"&"字符加在访问字符的前面。在运行中，这一字符会被自动加上一条下划线，&字符不可见，当按 Alt+访问字符时就和单击该控件一样。

图 4-4　显示访问键

例如，设置 2 个按钮的属性"Caption"分别为"关闭(&C)"和"&Exit"，运行时可分别按 Alt+C 或 Alt+E 键，如图 4-4 所示。

5．容器

窗体(Form)、框架(Frame)和图片框(PictureBox)等都可以作为其他控件的容器。移动容器，容器中的控件也随之移动。容器中控件的 Left 和 Top 属性值是指其在容器里的位置，而容器的 Lefp 和 Top 属性值则是指容器在窗体或在屏幕中的位置。

4.2　图形控件

VB 包含 4 个图形控件：PictureBox 控件、Image 控件、Shape 控件和 Line 控件。

PictureBox 控件和 Image 控件常用于图形设计和图像处理应用程序。PictureBox 称为图片框，Image 控件称为图像框。图片框和图像框可以显示的图像文件格式有位图文件、图标文件、图元文件、JPEG 格式文件和 GIF 格式文件。

位图是用像素来表示的图像，它以位集合的形式存储。位图文件的扩展名为.bmp 或.dib。位图可使用多种颜色深度，包括 2、4、8、16、24 和 32 位颜色深度。但是，只有当显示设备支持位图使用的颜色深度时，才能正确显示位图。

图标是特殊类型的位图，其最大尺寸为 32×32 像素，文件扩展名为.ico。它是一个对象或概念的图形表示，一般在 Windows 中用来表示最小化的应用程序。

图元文件是将图像以图形对象形式(线、圆弧、多边形)而不是像素形式来存储的文件。标准图元文件的扩展名为.wmf，增加型图元文件的扩展名为.emf。VB 只能加载与 Windows 兼容的图元文件。

4.2.1 图片框 PictureBox 控件

1. 常用属性

PictureBox 控件的常用属性如表 4-3 所示。

表 4-3 PictureBox 控件的常用属性

属性名	属性值	描　述
Picture	字符串	这是 PictureBox 的默认属性，用于返回或设置控件中要显示的图片。在设计状态下，可在属性窗口中将该属性设置成要显示的图片文件引用名。在程序运行时，可使用 LoadPicture()函数来设置该属性，加载图片或删除图片
AutoSize	逻辑值	用于返回或设置一个值，以决定 PictureBox 控件是否自动改变大小以显示其全部内容。当其值为 True 时，PictureBox 控件将自动改变控件大小以显示全部内容 。当其值为 False 时(缺省值)，PictureBox 控件保持大小不变。超出控件区域的内容被裁剪掉

程序代码中使用 LoadPicture( )装载图片的格式为：

Object . Picture=LoadPicture("图片文件名")

若要用程序代码删除控件中的图片，只需将 LoadPicture()函数中的图片文件名清空，即：

Object . Picture=LoadPicture("")

注意：在设计状态下设置 Picture 属性，图片被保存起来并与窗体同时加载。如果创建可执行文件，该文件中包含该图片。如果在运行时通过 LoadPicture()函数加载图片，该图片不和应用程序一起保存，图片文件必须存放在系统对应的目录下(保存工程文件、窗体文件的目录)。

另外，PictureBox 控件也可作为其他控件的容器。在 PictureBox 控件中可以添加其他控件，这些控件随 PictureBox 移动而移动，其 Top 和 Left 属性是相对 PictureBox 而言，与窗体无关。PictureBox 控件也拥有和窗体控件相同的坐标系统特性，定义 PictureBox 控件坐标系统可采用 Scale 方法，或通过设置图片框的刻度属性，包括决定坐标度量单位的 ScaleMode 属性和描述坐标起点及刻度的ScaleTop、ScaleLeft、ScaleWidth 和 ScaleHeight 属性来进行。这些属性的使用参见 8.2.1 节。

【例 4-1】在一窗体上通过命令改变图片框的 AutoSize 属性值，观察所装载图片的显示效果。

解题分析：根据题目要求可在窗体上添加一个 PictureBox 控件，通过在不同命令按钮的

Click 事件中编程，设置图片框的大小及 AutoSize 属性值，再使用 LoadPicture()函数装载图片文件，就可观察到 AutoSize 属性值对图片显示效果的影响。当 AutoSize 属性值设置为 False 时，若图片的尺寸大于图片框的尺寸，则超出部分应被裁剪；如图片尺寸小于图片框尺寸，则图片应只占据图片框的部分区域。

操作步骤：

(1) 在磁盘上新建名为"例 4-1"的文件夹，将搜索到的图片文件 michi.bmp 放入其中。

(2) 在 VB 环境中，单击"文件/新建工程"命令，在新建的窗体上添加 1 个 PictureBox 控件和 4 个命令按钮。

(3) 设置各控件的相关属性，如表 4-4 所示。Picture1 控件的属性取默认值，大小不限。

表 4-4　各控件相关属性设置

控件名称	属性名	属性值
Form1	Caption	图片框属性示例
Command1	Caption	AutoSize=True
Command2	Caption	AutoSize=False
Command3	Caption	清空
Command4	Caption	退出

(4) 编制相关控件的事件代码，如代码 4-1 所示。

(5) 将工程文件和窗体文件保存在"例 4-1"文件夹中。

代码 4-1

```
Private Sub Command1_Click()
  Picture1.Width = 2000          '设定图片框的宽度
  Picture1.Height = 2000         '设定图片框的高度
  Picture1.AutoSize = True       '设置图片框的AutoSize属性
  Picture1.Picture = LoadPicture(App.Path + "\michi.bmp")
                     '使用LoadPicture函数装载图片到图片框中
End Sub
Private Sub Command2_Click()
  Picture1.Width = 2000
  Picture1.Height = 2000
  Picture1.AutoSize = False
  Picture1.Picture = LoadPicture(App.Path + "\michi.bmp")
End Sub
Private Sub Command3_Click()
  Picture1.Picture = LoadPicture("")   '清空图片框
End Sub
Private Sub Command4_Click()
    End
End Sub
```

(6) 按 F5 功能键，运行程序。单击"AutoSize=True"按钮，运行结果如图 4-5(a)所示；单击"AutoSize=False"按钮，运行结果如图 4-5(b)所示；单击"清空"按钮，可清除图片框中的图片。

说明：App.path 代表系统当前工作目录，即存放工程文件、窗体文件和图片文件等文件的文件夹。

2．常用事件

图片框的常用事件有 Click、DblClick 和 Change 及鼠标事件和键盘事件，使用方法与 TextBox 控件相似。其中，Change 事件是在改变图片框的 Picture 属性时触发的。

(a) 设计效果   (b) 运行效果

图 4-5   图片框属性示例

3. 常用方法

(1) Print 方法。

格式：

Object . Print [Spc(n) | Tab(n) Expression Charpos]

功能：利用此方法可以在控件中打印文本、图像、动画。

说明：Object 为 PictureBox 控件的名称；Spc(n)表示插入 n 个空格；Tab(n)表示插入点定位在绝对列号 n 上；expression 表示要输出的表达式；charpos 表示下一个字符的输出位置。多个表达式之间可以用逗号或分号来分隔。

(2) Cls 方法。

格式：

Object . Cls

功能：清除运行时 PictureBox 控件中所生成的图形和文本。

此外，PictureBox 控件还有许多绘图的方法，如 Move、Line、Circle、Point 及 PSet 等，其应用参见 8.2.1 节。

【例 4-2】如图 4-6 所示，用 Print 方法将文本框的内容打印到 PictureBox 控件中，也可用 Cls 方法将 PictureBox 控件中的内容清除，试编程实现。

解题分析：根据题目要求，可用一个命令按钮控件的 Click 事件将输入到文本框中的内容通过 PictureBox 控件的 Print 方法打印到图片框中，再设计另一个命令按钮控件的 Click 事件，并用 PictureBox 控件的 Cls 方法清除图片框中的内容。

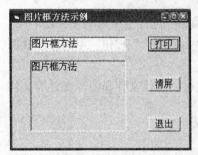

图 4-6   图片框方法示例

操作步骤：

(1) 在 VB 环境中，单击"文件/新建工程"命令，在新建的窗体上添加 1 个文本框、3 个命令按钮和 1 个图片框控件。

(2) 设置各控件的相关属性，如表 4-5 所示。

(3) 编制相关控件的事件代码，如代码 4-2 所示。

(4) 按 F5 功能键，运行程序。在文本框中输入字符，单击"打印"按钮，图片框中显示文本框里输入的字符，如图 4-6 所示；单击"清屏"按钮，图片框中内容消失。

表 4-5　各控件相关属性设置

控件名称	属性名	属性值	说　　明
Form1	Caption	图片框方法示例	
Text1	Text		清空
Command1	Caption	打印	
Command2	Caption	清除	
Command3	Caption	退出	

代码 4-2

```
Private Sub Command1_Click()
    Picture1.Print Text1
End Sub
Private Sub Command2_Click()
    Picture1.Cls
End Sub
Private Sub Command3_Click()
    End
End Sub
```

4.2.2　图像框 Image 控件

Image 控件与 PictureBox 控件相似，也用来显示图片，但 Image 控件使用系统资源较少，所以重画起来比 PictureBox 要快。它只支持 PictureBox 控件的一部分属性、事件和方法，它不能作为容器使用。

1．常用属性

Image 控件的常用属性如表 4-6 所示。

表 4-6　Image 控件常用属性

属性名	属性值	描　　述
Picture	字符串	这是 Image 的默认属性，用于返回或设置控件中要显示的图片。在设计状态下，可在属性窗口中将该属性设置成要显示的图片文件引用名。在程序运行时，可使用 LoadPicture()函数来设置该属性，加载图片或删除图片
Stretch	逻辑值	返回或设置一个值，该值用来指定一个图形是否要调整大小，以适应与 Image 控件的大小。当其值为 True 时，图片自动调整大小以适应 Image 控件 。当其值为 False(缺省值)时，Image 控件要自动调整大小以适应图片

程序运行过程中采用 LoadPicture( )函数装载图片或删除 Image 控件中的图片的命令格式与 PictureBox 控件中的格式相同，可参考上一节。

2．常用事件

Image 控件具有 Click 事件、DblClick 事件和鼠标事件，但没有 Change 事件，即在程序运行过程中，不会因为 Picture 属性的改变而发生 Change 事件。

3．常用方法

Image 控件只具有 Move、Refresh、ZOrder 等方法，不支持 PictureBox 控件的绘图方法。

【例 4-3】在窗体上添加两个图像框，都载入同一图片文件中，编写程序代码使得运行时通过代码改变图像框的大小尺寸，再改变其中一个图像框的 Stretch 属性值，使其为 True，另一图像框的 Stretch 属性值为 False，运行效果如图 4-7 所示。

解题分析：此题的目的是证实 Stretch 属性对 Image 控件所载入图片显示的影响。操作者可在窗体的 Load 事件中通过对 Image 控件的 Width 和 Height 属性赋值来改变其尺寸大小，然后将 Stretch 属性分别设置为 True 和 false，即可得到运行效果。

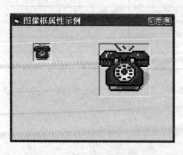

图 4-7　图像框属性示例

操作步骤：

(1) 在磁盘上创建一个名为"例 4-3"的文件夹，将搜索到的图片文件 Phone16.ico 放入其中。

(2) 在 VB 环境中，单击"文件/新建工程"命令，在新建的窗体上添加 2 个图像框 Image 控件。

(3) 设置相关控件的属性，如表 4-7 所示。

(4) 编写相关控件的事件代码，如代码 4-3 所示。

(5) 将工程文件和窗体文件保存到"例 4-3"文件夹中。

(6) 按 F5 功能键，运行程序。其结果如图 4-7 所示。

表 4-7　各控件相关属性设置

控件名称	属性名	属性值	说　明
Form1	Caption	图像框属性示例	
Image1	Picture	Phone16.ico	载入图片文件
	Stretch	False	(默认值)
Image2	Picture	Phone16.ico	载入图片文件
	Stretch	False	(默认值)

代码 4-3

```
Private Sub Form_Load()
    Image1.Height = 1500
    Image1.Width = 1500
    Image1.Stretch = False
    Image2.Height = 1500
    Image2.Width = 1500
    Image2.Stretch = True
End Sub
```

4.2.3　形状 Shape 控件

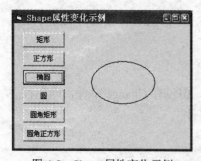

图 4-8　Shape 属性变化示例

使用 Shape 控件可在窗体、框架或图片框诸类容器中创建矩形、正方形、椭圆形、圆形、圆角矩形或圆角正方形等图形。Shape 控件预定义形状是由其 Shape 属性取值所决定的。Shape 属性的取值及其功能说明如表 4-8 所示。

【例 4-4】编程在窗体上通过命令按钮让 Shape 控件根据其不同的 Shape 属性值来显示不同的图形。

解题分析：根据题目要求，可在窗体上先添加一个 Shape 控件，再增添 6 个命令按钮控件，并在每一个命令按钮控件的 Click 事件中分别设置 Shape 属性的值，运行后点击不同的命令按钮，就可显示不同 Shape 属性值的图形。运行效果如图 4-8 所示。

操作步骤：

(1) 在 VB 环境中，单击"文件/新建工程"命令，在新建的窗体上添加 1 个 Shape 控件和 6 个命令按钮控件。

　　(2) 设置相关控件的属性值，如表 4-9 所示。

表 4-8　Shape 属性取值及功能说明

属性名	数　值	常　量	功能说明
Shape	0	vbShapeRectangle	显示矩形
	1	vbShapeSquare	显示正方形
	2	vbShapeOval	显示椭圆
	3	vbShapeCircle	显示圆
	4	vbShapeToundedRectangle	显示圆角矩形
	5	vbShapeRoundedSquare	显示圆角正方形

表 4-9　相关控件属性的设置

控件名称	属性名	属性值
Form1	Caption	Shape 属性变化示例
Command1	Caption	矩形
Command2	Caption	正方形
Command3	Caption	椭圆
Command4	Caption	圆
Command5	Caption	圆角矩形
Command6	Caption	圆角正方形

　　(3) 编写相关控件的事件代码，如代码 4-4 所示。
　　(4) 按 F5 功能键，运行程序。分别单击各命令按钮，观察窗体上显示的图形变化。

代码 4-4

```
Private Sub Command1_Click()
    Shape1.Shape = 0    '设置为矩形
End Sub
Private Sub Command2_Click()
    Shape1.Shape = 1    '设置为正方形
End Sub
Private Sub Command3_Click()
    Shape1.Shape = 2    '设置为椭圆
End Sub
Private Sub Command4_Click()
    Shape1.Shape = 3    '设置为圆
End Sub
Private Sub Command5_Click()
    Shape1.Shape = 4    '设置为圆角矩形
End Sub
Private Sub Command6_Click()
    Shape1.Shape = 5    '设置为圆角正方形
End Sub
```

4.2.4　线条 Line 控件

　　Line 控件主要用来画线条。在设计状态下，Line 最重要的属性是 BorderWidth 和 BorderStyle 属性；BorderWidth 属性用于确定线条的宽度，BorderStyle 属性用于确定线条的类型。程序运行时，Line 最重要的属性是 x1、y1 和 x2、y2，它们分别控制线条的两个端点的坐标位置。

　　利用线与形状控件，用户可以迅速地显示简单的线与形状或将之打印输出。与其他大部分控件不同的是，这两种控件不会响应任何事件，它们只用来显示或打印。

4.3　单选按钮和复选框

大多数应用程序需向用户提供选择，VB 提供用于选择的标准控件是复选框和单选按钮。

4.3.1　控件的功能

1．单选按钮(OptionButton)

单选按钮用于从一组选项中选取其一。一组单选按钮是相关且互斥的，即每次只能选择一项，且必须选择一项。如果有一项被选中，则其他单选按钮将自动变成未选中。

如果在一个窗体中要建立一个以上的选项组时，需添加框架(Frame)分组，使置于同一框架中的单选按钮组成一组。

选中单选按钮有以下几种方法：

(1) 用鼠标键单击单选按钮。

(2) 运行时，按 Tab 键将焦点移到单选按钮组中，再用箭头键将焦点移到单选按钮上。

(3) 如果单选按钮有访问键，按"Alt+访问键"。

(4) 在属性窗口或程序代码中将单选按钮的 Value 属性设置为 True。

2．复选框(CheckBox)

复选框与单选按钮不同，在一组复选框选项中可同时选中多个选项。同一组复选框中的每个复选框选项都是彼此独立互不相干的，用户可以选择一个或多个复选框选项。复选框的操作与单选按钮类似。

4.3.2　控件的属性

单选按钮和复选框控件的许多常用属性的定义及功能都相同，如表 4-10 所示。

表 4-10　单选按钮和复选框相同的常用属性

属性名	属性值	描　　　述
Caption	字符串	设置控件上显示的标题名称，可含访问键
Style	数值	设置控件的显示样式：0 为标准样式，1 为图形样式。该属性只能在设计状态下设置，不能在运行时改变
Picture	字符串	返回或设置控件中要显示的图片。该属性只有在 Style 属性值为 1 时才有效。设计状态下可以从属性窗口中加载图片。在程序运行时，也可以通过使用 LoadPicture( )函数加载位图、图标或元文件来设置该属性
DisabledPicture	字符串	属性指定一个图片对象在控件无效时显示。该属性只有在 Style 属性值为 1(图形的)时才有效
DownPicture	字符串	返回或设置一个对图片的引用，该图片在控件被单击并处于压下状态时显示在控件中。该属性只有在 Style 属性值为 1(图形的)时才有效
Enabled	逻辑值	返回或设置一个值。该值用来确定对象控件是否能够对用户产生的事件作出反应。当其值为 True(默认值)时，允许对象控件对用户事件作出反应；当其值为 False 时，阻止对象控件对用户事件作出反应
Alignment	数值	设置或返回一个值，决定对象控件中的文本的对齐方式。该属性只能在设计状态下设置，不能在程序运行时改变。当其值为 0(默认值)时，文本是左对齐的，控件是右对齐的。当其值为 1 时，文本是右对齐，控件是左对齐

当 Style 属性值设置为 1 时，单选按钮和复选框控件都可以通过 Picture 属性装载图片呈现为图形样式。显示的图片在控件上位于水平和垂直位置的中央。如果与图片一起使用标题，那么图片将位于标题上面的中央处；如果在按钮被压下时没有图片赋值给 DownPicture 属性，那么将显示当前被赋值给 Picture 属性的图片；如果既没有图片赋值给 Picture 属性，也没有图片赋值给 DownPicture 属性，则只显示标题；如果图片对象太大而超出按钮边框，那么它将被裁剪一部分。

需注意的是，单选按钮和复选框都拥有名为 Value 的属性，但它们各自的属性值及含义却有所区别，如表 4-11 所示。

表 4-11 单选按钮和复选框控件的 Value 属性对比

控件名	属性名	属性值	描　　述
OptionButton	Value	逻辑值	返回或设置控件的状态。其值为 True，表示控件被选中；其值为 False (默认值)，表示控件未被选中。由于单选按钮的互拆性，当设置一个单选按钮的 Value 属性值为 True 时，则同一组内的其他所有单选按钮控件的 Value 属性值自动被设置为 False
CheckBox	Value	数值	返回或设置控件的状态。其值为 0(默认值)，表示控件未被选中；其值为 1，表示控件被选中；其值为 2 表示控件暂时被禁用，显示为灰色

4.3.3 控件的事件

单选按钮(OptionButton)和复选框(CheckBox)的主要事件是 Click，当用户单击单选按钮或复选框时，它们会自动改变状态。另外，单选按钮支持 DblClick 事件，而复选框则不支持。

【例 4-5】用单选按钮控件来控制一个图像框显示的图片，如图 4-9 所示。

解题分析：利用单选按钮选中的唯一性，在不同时刻让图像框控件显示不同的图片。图像框中的图片可通过 LoadPicture()加载来显示。

操作步骤：

(1) 在磁盘上创建一个名为"例 4-5"的文件夹，将搜索到的 4 个脸部表情的图片文件放入其中。

(2) 在 VB 环境中，单击"文件/新建工程"命令，在新建的窗体上添加 1 个图像框控件和 4 个单选按钮控件。

(3) 设置相关控件的属性值，如表 4-12 所示。

图 4-9 单选按钮示例

表 4-12 相关控件属性的设置

控件名称	属性名	属性值
Form1	Caption	单选按钮示例
Option1	Caption	严肃脸
Option2	Caption	平静脸
Option3	Caption	微笑脸
Option4	Caption	大笑脸
Image1	Stretch	True

(4) 编写相关控件的事件代码，如代码 4-5 所示。

(5) 将工程文件和窗体文件保存到"例 4-5"文件夹中。

(6) 按 F5 功能键，运行程序，点击各单选按钮，观察图像框中图像的变化。

代码 4-5

```
Private Sub Form_Load()
    Option2.Value = True      '设置程序运行后初始选中按钮
    Image1.Picture = LoadPicture(App.Path + "\FACE01.ICO")
                              '向图像框中载入图片文件
End Sub
Private Sub Option1_Click()
    If Option1.Value = True Then   '判断此控件是否被选中
        Image1.Picture = LoadPicture(App.Path + "\FACE04.ICO")
    End If
End Sub

Private Sub Option2_Click()
    If Option2.Value = True Then
        Image1.Picture = LoadPicture(App.Path + "\FACE01.ICO")
    End If
End Sub
Private Sub Option3_Click()
    If Option3.Value = True Then
        Image1.Picture = LoadPicture(App.Path + "\FACE02.ICO")
    End If
End Sub
Private Sub Option4_Click()
    If Option4.Value = True Then
        Image1.Picture = LoadPicture(App.Path + "\FACE03.ICO")
    End If
End Sub
```

【例 4-6】利用图形复选框来控制文本的字体风格，如图 4-10(a)、(b)所示。

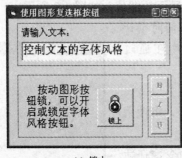

(a) 锁上   (b) 打开

图 4-10   使用图形复选框按钮

解题分析：根据题目的要求，4 个复选框都将以图形方式显示，可将复选框的 Style 属性设置为 1，将复选框的 Picture 属性通过浏览按钮载入相应的图标文件。相关的图标文件可在 \Program Files\Microsoft Visual Studio\Common\Graphics 路径下的文件夹中去查找。"锁上(打开)"复选框(Check1)控件，控制文本字体风格的复选框(Check2、Check3 和 Check4)的有效性。通过设置 Check1 的 DownPicture 属性，使其在被选中时显示"打开"的图片。文本框中文本的字体风格可通过 Check2、Check3 和 Check4 控件的 Click 事件根据其 Value 属性的值进行对应的改变。为了使界面设置美观，可在窗体上添加 3 个 Shape 控件进行修饰。

操作步骤：

(1) 在磁盘上创建一个名为"例 4-6"的文件夹，将搜索到的多个图标文件放入其中。

(2) 在 VB 环境中，单击"文件/新建工程"命令，在新建的窗体上添加 3 个 Shape、1 个文本框、2 个标签和 4 个复选框控件。

（3）设置各相关控件的属性，如表 4-13 所示。

表 4-13 相关控件属性的设置

控件名称	属性名	属性值	说　明
Form1	Caption	使用图形复选框按钮	
Label1	Caption	请输入文本	
Label2	Caption	按动图形按钮锁，可以开启或锁定字体风格按钮	
Check1	Caption	锁上	
	Style	1	设置图形方式
	Picture	SECUR01B.ICO	载入锁上图标文件
	DownPicture	SECUR01A.ICO	载入打开图标文件
Check2	Style	1	
	Picture	BLD.BMP	载入粗体图标文件
Check3	Style	1	
	Picture	ITL.BMP	载入斜体图标文件
Check4	Style	1	
	Picture	UNDRLN.BMP	载入下划线图标文件

（4）编写相关控件的事件代码，如代码 4-6 所示。

代码 4-6

```
Private Sub Check1_Click()
    Check1.Caption = IIf(Check1.Value = 0, "锁上", "打开")
        '根据此控件的Value属性值，设置此控件的Caption标题内容
    Check2.Enabled = Check1.Value
        '根据Check1控件的属性值，设置Check2控件的有效性
    Check3.Enabled = Check1.Value
    Check4.Enabled = Check1.Value
End Sub
Private Sub Check2_Click()
    Text1.FontBold = Check2.Value
        '根据Check2控件的Value属性值，确定文本框内容的粗体风格变化
End Sub
Private Sub Check3_Click()
    Text1.FontItalic = Check3.Value
        '根据Check3控件的Value属性值，确定文本框内容的斜体风格变化
End Sub
Private Sub Check4_Click()
    Text1.FontUnderline = Check4.Value
        '根据Check4控件的Value属性值，确定文本框内容的下划线风格变化
End Sub
Private Sub Form_Load()
    Text1.Text = ""            '设置此控件初值为空
    Check2.Enabled = False     '设置此控件初始状态为失效
    Check3.Enabled = False
    Check4.Enabled = False
End Sub
```

（5）将工程文件和窗体文件保存到"例 4-6"文件夹中。

（6）按 F5 功能键，运行程序，点击不同的复选框，观察对文本框中字体修饰的效果。

4.4 框架 Frame 控件

从上节事例中可以看出处于同一组中的单选按钮。当选定其中的一个，其余会自动关闭。因此，若需在同一个窗体上建立多组相互独立的单选按钮时，就需要对这些分属不同组的单

选按钮控件进行划分组合，VB 中的框架 Frame 控件提供了此功能。

框架控件具有容器特性，可作其他控件的容器，将其他控件组合在一起归为一组。当框架移动时，其中的控件也跟着移动；当屏蔽框架时，框架中的控件也随之被屏蔽；当删除框架时，框架中所有的控件也一同被删除；当利用框架时，可对窗体上的众多控件进行组合，同时也可提供视觉上的区分和总体上的激活或屏蔽特性。

在窗体上添加框架及其内部控件时，应首先添加框架，然后再在其中添加各种控件。框架内部添加控件时，不能使用鼠标双击工具箱上控件图标的自动方式，而应先选中工具箱上的控件图标，然后用出现的"+"指针在框架中适当位置拖拉出适当大小的控件。对于要将窗体上现有的控件加入到框架中，则应通过对该控件先选定将它剪切(Ctrl+X 组合键)到剪贴板上，然后再选定框架并将剪贴板上的控件粘贴(Ctrl+V 组合键)到框架上。

1．常用属性

框架的常用属性如表 4-14 所示。

表 4-14　框架的常用属性

属性名	属性值	描　　述
Caption	字符串	设置控件上显示的标题名称，可含访问键。若该属性值为空，则框架为封闭的矩形
Enabled	逻辑值	返回或设置一个值。该值用来确定框架控件是否能够对用户产生的事件作出反应。当其值为 True(默认值)时，允许框架控件对用户事件作出反应；当其值为 False 时，阻止框架控件对用户事件作出反应
Visible	逻辑值	返回或设置一指示框架为可见或隐藏的值。当其值为 True(默认值)时，框架控件是可见的；当其值为 False 时，框架是隐藏的

注意：框架为一容器。当框架被设置成显示、隐藏、移动、禁止操作时，框架中的控件也随之被显示、隐藏、移动和禁止操作。

2．基本事件

框架可以响应 Click 和 DblClick 事件。但应用程序中一般无需编写有关框架的事件过程。

【例 4-7】通过框架、单选按钮和复选框设置文本框的字体，界面如图 4-11 所示。

图 4-11　框架、单选按钮和复选框应用界面

解题分析：用框架控件将单选按钮和复选框进行组合；用单选按钮设置文本框中被显示的文字的字体、字号、颜色；用复选框设置对文本框中文字的修饰。

操作步骤：

(1) 在 VB 环境中，单击"文件/新建工程"命令，在新建的窗体上添加 1 个文本框、4 个框架、9 个单选按钮和 4 个复选框控件。

(2) 设置各控件的属性，如表 4-15 所示。

(3) 编写相关控件的事件代码，如代码 4-7 和代码 4-8 所示。

(4) 按 F5 功能键，运行程序，观察通过单选按钮和复选框对字体修饰的设置所产生的变化效果以及框架对单选按钮的分组作用。

表 4-15　各相关控件的属性设置

控件名称	属性名	属性值	说　明
Form1	Caption	选择控件测试	
Frame1	Caption	字体	
Frame2	Caption	字号	
Frame3	Caption	颜色	
Frame4	Caption	字型修饰	
Option1	Caption	宋体	
Option2	Caption	楷体	
Option3	Caption	黑体	
Option4	Caption	16 号	
Option5	Caption	24 号	其他属性值都选择默认值。对程序运行所需的初始值可在窗体的 Load 事件中编写代码
Option6	Caption	32 号	
Option7	Caption	红色	
Option8	Caption	绿色	
Option9	Caption	蓝色	
Check1	Caption	粗体	
Check2	Caption	斜体	
Check3	Caption	删除线	
Check4	Caption	下划线	

代码 4-7

```
Private Sub Check1_Click()
  Text1.FontBold = Not Text1.FontBold    '对逻辑状态值取反
End Sub
Private Sub Check2_Click()
  Text1.FontItalic = Not Text1.FontItalic
End Sub
Private Sub Check3_Click()
  Text1.FontStrikethru = Not Text1.FontStrikethru
End Sub
Private Sub Check4_Click()
  Text1.FontUnderline = Not Text1.FontUnderline
End Sub

'设置窗体运行时对加载的控件属性初始值
Private Sub Form_Load()
  Text1 = "选择控件测试"
  Text1.FontName = "宋体"
  Text1.FontSize = 16
  Option1.Value = True
  Option2.Value = False
  Option3.Value = False
  Option4.Value = True
  Option5.Value = False
  Option6.Value = False
End Sub
```

代码 4-8

```
Private Sub Option1_Click()
    Text1.FontName = "宋体"         '设置文本框的字体为宋体
End Sub
Private Sub Option2_Click()
    Text1.FontName = "楷体_GB2312"
End Sub
Private Sub Option3_Click()
    Text1.FontName = "黑体"
End Sub
Private Sub Option4_Click()
    Text1.FontSize = 16           '设置文本框字体大小为16
End Sub
Private Sub Option5_Click()
    Text1.FontSize = 24
End Sub
Private Sub Option6_Click()
    Text1.FontSize = 32
End Sub
Private Sub Option7_Click()
    Text1.ForeColor = RGB(255, 0, 0) '设置文本框前景色为红色
End Sub
Private Sub Option8_Click()
    Text1.ForeColor = RGB(0, 255, 0)
End Sub
Private Sub Option9_Click()
    Text1.ForeColor = RGB(0, 0, 255)
End Sub
```

4.5 列表框和组合框

4.5.1 控件的功能

1. 列表框(ListBox)

列表框通过显示多个选项，供用户选择，实现与用户对话，这也是实现人机对话的一种控件。默认情况下，选项以垂直单列方式显示，也可以设置成多列方式。如果列表项数量超过列表框所能显示的数目，VB 会自动为列表框加上滚动条。需注意的是，列表框只能从其中选择，而不能直接修改其中的内容，如图 4-12 所示。

图 4-12 列表框

2. 组合框(ComboBox)

组合框是结合了文本框和列表框的特性而形成的一种控件。用户可以从文本框中输入文本，也可以从列表框中选择列表项。列表框中列出可供用户选择的选项，当用户选定某项后，该项内容自动装入文本框中。除下拉式列表框(其 Style 属性值为 2)之外都允许在文本框中用键盘输入，但输入的内容不会自动添加到列表框中。

4.5.2 控件的属性

1. 列表框和组合框共有的属性

列表框和组合框共有的属性如表 4-16 所示。例如，在图 4-13 中，List1.List(0)的值是"北京市"，List1.List(2)的值是"上海市"。当"上海市"被选定，则 List1.Text 的返回值为"上

海市"，而 List1.ListIndex 的返回值为 2，故 List1.List(List1.ListIndex)即 List1.List(2)的返回值为"上海市"，所以 List1.List(List1.ListIndex)的值等于 List1.Text。

表 4-16 列表框和组合框常用的共有属性

属性名	属性值	描　述
List(i)	字符	返回或设置控件的列表框中的列表项目。列表是一个字符串数组。数组的每一项都是一列表项目。i 是列表框中具体某一列表项目的位置索引号，从 0 开始，即第一个项目的下标是 0。该属性值既可以在设计状态下设置(如图 4-14)，也可在程序中设置或引用
ListCount	数值	返回控件的列表框中列表项目的个数。该属性只能在程序中设置或引用
ListIndex	数值	返回或设置控件列表框中当前选择列表项目的索引号，其值从 0 开始直到 ListCount−1。该属性只能在程序运行时使用，如果未选中任何选项，则该属性值为−1
Sorted	逻辑值	设置控件列表框中的各列表项在运行时是否自动按字母递增排序。当其值为 True 时，列表框中各列表项就自动按字母递增排序；当其值为 False(默认值)时，列表框中各列表项就按输入的先后次序排列。该属性只能在设计状态下设置
Text	字符	该属性是控件的默认属性，只能在程序中设置或引用。其值是被选定的选项的文本内容，与表达式 List(ListIndex)的返回值相同

2. 列表框特有的重要属性

列表框还有一些特有的重要属性，如表 4-17 所示。

表 4-17 列表框特有的重要属性

属性名	属性值	描　述
MultiSelect	数值	返回或设置一个值，该值指示是否能够在 ListBox 控件中进行复选以及如何进行复选。该属性只能在设计状态下设置。当其值是 0(默认值)时，不允许在列表框中复选多个列表项；当其值是 1 时，为简单复选，鼠标单击或按下 Space(空格键)，在列表中选中或取消选中项(箭头键可移动焦点)；当其值是 2 时，为扩展复选。按下 Shift 并单击鼠标或按下 Shift 以及一个方向箭头键，将在以前选中项的基础上扩展选择到当前选中项。按下 Ctrl 键并单击鼠标，可在列表中选中或取消选中项
Selected(i)	逻辑值	该属性是一个与 List 属性一样有相同项数的逻辑值数组，返回或设置在 ListBox 控件中的一个列表项的选择状态。i 是列表框中列表项的索引号。当该属性值为 True 时，表示此列表项被选中；当其为 False(默认值)时，表示此列表项未被选中。该属性只能在程序中被设置或引用

图 4-14 所示为列表框的 Multiselect 属性值分别设置为 0、1、2 时的结果显示。

图 4-13　列表框属性

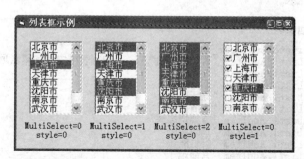

图 4-14　Multiselect 属性为 0、1、2 的结果显示

需注意的是，对于复选框样式的列表框(Style=1)，虽然其 Multiselect 属性必须为 0，但

仍然可以选中多个项目。

【例 4-8】如图 4-15 所示，设计一饭店顾客点菜单，要求在左边的"饭店菜谱"栏中，

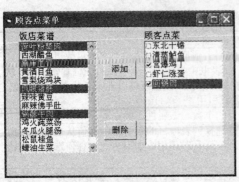

图 4-15　顾客点菜单

顾客可以选定一项或多项菜名，然后通过"添加"按钮一次性添加到右边的"顾客点菜"栏中；顾客也可以将已选定的一项或多项菜名通过"删除"按钮一次性删除。删除的菜名将在"饭店菜谱"栏中显示。

　　解题分析：根据题目要求，可先在窗体上创建两个列表框，通过列表框的 AddItem 方法和 ReMoveItem 方法实现将项目添加到列表框中，或从列表框中删除所选中的项目。要使列表框允许进行多项选定，可将列表框的 MultiSelect 属性设置为 1 或 2，也可不改变 MultiSelect 属性，将 Style 属性设置为 1。判断列表框中列表项是否已被选中，可检测列表框 Selected 属性。

操作步骤：

(1) 在 VB 环境中，单击"文件/新建工程"命令，在新建的窗体上添加 2 个列表框控件、2 个命令按钮控件和 2 个标签按钮。

(2) 设置相关控件的属性，如表 4-18 所示。

表 4-18　各相关控件的属性设置

控件名称	属性名	属性值	说　明
Form1	Caption	顾客点菜单	
List1	MultiSelect	2	设置可多项选择
	Style	0	标准样式的列表框
List2	MultiSelect	0	
	Style	1	设置为复选框样式的列表框
Command1	Caption	添加	
Command2	Caption	删除	
Label1	Caption	饭店菜谱	
Label2	Caption	顾客点菜	

(3) 编写相关控件的事件代码，如代码 4-9(窗体 Load 事件代码)、代码 4-10(命令按钮 Click 事件)所示。

代码 4-9

```
Private Sub Form_Load()
    List1.AddItem "荷叶粉蒸肉"          '向列表框中添加菜名项
    List1.AddItem "回锅肉"
    List1.AddItem "西湖醋鱼"
    List1.AddItem "象牙里脊"
    List1.AddItem "黄酒目鱼"
    List1.AddItem "雪梨烧鸡块"
    List1.AddItem "凤眼猪肝"
    List1.AddItem "虾仁涨蛋"
    List1.AddItem "宫爆鸡丁"
    List1.AddItem "鱼香肉丝"
    List1.AddItem "清蒸鲈鱼"
    List1.AddItem "辣味黄豆"
    List1.AddItem "麻辣佛手肚"
```

```
        List1.AddItem "锅酥牛肉"
        List1.AddItem "鸡火莼菜汤"
        List1.AddItem "冬瓜火腿汤"
        List1.AddItem "松鼠桂鱼"
        List1.AddItem "东北十锦"
        List1.AddItem "蚝油生菜"
End Sub
```

代码 4-10

```
Private Sub Command1_Click()
    Dim i%                        '定义循环变量
    '从列表框中最后一项开始循环到第一项
    For i = List1.ListCount - 1 To 0 Step -1
        If List1.Selected(i) Then    '判断此项是否被选中
            List2.AddItem List1.List(i)
                                '在List2中添加List1中被选中项内容
            List1.RemoveItem i           '从List1中删除此选中项
        End If
    Next i
End Sub
Private Sub Command2_Click()
    Dim i%                        '定义循环变量
    '从列表框中最后一项开始循环到第一项
    For i = List2.ListCount - 1 To 0 Step -1
        If List2.Selected(i) Then    '判断此项是否被选中
            List1.AddItem List2.List(i)
                                '在List1中添加List2中被选中项内容
            List2.RemoveItem i           '从List2中删除此选中项
        End If
    Next i
End Sub
```

(4) 按 F5 功能键，运行程序，在"饭店菜谱"列表框中用鼠标及键盘选中多个菜名，单击"添加"，观察被选中菜名是否被添加到"顾客点菜"列表框中，而这些菜名在"饭店菜谱"列表框中是否被删除。再对"顾客点菜"列表框中的菜名进行删除，观察程序运行效果。

思考：用鼠标直接双击菜名进行添加或删除操作，应在哪个控件、事件中进行操作及如何编写代码？

3. 组合框特有的重要属性

组合框有一个常用的重要属性，该属性可以用于确定组合框的类型和显示方式，其值可以为 0、1 或 2，如表 4-19 所示。

表 4-19　组合框特有的重要属性

属性名	属性值	说　　明
Style	0	当其值是 0(默认值)时为下拉式组合框，包括一个下拉式列表和一个文本框。可以从列表选择或在文本框中输入
	1	当其值是 1 时为简单组合框，包括一个文本框和一个不能被收起和下拉的列表，可从列表中选择或在文本框中输入。简单组合框的大小包括文本框和列表部分，设计时，在简单组合框默认情况下不显示列表部分，增大简单组合框的 Height 属性值可显示列表的更多部分
	2	当其值是 2 时为下拉式列表，这种样式仅允许从下拉式列表中选择

图 4-16 所示为用组合框来输入全国大中城市名称，3 个组合框的 Style 属性值分别为 0，1 和 2 时的运行效果。

在程序设计过程中，对于 ComboBox 控件，可根据下面这些原则来决定 Style 属性选用

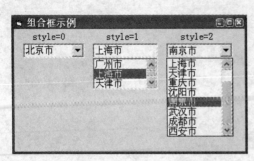

图 4-16   Style 设置为 0、1、2 时运行效果

哪种设置值：

(1) 使用设置值 0(下拉式组合框)或设置值 1(简单组合框)来给用户提供一选择列表。每种类型都能使用户既可在文本框中输入一个选择，也可在列表中讲行选择一个列表项。下拉式组合框能节省窗体上的空间，因为列表部分在用户选择一个项后将关闭。

(2) 使用设置值 2(下拉式列表)能显示固定选择列表。列表部分在用户选择一个项后也将关闭。

4.5.3 基本事件

列表框能够响应 Click 和 DblClick 事件，所有类型的组合框都能响应 Click 事件，但是只有简单组合框才能接收 DblClick 事件。

4.5.4 基本方法

(1) AddItem 方法。

格式：

[Object .]AddItem 列表项 [，索引]

功能：AddItem 方法用于在程序代码中添加列表项。

说明：默认索引时，在列表框的最后位置插入新列表项，有索引时，则在索引指定的位置插入。

例如：在城市名称列表框(List1)的第一个位置前插入"滁州市"：

List1.AddItem   "滁州市", 0

(2) RemoveItem 方法。

格式：

[Object .]RemoveItem 索引

功能：RemoveItem 方法是用于删除指定的列表项。

例如：在图 4-12 中从 List1 中删除"重庆市"列表项：

List1.RemoveItem   4

(3) Clear 方法。

格式：

[Object .]Clear

功能：Clear 方法是用于删除所有列表项。

例如：在图 4-12 中从 List1 中删除所有列表项：

List1.Clear

【例 4-9】编写图 4-17 所示的计算机配置选择程序，要求通过组合框选择不同的品牌、CPU 型号、内存大小、硬盘大小及显示器类型。对于组合框中没有的参数应可通过键盘输入，并添加到组合框列表项中，都选定后，点击"确定"按钮，就可在图片框中输出配置的选择。

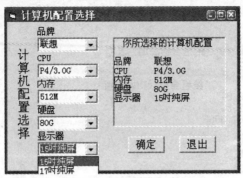

图 4-17　计算机配置选择

解题分析: 本题值得注意的是，当所需的配置在组合框控件的下拉列表中不存在时，应可通过键盘输入，即组合框控件的 Style 属性值不能设置为 2。在每个组合框的 LostFocus 事件中，通过循环语句，判断组合框的值不为空，如果组合框的值不存在于下拉列表中，应用 AddItem 方法添加。在"确定"按钮的 Click 事件代码中应先判断组合框的值不为空，再在图片框中输出。

操作步骤:

(1) 在 VB 环境中，单击"文件/新建工程"命令，在新建的窗体上添加 5 个组合框、6 个标签、一个图片框和 2 个命令按钮控件。

(2) 设置各相关控件的属性，如表 4-20 所示。

表 4-20　各相关控件的属性设置

控件名称	属性名	属性值	说　明
Form1	Caption	计算机配置选择	
Label1	Caption	品牌	
Label2	Caption	CPU	
Label3	Caption	内存	
Label4	Caption	硬盘	
Label5	Caption	显示器	
Label6	Caption	计算机配置选择	
	Font	小三、宋体	
Combo1	Style	0	下拉式组合框
Combo2	Style	0	下拉式组合框
Combo3	Style	0	下拉式组合框
Combo4	Style	0	下拉式组合框
Combo5	Style	0	下拉式组合框
Command1	Caption	确定	
Command2	Caption	退出	

(3) 编写相关控件的事件代码，分别如代码 4-11(窗体 Load 事件代码)、代码 4-12(命令按钮 Click 事件代码)和代码 4-13(组合框 LostFocus 事件代码)所示。

(4) 按 F5 功能，运行程序。运行结果如图 4-17 所示。

代码 4-13 只显示了 Combo1 控件的 LostFocus 事件代码，其他组合框控件的 LostFocus 事件代码与此类似，这里不一一显示出，可参见此例程序。

代码 4-11

```
Private Sub Form_Load()
  Combo1.AddItem "联想"        '给组合框添加列表项
  Combo1.AddItem "方正"
  Combo1.AddItem "HP"
  Combo1.Text = ""            '给组合框赋初始空值
  Combo2.AddItem "P4/2.0G"
  Combo2.AddItem "P4/2.8G"
  Combo2.AddItem "AMD64 300"
  Combo2.Text = ""
  Combo3.AddItem "256M"
  Combo3.AddItem "512M"
  Combo3.Text = ""
  Combo4.AddItem "40G"
  Combo4.AddItem "60G"
  Combo4.AddItem "80G"
  Combo4.Text = ""
  Combo5.AddItem "15吋纯屏"
  Combo5.AddItem "17吋纯屏"
  Combo5.AddItem "15吋液晶"
  Combo5.Text = ""
End Sub
```

代码 4-12

```
Private Sub Command1_Click()
    '判断组合框值中是否存在有空值
  If Len(Trim(Combo1.Text)) = 0 Or _
     Len(Trim(Combo2.Text)) = 0 Or _
     Len(Trim(Combo3.Text)) = 0 Or _
     Len(Trim(Combo4.Text)) = 0 Or _
     Len(Trim(Combo5.Text)) = 0 Then
     MsgBox "计算机配置选择不全！"
     Exit Sub
  End If
    '输入配置选择
  Picture1.Print Tab(3); "你所选择的计算机配置"
  Picture1.Print
  Picture1.Print "品牌"; Tab(10); Combo1.Text
  Picture1.Print "CPU"; Tab(10); Combo2.Text
  Picture1.Print "内存"; Tab(10); Combo3.Text
  Picture1.Print "硬盘"; Tab(10); Combo4.Text
  Picture1.Print "显示器"; Tab(10); Combo5.Text
End Sub
Private Sub Command2_Click()
  Unload Me
End Sub
```

代码 4-13

```
Private Sub Combo1_LostFocus()
  Dim i%
  Dim flag As Boolean          '定义逻辑变量
    '判断组合框值是否为空
  If Len(Trim(Combo1.Text)) = 0 Then
    Exit Sub                   '跳出此事件过程
  End If
    '在列表项中循环查找是否有和组合框值相同列表项
  For i = 0 To Combo1.ListCount - 1
     If Combo1.List(i) = Combo1.Text Then
        flag = True            '找到相同值时标志
        Exit For               '跳出循环语句
     End If
  Next i
  If Not flag Then             '判断没有相同值时
     Combo1.AddItem Combo1.Text  '在组合框中添加列表项
  End If
End Sub
```

4.6 滚动条和 Slider 控件

4.6.1 控件的功能

滚动条(ScrollBar)与附加在文本框、列表框上的滚动条不同,后者在一定条件下能自动出现。ScrollBar 控件主要是为那些不能自动支持滚动的应用程序和控件提供滚动功能,协助观察数据的变化或确定位置,也可用作数据输入的工具。ActiveX 控件中的 Slider 控件与滚动条相似,都有水平和垂直两种,如图 4-18、图 4-19 所示。滚动条是 VB 的标准控件,可直接从工具箱中选择水平滚动条或垂直滚动条工具来建立。而 Slider 控件是属于 ActiveX 控件,位于 Microsoft Windows Common Control 6.0 部件中,必须通过"工程/部件"菜单,在弹出的"部件"对话框中设置对它的引用才会出现在工具箱中供用户添加。

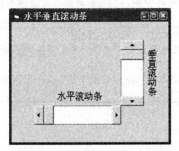

图 4-18 水平、垂直滚动条

图 4-19 水平、垂直 Slider 控件

4.6.2 控件的属性

1. 滚动条和 Slider 控件共有的重要属性

滚动条和 Slider 功能相似,许多常用的重要属性及含义也相同,如表 4-21 所示。

表 4-21 滚动条和 Slider 控件共有的常用属性

属性名	属性值	说 明
Max	数值	返回或设置当滚动条和 Slider 控件的小滑块处于底部或最右位置时,其 Value 属性最大设置值,取值范围(−32 768~32 767)
Min	数值	返回或设置当滚动条和 Slider 控件的小滑块处于上部或最左位置时,其 Value 属性最小设置值,取值范围(−32 768~32 767)
SmallChange	数值	该属性指定在使用鼠标单击滚动条两端箭头按钮时,滑块移动的增量值
LargeChange	数值	该属性指定在使用鼠标单击滚动条的空白处或 Slider 控件的滑块与两端之间时,滑块移动的增量值
Value	数值	返回或设置控件滑块的当前位置。Value 属性值总是在控件的 Max 属性值和 Min 属性值之间

2. Slider 控件特有的重要属性

除了和滚动条拥有一些相同的属性外,Slider 控件还拥有一些特殊的重要属性,如表 4-22 所示。

表 4-22　Slider 控件特有的重要属性

属性名	属性值	说　　明
Orientation	数值	设置此值可确定是水平放置还是垂直放置 Slider 控件。当其值为 0(默认值)时，Slider 控件水平放置，滑块水平移动，刻度标记可以放置在顶端或底端，也可以两端都放置或者都不放置。当其值为 1 时，Slider 控件垂直放置，滑块垂直移动，刻度标记可以放置在右侧或右侧，也可以左右侧都放置或者都不放置
TickStyle	数值	返回或设置 Slider 控件上显示的刻度标记的样式，有 0、1、2 和 3 四种样式可供选择 当其值为 0(默认值)时，若控件水平方向放置，则刻度标记沿其底端放置，如果控件沿垂直方向，刻度标记沿其右侧放置 当其值为 1 时，若控件沿水平方向放置，则刻度标记沿其顶端放置，如果控件沿垂直方向，则刻度标记沿其左侧放置 当其值为 2 时，刻度标记放置在控件的两侧或顶、底两端 当其值为 3 时，控件上没有刻度标记
TickFrequency	数值	返回或设置控件刻度标记的频率，此频率与其范围有关。例如，如果范围为 100，而 TickFrequency 属性设置为 2，则在范围中每隔两个增量设置一个刻度
TextPosition	数值	返回或设置一个值，确定显示文本相对于对象的位置 当其值为 0 时，控件水平放置，文本显示在控件的上边；控件垂直放置，文本显示在控件的左边 当其值为 1 时，控件水平放置，文本显示在控件的下边；控件垂直放置，文本显示在控件的右边

4.6.3　控件的事件

滚动条和 Slider 控件响应的主要事件有：Scroll 和 Change。

Scroll：拖动滑块时会触发 Scroll 事件，单击滚动箭头或滚动条时不会触发。

Change：当 Value 属性发生改变时(如移动滑块、单击滚动箭头等滑块位置改变)会触发 Change 事件。

图 4-20　滚动条使用示例

【例 4-10】在一个窗体上建立一个水平滚动条和垂直滚动条的使用示例，用 2 个文本框分别显示 2 个滚动条的值，移动滑块或单击滚动箭头，观察值的变化。运行效果如图 4-20 所示。

解题分析：在滚动条的 Change 事件中编码，将滚动条的 Value 值传递到文本框中显示。

操作步骤：

(1) 在 VB 环境中，单击"文件/新建工程"命令，在新建的窗体上添加 2 个标签、2 个文本框、1 个水平滚动条和 1 个垂直滚动条控件。

(2) 设置各相关控件的属性，如表 4-23 所示。

(3) 编写相关控件的事件代码，如代码 4-14 所示。

(4) 按 F5 功能键，运行程序。点击滚动条两端的箭头按钮，拖动滑块，观察文本框中的数值变化。

表 4-23   各相关控件的属性设置

控件名称	属性名	属性值	说 明
Form1	Caption	滚动条使用示例	
Label1	Caption	水平滑轨的数值	
Label2	Caption	垂直滑轨的数值	
HScroll1	Max	100	其他控件属性值都选择默认值，对程序运行所需的初始值可在窗体的 Load 事件中编写代码
	Min	0	
	LargeChange	5	
	SmallChange	1	
VScroll1	Max	100	
	Min	0	
	LargeChange	5	
	SmallChange	1	

代码 4-14

```
Private Sub Form_Load()
    Text1.Text = 0        '赋初值为0
    Text2.Text = 0        '赋初值为0
End Sub
Private Sub HScroll1_Change()
    Text1.Text = HScroll1.Value
        '将水平滚动条的Value属性值赋予Text1文本框
End Sub
Private Sub VScroll1_Change()
    Text2.Text = VScroll1.Value
        '将水平滚动条的Value属性值赋予Text1文本框
End Sub
```

【例 4-11】用 3 个滚动条作为 3 种基本颜色的输入工具，设计一个调色板的应用程序，合成的颜色显示在右边的颜色区，分别以不同合成颜色设置文本框中文字的前景色和背景色。

解题分析：设计一个文本框作为 3 种基本色合成后的颜色区域，用文本框的 BackColor 属性显示合成的颜色，再设计 2 个命令按钮，用命令按钮的 Click 事件分别将三基色合成后的颜色赋予文本框中文字的前景色和背景色。最终程序的运行效果如图 4-21 所示。

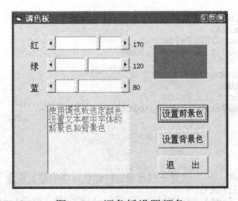

图 4-21   调色板设置颜色

操作步骤：

(1) 在 VB 环境中，单击"文件/新建工程"命令，在新建的窗体上添加 3 个标签、3 个滚动条、2 个文本框和 3 个命令按钮控件。

(2) 设置各相关控件的属性，如表 4-24 所示。

表 4-24　各相关控件的属性设置

控件名称	属性名	属性值	说　明
Form1	Caption	调色板	
Label1	Caption	红	
Label2	Caption	绿	
Label3	Caption	蓝	
Scroll1	Max	255	基色最亮度
	Min	0	基色最暗度
	LargeChange	10	大幅变化值
	SmallChange	1	微调值
Scroll2	Max	255	基色最亮度
	Min	0	基色最暗度
	LargeChange	10	大幅变化值
	SmallChange	1	微调值
Scroll3	Max	255	基色最亮度
	Min	0	基色最暗度
	LargeChange	10	大幅变化值
	SmallChange	1	微调值
Command1	Caption	设置前景色	
Command2	Caption	设置背景色	
Command3	Caption	退　出	

(3) 编写相关控件的事件程序代码，如代码 4-15(滚动条 Change 事件代码)、代码 4-16(窗体 Load 事件及命令按钮 Click 事件的代码)所示。

(4) 按 F5 功能键，运行程序。最终程序的运行效果如图 4-21 所示。

代码 4-15

```
Private Sub HScroll1_Change()
    red = HScroll1.Value
    Label4.Caption = HScroll1.Value
    Text1.BackColor = RGB(red, green, blue)
End Sub
Private Sub HScroll2_Change()
    green = HScroll2.Value
    Label5.Caption = HScroll2.Value
    Text1.BackColor = RGB(red, green, blue)
End Sub
Private Sub HScroll3_Change()
    blue = HScroll3.Value
    Label6.Caption = HScroll3.Value
    Text1.BackColor = RGB(red, green, blue)
End Sub
```

代码 4-16

```
Dim red%, green%, blue%        '设置分别代表三种颜色数值的整型变量
Private Sub Command1_Click()
    Text2.ForeColor = Text1.BackColor   '将text1的背景色赋予Text2的前景色
End Sub
Private Sub Command2_Click()
    Text2.BackColor = Text1.BackColor
End Sub
Private Sub Command3_Click()
    End
End Sub
```

```
'部分控件的属性赋初始值
Private Sub Form_Load()
    Text1.Text = ""
    Text2.Text = "使用调色板选定颜色设置文本框中字体的前景色和背景色"
    HScroll1.Value = 0
    HScroll2.Value = 0
    HScroll3.Value = 0
    red = HScroll1.Value        '将滚动条HScroll1的Value属性值赋予变量red
    Label4.Caption = HScroll1.Value
                      '将滚动条HScroll1的Value属性值通过标签Label4显示
    green = HScroll2.Value
    Label15.Caption = HScroll2.Value
    blue = HScroll3.Value
    Label6.Caption = HScroll3.Value
    Text1.BackColor = RGB(red, green, blue)
          '通过RGB函数获取三个变量合成的颜色，并赋予Text1的BackColor属性
End Sub
```

4.7　时钟控件

在程序设计中，对于由系统时钟控制的定时响应处理，例如每隔一段时间就要进行某种操作，通常使用时钟控件 Timer。

时钟控件有一个 Timer 事件，该事件是由时间间隔控制发生的，加入时钟控件后，通过设置时钟控件的时间间隔属性 Interval 来确定每隔多长时间调用一次 Timer 事件过程。在程序运行过程中，时钟控件是不可见的，通常用一个标签控件来显示时间。

1. 重要属性

时钟控件有两个最重要的属性，如表 4-25 所示。

表 4-25　时钟控件的重要属性

属性名	属性值	描　　述
Interval	数值	返回或设置对时钟控件的计时事件各调用间隔的毫秒数。取值范围(0~64 767)，即最大时间间隔不超过 65s。例如要设置每隔 1s 调用一次 Timer 事件过程，则 Interval 属性值应为 1 000。当 Interval 属性值为 0(默认值)时，时钟控件失效
Enabled	逻辑值	该属性决定时钟控件是否对时间的推移作响应。将该属性值设置为 False 时，会关闭时钟控件，设置为 True 时，则打开它。当时钟控件置为有效时，倒计时总是从其 Interval 属性的设置值开始

2. 事件

时钟控件只有一个 Timer 事件，当设置的时间一到就产生该事件，时钟计时从 0 开始时，下一个时间间隔到后，再产生 Timer 事件，循环往复，直至置 Enabled 属性为 False 或置 Interval 属性为 0 以终止该事件触发。

【例 4-12】简单动画演示。在窗体上，一行文字"简单动画示例"左右移动，移动方法可有两种：单击手动按钮一次，移动 50twip 单位；单击自动按钮，按时钟触发频率连续移动，且显示的文字黑白闪烁；当文字内容到达窗体边缘时立刻反向移动。

解题分析：文字的动画实为显示文字的标签控件在窗体上位置的连续变动，描述标签控件在窗体上位置的属性有 Top 和 Left，Top 为在窗体垂直方向上的位置描述，Left 为在窗体水平方向上的位置描述。根据题目要求，手动移动为每单击手动按钮一次，Left 属性值则增

大或减少 50twip。单击自动按钮时，则通过时钟控件触发 Timer 事件，在时钟控件的 Timer 事件中编程改变 Left 的属性值，并相应变化标签控件的 ForeColor 属性值，以使文字黑白闪烁。当文字到达窗体的左或右边缘时，可根据标签控件的 Left 属性值是否小于 0 或标签控件的 Left 属性值与 Width 属性值之和大于窗体的 Width 属性值以改变标签控件的 Left 属性值的变化方向(增大或减少)。

图 4-22　例 4-12 设计界面

操作步骤：

(1) 在 VB 环境中，单击"文件/新建工程"命令，在新建的窗体上添加 1 个标签控件、1 个时钟控件和 2 个命令按钮控件。

(2) 设置各相关控件的属性，如表 4-26 所示。

(3) 编写相关控件的事件程序代码，如代码 4-17 所示。

(4) 按 F5 功能键，运行程序，观察手动和自动的动画演示。界面设计如图 4-22 所示。

思考：此程序是在水平方向移动文字，若希望沿垂直方向移动，程序如何更改？

表 4-26　各相关控件的属性设置

控件名称	属性名	属性值	说　明
Form1	Caption	简单动画示例	
Label1	Caption	欢迎使用 VB	
	WordWrap	True	使文字可以竖排
	BackStyle	0	背景透明
	ForeColor	&H0&	前景色为黑
Command1	Caption		为空
	Style	1	可以加载图像
	Picture	Clock05.ico	指定路径下图标文件名
	ToolTipText	自动	运行时提示信息
Command2	Caption		
	Style	1	
	Picture	Key04.ico	
	ToolTipText	手动	
Timer1	Interval	200	1s 触发 5 次
	Enabled	False	暂禁使用

代码 4-17

```
Dim step1 As Integer    '定义窗体级整型变量
Private Sub Form_Load()
    step1 = 1        '给变量赋初始值
End Sub
Private Sub Command2_Click()    '手动
    Timer1.Enabled = False
    Call MyMove      '调用自定义过程
End Sub
Private Sub Command1_Click()    '自动
    Timer1.Enabled = True    '启动时钟控件触发事件
End Sub
Private Sub Timer1_Timer()
    Static Flag As Boolean    '定义静态逻辑变量
    If Flag Then
```

```
        Label1.ForeColor = &HFFFFFF      '设置为白色
    Else
        Label1.ForeColor = &H0           '设置为黑色
    End If
    Flag = Not Flag      '逻辑值取反
    Call MyMove
End Sub
Public Sub MyMove()     '创建自定义过程
    Label1.Left = Label1.Left + 50 * step1   '控件水平移动
    If Label1.Left + Label1.Width > Form1.Width Then   '超出右边缘
        step1 = -1               '减少
    ElseIf Label1.Left < 0 Then   '超出左边缘
        step1 = 1               '增加
    End If
End Sub
```

4.8 ActiveX 控件

ActiveX 控件是一种特定的控件，它的使用方法与系统内部控件完全一样，它是由用户设计的或者选购的商品化控件，是系统内部控件的扩展。每一个 ActiveX 控件都有其各自的功能，配置为其功能服务的属性。下面仅介绍一些常用的 ActiveX 控件。

4.8.1 ProgressBar 控件

在 Windows 及其应用程序中，当执行一个耗时较长的操作时，通常会用 ProgressBar 控件显示事务处理的进程。

ProgressBar 控件位于 Microsoft Windows Common Control 6.0 部件中，该控件有 3 个重要属性：Max、Min 和执行阶段的 Value 属性。Max 和 Min 属性用于设置控件的起止界限，Value 属性决定控件被填充的程度。

在显示某个操作的进展情况时，Value 属性将持续增长，直至达到了由 Max 属性定义的最大值。这样，该控件显示的填充的数目总是 Value 属性与 Min 和 Max 属性之间范围的比值。例如，如果 Min 属性被设置为 0，Max 属性被设置为 100，Value 属性为 60，那么该控件将显示 60%的填充块。

在对 ProgressBar 控件编程时，应首先确定 Value 属性上升的最大值。例如，批量拷贝文件，可将 Max 属性设置为批量拷贝文件的总数，在拷贝过程中，应用程序必须能够确定已有多少文件已被拷贝，并将 Value 属性设置为已被拷贝的文件数。

【例 4-13】利用进度条控件实现煮鸡蛋 3min 定时器功能。

解题分析：根据题目要求，可在窗体上添加一个时钟控件、一个 Progressbar 控件、2 个命令按钮和一个标签，通过命令按钮启动时钟控件工作，并用变量记下此刻时间，在时钟控件的 Timer 事件中编程检测系统时间和保存在变量中的时间之差是否达到 3min，并把这个差值与 3min 的百分比作为 Progressbar 控件的值填充，当没有达到 3min 时，可用标签控件显示"正在煮……"；当达到 3min 时，可将 Pregressbar 控件值置于最大值(100)。最后，停止时钟控件工作，并将标签控件显示改为"已经煮好了"。

操作步骤：

(1) 在 VB 环境中，单击"文件/新建工程"命令，在新建的窗体上添加 1 个 ProgressBar 控件、2 个命令按钮控件、1 个时钟控件和 1 个标签控件。

(2) 设置各相关控件的属性，如表 4-27 所示。

表 4-27   各相关控件的属性设置

控件名称	属性名	属性值	说　　明
Form1	Caption	ProgressBar 演示示例	
Comman1	Caption	开始	
Comman2	Caption	退出	
Timer1	Interval	200	设置事件触发间隔
	Enabled	False	
Label1	Caption	煮蛋计时器	

(3) 编写相关控件的事件程序代码，如代码 4-18 所示。

代码 4-18

```
Dim mftime As Single          '定义时间变量
Private Sub Command1_Click()
    ProgressBar1.Value = 0       '进度条控件赋初值
    mftime = Timer               '保存起动时间
    Timer1.Enabled = True        '启动时钟控件
    Command1.Enabled = False     '置开始按钮失效
End Sub
Private Sub Command2_Click()
    Unload Me                    '卸载窗体
End Sub
Private Sub Timer1_Timer()
    Dim percent                          '定义进程变量
    percent = 100 * (Timer - mftime) / 180  '计算进程
    If percent < 100 Then                 '判断进程是否已满
        ProgressBar1.Value = percent      '设置进度条填充量
        Label1.Caption = "正在煮……"       '设置标签提示
    Else
        ProgressBar1.Value = 100          '设定进度条值为最高值
        Label1.Caption = "已经煮好了"       '设置标签提示
        Beep                              '响铃
        Timer1.Enabled = False            '关闭时钟控件
        Command1.Enabled = True           '置开始按钮有效
    End If
End Sub
```

(4) 按 F5 功能键，运行程序。设计界面及运行界面如图 4-23(a)、(b)所示。

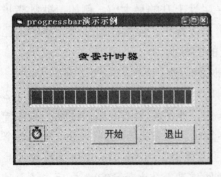

(a) 程序设计界面

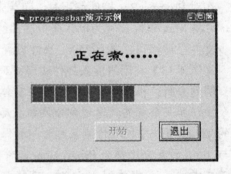

(b) 程序运行界面

图 4-23   程序设计与运行界面

4.8.2 UpDown 控件

UpDown 也是 Windows 应用程序中一种常用控件，位于 Microsoft Windows Common Control –26.0 部件中。它往往与其他控件"捆绑"在一起使用，方便用户设置与它关联的伙伴控件。图 4-24 所示为一个与一个文本框关联的 UpDown 控件，当用户单击向上或向下的箭头按钮时，文本框中的值会相应地增加或减少。

图 4-24 UpDown 控件示例

UpDown 控件主要有以下几个基本属性，如表 4-28 所示。

表 4-28 UpDown 控件的基本属性

属性名	属性值	描　述
Max	数值	为 UpDown 控件设置或返回变化范围的最大值。
Min	数值	为 UpDown 控件设置或返回变化范围的最小值。
Increment	数值	设置或返回一个值，它决定 控件的 Value 属性在 UpDown 控件的按钮被单击时改变的量，即被"捆绑"控件关联的属性值变化的幅度。

UpDown 控件的属性值可以在属性窗口中设置，也可以在该控件的"属性页"对话框的"滚动"选项卡中设置。

UpDown 控件能响应 UpClick 和 DownClick 事件，它们分别是在单击向上和向下箭头时发生的事件，一般不需要编写它们的事件代码，因为与 UpDown "捆绑"的控件相关联的属性值会自动发生改变。

使用 UpDown 控件，通常应先将此控件与其他控件"捆绑"关联，下面以要求 UpDown 控件与文本框 Text1 控件关联为例，完成"捆绑"操作如下：

(1) 当窗体上已添加 UpDown 控件后，鼠标右键单击此控件，在弹出的快捷菜单中选择"属性"命令，打开 UpDown 控件的"属性页"对话框，点击"合作者"选项卡，如图 4-25 所示。

(2) 在图 4-25 的"合作者控件"编辑框中输入欲捆绑关联的控件名称 Text1，如窗体上只有一个文本框控件，也可选中复选框"自动合作者"，系统会自动选定 Text1。

(3) 在图 4-25 的"合作者属性"下拉列表框中选定要与 UpDown 控件关联的 Text1 属性名 Text，这样，Text1 的 Text 属性将与 UpDown 控件的 Value 属性保持同步。再单击"确定"按钮，完成关联控件的捆绑。

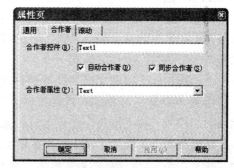

图 4-25 UpDown 控件的"属性页"对话框

4.8.3 SSTab 控件

SSTab 控件是为用户提供制作具有多个选项卡的对话框的控件，它位于 Microsoft Tabbed Dialog Control 6.0 部件中，通过部件对话框将这一控件添加到工具箱中，然后就能像其他内部控件那样使用它。在 SSTab 控件中有一组选项卡，每个选项卡都可以作为其他控件的容器，但是一次只能有一个选项卡被激活(处于活动状态)。当某个选项卡被激活后，其内容被显示，而其余选项卡上的内容则被屏蔽起来。

1. 常用属性

SSTab 控件是一个非常简单的控件，其大部分属性都能在其属性页中设置。其常用属性的描述如表 4-29 所示。

表 4-29　SSTab 控件的常用属性

属性名	属性值	描　　述
Style	数值	返回或设置 SSTab 控件上的选项卡样式。有两种样式可供选择，当属性值为 0(默认值)时，活动选项卡的字体是粗体；当属性值为 1 时，SSTab 控件的 TabMaxWidth 属性被忽略，每个选项卡的宽度都调整到其标题中文本的长度，在选项卡中显示文本所用的字体不是粗体
Tab	数值	返回或设置 SSTab 控件的当前选项卡序号，范围从 0 开始到选项卡总数减 1，如果 Tab 属性值设置为 1，则第 2 个选项卡为当前活动的选项卡
Tabs	数值	返回或设置 SSTab 控件上的选项卡总数。可在运行时更改该属性值，从而添加新的选项卡或删除选项卡。在设计时,可用此属性连同 TabsPerRow 属性来决定控件显示的选项卡的行数
TabsPerRow	数值	该属性决定 SSTab 控件中每一行选项卡的数目，在设计时，用 Tabs 属性连同 TabsPerRow 属性来决定控件显示的选项卡的行数
Rows	数值	该属性决定 SSTab 控件中的选项卡总行数，在运行时可使用 Rows 属性获取选项卡的行数
TabOrientation	数值	返回或设置 SSTab 控件上的选项卡的位置。其值可分别取 0、1、2、3，表示选项卡分别出现在控件的顶端、底部、左边、右边
ShowFocusRect	逻辑值	返回或设置一个值，当 SSTab 控件上的选项卡得到焦点时，由这个值可确定在该选项卡上的焦点矩形是否可视。当其值为 True(默认值)时，在有焦点的选项卡上，控件显示焦点矩形。 当其值为 False 时，在有焦点的选项卡上，控件不显示焦点矩形

2. 主要事件

SSTab 控件主要使用 Click 事件，该事件是在用户选定一个选项卡时发生的。其过程有一个特殊的参数 PreviousTab，它代表先前的活动选项卡。Click 事件是发生在 SSTab 控件上，不是发生在其中的某一选项卡上，即在同一个 SSTab 控件的不同选项卡上实施鼠标单击触发的是同一个事件，执行的是同一个事件过程，区别仅仅是 PreviousTab 参数的值不同。

下面通过一个实例介绍 SSTab 控件的使用。

【例 4-14】利用 SSTab 控件设计一个如图 4-26(a)、(b)和(c)所示的家庭收支汇总程序，当用户切换到"收支汇总"选项卡时，能及时汇总合计出家庭收支的余额。

解题分析: 首先，用 SSTab 在窗体上设计 3 个选项卡，分别是"家庭收入"、"家庭支出"和"收支汇总"，当分别填上家庭收入和家庭支出后，点击"收支汇总"选项卡，触发 SSTab 的 Click 事件，在此事件中编码汇总合计出家庭收支的余额。

操作步骤:

(1) 在 VB 环境中，单击"文件/新建工程"命令，选择菜单"工程/部件"命令，在弹出的"部件"对话框的"控件"选项卡中，选中"Microsoft Tabbed Dialog Control 6.0"控件，点击"确定"按钮，将 SSTab 添加到工具箱中，然后再将 SSTab 控件从工具箱中拖放到窗体上，在窗体上添加一个 SStab 控件。

(2) 设置 SSTab 控件的属性。鼠标右键单击 SSTab 控件，在弹出的快捷菜单中选择"属性"命令，打开 SSTab 控件的"属性页"对话框，如图 4-26(d)所示。在属性页中，将选项卡数设置为 3，并且分别为 3 个选项卡输入标题。在图 4-26 (d)中只能看到一个选项卡的编号和标题，如果要输入其余的选项卡的标题，则应单击"<"或">"按钮。

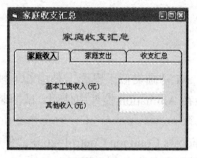

(a) 家庭收入

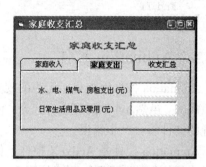

(b) 家庭支出

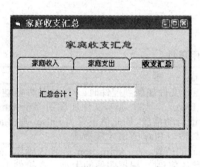

(c) 收支汇总

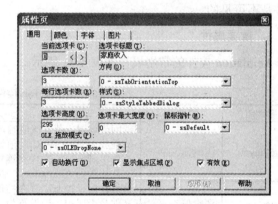

(d) SSTab 控件的属性页

图 4-26　例 4-14 图示

(3) 在窗体及 SSTab 控件上添加 6 个标签控件和 5 个文本框控件。设置各相关控件的属性，如表 4-30 所示。

表 4-30　各相关控件的属性设置

控件名称	属性名	属性值
Form1	Caption	家庭收支汇总
Label1	Caption	家庭收支汇总
Label1	Font	隶书、三号、红色
Label2	Caption	基本工资收入(元)
Label3	Caption	其他收入(元)
Label4	Caption	水、电、煤气、房租支出(元)
Label5	Caption	日常生活用品及零用(元)
Label6	Caption	汇总合计

(4) 编写相关控件的事件程序代码，如代码 4-19 所示。

(5) 按 F5 功能键，运行程序。在各文本框中输入相应数据，在"收支汇兑"选项卡中观察"汇总合计"结果是否正确。

代码 4-19

```
Sub SSTab1_Click(PreviousTab As Integer)
    ' PreviousTab标识先前为活动的选项卡。
    If PreviousTab = 0 Or PreviousTab = 1 Then
    'If SSTab1.Tab = 2 Then
        Text5 = Val(Text1) + Val(Text2) - Val(Text3) - Val(Text4)
    End If
End Sub
```

4.8.4　Animation 控件

Animation 控件用来显示无声的视频动画.avi 文件。.avi 动画类似于电影，是由若干帧位图组成的。虽然.avi 动画可以有声音，但这样的动画不能在 Animation 控件中使用，试图装载这样的文件将会产生错误。

Animation 控件是 ActiveX 控件，位于 Microsoft Windows Common Control–26.0 部件中，通过"部件"对话框添加到工具箱中，就可将该控件放置到窗体上使用，运行时，Animation 控件是不可见的。

1. 重要属性

Animation 控件的常用属性如表 4-31 所示。

表 4-31　Animation 控件的常用属性

属性名	属性值	描　　　述
AutoPlay	逻辑值	返回或设置一值，该值确定在将.avi 文件加载到控件时，控件是否自动开始播放 .avi 文件。如此值设置为 True，一旦将 .avi 文件加载到 Animation 控件中，则 .avi 文件将连续循环地自动播放。如此值设置为 False，则将.avi 文件加载到 Animation 控件中，必须用 Play 方法才能播放。
Center	逻辑值	该属性用于控制动画在控件中播放的位置，在 Animation 控件内确定 .avi 文件是否居中。当设置为 True(默认值)时，根据图像的大小，在控件中心显示 .avi 文件。当设置为 False 时，.avi 文件定位在控件内的 0,0 处。

2. 基本方法

使用 Animation 控件播放无声的.avo 文件主要是通过该控件的 4 个方法来实现。这 4 个方法分别是 Open、Play、Stop 和 Close。

(1) Open 方法。

格式：

Object . Open 文件名

功能：该方法用于打开一个要播放的.avi 文件。

(2) Play 方法。

格式：

Object . Play [重复播放的次数 ，开始帧 ，结束帧]

功能：该方法用于播放.avi 文件。

说明：

① 重复播放的次数：默认值是–1，表示连续播放。

② 开始帧和结束帧的默认值是 0，表示从第 1 帧开始，第 1 幅画面为第 0 帧，默认结束

帧最大值是 65 535。

例如：从第 2 帧开始到第 5 帧播放两遍：

Animation1.Play 2 , 2 , 5

(3) Stop 方法。

格式：

Object . Stop

功能：该方法用于终止播放.avi 文件。

(4) Close 方法。

格式：

Object . Close

功能：该方法用于关闭当前打开的.avi 文件。如果没有加载任何文件，则不执行任何操作。

图 4-27　Animation 动画示例

【例 4-15】用 Animation 控件设计一个如图 4-27 所示的播放文件删除的动画程序。

解题分析：用 4 个命令按钮分别实施执行 Animation 控件的 4 个方法，针对 Play 方法可携带参数播放文件，用复选框和文本框来设定非循环播放及播放的次数，完成程序的功能。

操作步骤：

(1) 在磁盘上建立一个名为"例 4-15"文件夹，将搜索到的 Filedel.avi 动画文件放置其中。

(2) 在 VB 环境中，单击"文件/新建工程"命令，选择菜单"工程/部分"命令，在弹出的"部件"对话框的"控件"选项卡中选中"Microsoft Windows Common Control–26.0"控件，点击"确定"按钮，将 Animation 控件添加到工具箱中，然后再将 Animation 控件添加到窗体上，同时在窗体上再添加 1 个复选框、1 个文本框和 4 个命令按钮控件。

(3) 设置各相关控件的属性，如表 4-32 所示。

(4) 编写相关控件的事件程序代码，如代码 4-20 所示。

(5) 按 F5 功能键，运行程序，观察程序运行效果。

表 4-32　各相关控件的属性设置

控件名称	属性名	属性值	说　　明
Form1	Caption	Animation 动画示例	
Check1	Caption	次数	
	Value	0	暂不选中
Text1	Text		清空
	Enabled	False	暂禁操作
Command1	Caption	打开	
Command2	Caption	播放	
Command3	Caption	停止	
Command4	Caption	关闭	

代码 4-20

```
Private Sub Check1_Click()
    Text1.Enabled = Not Text1.Enabled  '改变文本框控件可操作状态
End Sub
Private Sub Command1_Click()
    Animation1.Open (App.Path + "\filedel.avi")  '打开默认路径下动画文件
    Command2.Enabled = True            '使该控件可被操作
```

```
        Command1.Enabled = False      '禁止对该控件操作
        Command4.Enabled = True       '使该控件可被操作
    End Sub
    Private Sub Command2_Click()
        If Check1 Then                '判断复选框是否被选中
            Animation1.Play Val(Text1) '选中状态下播放指定次数文件
        Else
            Animation1.Play           '不限次数的循环播放
        End If
        Command3.Enabled = True       '使该控件可被操作
    End Sub
    Private Sub Command3_Click()
        Animation1.Stop               '停止动画播放
    End Sub
    Private Sub Command4_Click()
        Animation1.Close              '关闭动画播放
        Command1.Enabled = True
        Command2.Enabled = False
        Command3.Enabled = False
        Command4.Enabled = False
    End Sub
    Private Sub Form_Load()
        Command2.Enabled = False
        Command3.Enabled = False
        Command4.Enabled = False
    End Sub
```

4.9   综合应用程序举例

【例 4-16】编写程序，实现图片漫游，显示大尺寸(比屏幕大)图片。

解题分析：VB 中的图片可以显示在图片框上，也可以显示在窗体上。在一般情况下，窗体的尺寸不能大于屏幕，而图片框的尺寸不能大于窗体。这就是说，如是不进行处理，则显示的图片的尺寸不能超过屏幕的大小。当实际的图片比屏幕(窗体)大时，在窗体或图片框上只能显示图片的一部分，其余部分在窗体或图片框之外，无法看到。本题解法是通过滚动条来显示图片的隐藏部分。

操作步骤：

(1) 在 VB 环境中单击"文件/新建工程"命令，在新建窗体的左上角添加 1 个图片框控件，再分别添加 1 个水平滚动条和 1 个垂直滚动条控件，大小、位置任意，如图 4-28(a)所示。

(2) 设置相关控件的属性，如表 4-33 所示。

表 4-33   各相关控件的属性设置

控件名称	属性名	属性值	说　　明
Form1	Caption	图片漫游显示	
	Windowstate	2	程序运行窗体尺寸最大化
Picture1	AutoSize	True	图片框随图片大小变化
	Picture	App.path+"\校园.jpg"	加载图片
Hscroll1	Min	0	
	LargeChange	100	
	SmallChange	5	
Vscroll1	Min	0	
	LargeChange	100	
	SmallChange	5	

(3) 编写相关控件的事件代码，如代码 4-21 所示。

(4) 按 F5 功能键，运行程序，移动滑块，观察图片不同区域。程序运行后，窗体扩大到整个屏幕，如果在图片框中不能显示全部图片，则可通过移动垂直或水平滚动条显示图片的隐藏部分。程序运行效果如图 4-28(b)、(c)所示。

代码 4-21

```
Option Explicit
Dim hvalue%, vvalue%                '定义记录滚动条当前位置的变量
Dim widvalue%, heivalue%            '定义表示窗体大小(不包括滚动条)的变量
'在此事件过程中设置图片框的尺寸随窗体尺寸大小变化而变化
Private Sub Form_Resize()
  widvalue = ScaleWidth - VScroll1.Width    '求图片框的宽度
  heivalue = ScaleHeight - HScroll1.Height  '求图片框的高度
  Picture1.Top = 0
  Picture1.Left = 0            '将图片框置于窗体的左上角
  VScroll1.Top = 0
  VScroll1.Left = widvalue     '将垂直滚动条置于窗体的右上角
  VScroll1.Height = ScaleHeight  '设置垂直滚动条的高度
  HScroll1.Top = heivalue
  HScroll1.Left = 0
  HScroll1.Width = ScaleWidth - VScroll1.Width  '设置水平滚动条的宽度
  VScroll1.Max = Picture1.Height - heivalue   '设置垂直滚动条最大变化量
  HScroll1.Max = Picture1.Width - widvalue    '设置水平滚动条最大变化量
End Sub
Private Sub HScroll1_Change()
  hvalue = HScroll1.Value       '获取当前水平滚动条的值
  Picture1.Move -hvalue, -vvalue  '用Move方法移动图片框
End Sub
Private Sub VScroll1_Change()
  vvalue = VScroll1.Value       '获取当前水平滚动条的值
  Picture1.Move -hvalue, -vvalue  '用Move方法移动图片框
End Sub
```

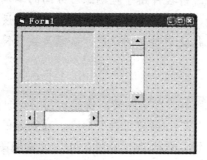

(a) 程序窗体设计

(b) 运行效果(初始界面)

(c) 运行效果(漫游)

图 4-28　图片漫游的程序设计与运行效果

【例 4-17】设计一个窗体，演示十字路口交通信号灯指挥机动车行驶的情况，要求红、绿、黄 3 种信号灯的延迟时间可以调整，如图 4-29 所示。

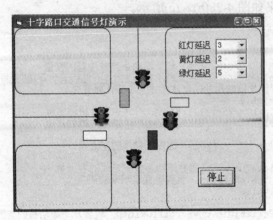

图 4-29　十字路口交通信号灯演示

解题分析：图示十字路口东西、南北 4 个方向都有车辆，当东西方向绿灯亮时，南北方向为红灯亮，东西方向车辆移动，南北方向车辆静止；当南北方向绿灯亮时，东西方向红灯亮，南北方向车辆移动，东西方向车辆静止；当 4 个方向均为黄灯亮时，车辆都停止移动。信号灯的延迟时间以东西方向主干道为准。可在窗体上添加 2 个时钟控件。一个时钟控件用于控制信号灯的转换，另一个时钟控件用于控制绿灯方向的车辆移动。信号灯转换的顺序按红→黄→绿→黄→红……进行，时间间隔按用户在组合框中的设定。点击"开始"按钮后，信号灯开始变化，此时不能进行延迟时间的设定，必须再按"停止"按钮才可以重新设定信号灯转换的延迟时间。

操作步骤：

(1) 在磁盘上创建名为"例 4-17"文件夹，将搜索到的交通信号灯图标文件放置其中。

(2) 在 VB 环境中，单击"文件/新建工程"命令，在新建的窗体上用多个形状控件和线条控件构建十字路口及移动车辆，再添加一个包含 4 个元素的图像框控件数组、1 个命令按钮、一个包含 3 个元素的标签控件数组和一个包含 3 个元素的组合框控件数组。

(3) 设置各相关控件的属性，如表 4-34 所示。

表 4-34　各相关控件的属性设置

控件名称	属性名	属性值	说　　明
Form1	Caption	十字路口交通信号演示	
Command1	Caption	开始	
Label1(0)	Caption	红灯延迟	
Label1(1)	Caption	黄灯延迟	
Label1(2)	Caption	绿灯延迟	
Timer2	Interval	50	车辆移动频率

(4) 编写相关控件的事件代码，如代码 4-22(窗体级变量及 Load 事件代码)、代码 4-23(命令按钮的 Click 事件代码)、代码 4-24(Timer1 控件的 Timer 事件代码)和代码 4-25(相关控件的代码设计)所示。

(5) 将工程文件、窗体文件保存到"例 4-17"文件夹中。

(6) 按 F5 功能键，运行程序，设置红、绿、黄信号灯亮的不同的间隔时间，观察程序运行的效果。

代码 4-22

```
Option Explicit
Dim hcs%, ycs%, gcs%, sta%          '定义信号灯延迟时间及状态变量
Dim dxx As Boolean                  '定义东西方向车辆移动状态变量
Private Sub Form_Load()
  Combo1(0).AddItem 3               '添加信号灯延迟时间可选项
  Combo1(0).AddItem 5
  Combo1(0).AddItem 10
  Combo1(1).AddItem 1
  Combo1(1).AddItem 2
  Combo1(1).AddItem 3
  Combo1(2).AddItem 3
  Combo1(2).AddItem 5
  Combo1(2).AddItem 10
  Combo1(0) = 3                     '设置初始值
  Combo1(1) = 2
  Combo1(2) = 5
  sta = 0                           '设置信号灯转换变量初始值
  '以下是为图像框控件数组加载交通信号灯图标文件
  Image1(0).Picture = LoadPicture(App.Path + "\TRFFC09.ICO")
  Image1(1).Picture = LoadPicture(App.Path + "\TRFFC09.ICO")
  Image1(2).Picture = LoadPicture(App.Path + "\TRFFC09.ICO")
  Image1(3).Picture = LoadPicture(App.Path + "\TRFFC09.ICO")
End Sub
```

代码 4-23

```
Private Sub Command1_Click()
  hcs = Val(Combo1(0).Text) * 1000        '获取红色信号灯延迟时间
  ycs = Val(Combo1(1).Text) * 1000
  gcs = Val(Combo1(2).Text) * 1000
  If Command1.Caption = "开始" Then        '判断是否点击"开始"
    Command1.Caption = "停止"              '将命令按钮Caption属性设置为"停止"
    Timer1.Interval = hcs                 '将红灯延迟赋于时钟1控件的Interval属性
    Timer1.Enabled = True                 '启动时钟1控件
    Timer2.Enabled = True                 '启动时钟2控件
    dxx = True                            '设置东西方向车辆移动
    sta = 1                               '定义信号启动的秩序
    Image1(0).Picture = LoadPicture(App.Path + "\TRFFC10C.ICO")
    Image1(1).Picture = LoadPicture(App.Path + "\TRFFC10C.ICO")
                                          '南北方向为红灯
    Image1(2).Picture = LoadPicture(App.Path + "\TRFFC10A.ICO")
    Image1(3).Picture = LoadPicture(App.Path + "\TRFFC10A.ICO")
                                          '东西方向为绿灯
  Else
    Timer1.Enabled = False                '让时钟1控件停止工作
    Timer2.Enabled = False
    Command1.Caption = "开始"             '设置命令按钮Caption属性值为"开始"
    Image1(0).Picture = LoadPicture(App.Path + "\TRFFC09.ICO")
    Image1(1).Picture = LoadPicture(App.Path + "\TRFFC09.ICO")
    Image1(2).Picture = LoadPicture(App.Path + "\TRFFC09.ICO")
    Image1(3).Picture = LoadPicture(App.Path + "\TRFFC09.ICO")
                                          '将信号灯复原
    Shape2.Left = 1800                    '将各方向车辆位置复原
    Shape3.Left = 4080
    Shape4.Top = 1080
    Shape5.Top = 3120
  End If
End Sub
```

代码 4-24

```
Private Sub Timer1_Timer()
    sta = sta + 1                    '信号灯状态改变
    If sta > 4 Then sta = 1   '判断信号灯状态是否在指定范围内
    Select Case sta
      Case 1
        Timer1.Interval = hcs
        Image1(0).Picture = LoadPicture(App.Path + "\TRFFC10C.ICO")
        Image1(1).Picture = LoadPicture(App.Path + "\TRFFC10C.ICO")
        Image1(2).Picture = LoadPicture(App.Path + "\TRFFC10A.ICO")
        Image1(3).Picture = LoadPicture(App.Path + "\TRFFC10A.ICO")
        Timer2.Enabled = True: dxx = True '启动时钟2，东西方向移动
      Case 2
        Timer1.Interval = ycs
        Image1(0).Picture = LoadPicture(App.Path + "\TRFFC10B.ICO")
        Image1(1).Picture = LoadPicture(App.Path + "\TRFFC10B.ICO")
        Image1(2).Picture = LoadPicture(App.Path + "\TRFFC10B.ICO")
        Image1(3).Picture = LoadPicture(App.Path + "\TRFFC10B.ICO")
        Timer2.Enabled = False        '关闭时钟2控件运行
        Shape2.Left = 1800: Shape3.Left = 4080
        Shape4.Top = 1080: Shape5.Top = 3120      '车辆位置还原
      Case 3
        Timer1.Interval = gcs
        Image1(0).Picture = LoadPicture(App.Path + "\TRFFC10A.ICO")
        Image1(1).Picture = LoadPicture(App.Path + "\TRFFC10A.ICO")
        Image1(2).Picture = LoadPicture(App.Path + "\TRFFC10C.ICO")
        Image1(3).Picture = LoadPicture(App.Path + "\TRFFC10C.ICO")
        Timer2.Enabled = True: dxx = False '启动时钟2，南北方向移动
      Case 4
        Timer1.Interval = ycs
        Image1(0).Picture = LoadPicture(App.Path + "\TRFFC10B.ICO")
        Image1(1).Picture = LoadPicture(App.Path + "\TRFFC10B.ICO")
        Image1(2).Picture = LoadPicture(App.Path + "\TRFFC10B.ICO")
        Image1(3).Picture = LoadPicture(App.Path + "\TRFFC10B.ICO")
        Timer2.Enabled = False        '关闭时钟2控件运行
        Shape2.Left = 1800: Shape3.Left = 4080
        Shape4.Top = 1080: Shape5.Top = 3120      '车辆位置还原
    End Select
End Sub
```

代码 4-25

```
'让延迟时间的设置在允许范围内
Private Sub Combo1_LostFocus(Index As Integer)
    Dim i%
    For i = 0 To 2
        If Val(Combo1(i)) > 60 Or Val(Combo1(i)) = 0 Then
            MsgBox "设置时钟超出范围"
            Combo1(i) = ""
            Combo1(i).SetFocus
            Exit For
        End If
    Next i
End Sub

Private Sub Timer2_Timer()
    If dxx Then           '判断是否是东西方向车辆移动
        Shape2.Left = Shape2.Left + 30      '车辆右移
        Shape3.Left = Shape3.Left - 30      '车辆左移
    Else
        Shape4.Top = Shape4.Top + 30        '车辆下移
        Shape5.Top = Shape5.Top - 30        '车辆上移
    End If
End Sub
```

第 5 章　数　组

本章学习目标

➢　了解数组的基本概念
➢　熟练掌握一维数组的使用方法
➢　掌握数组的基本操作
➢　灵活应用静态数组与动态数组
➢　掌握数组的常用算法
➢　掌握用户自定义类型的基本用法

前面的章节处理的数据都属于基本数据类型，所解决的问题一般都比较简单。在实际应用中，经常需要处理大量的数据，解决较复杂的问题，因此，VB 与其他高级语言一样也提供了数组以及自定义数据类型等构造类型。为了更方便地编写应用程序，处理功能相近的控件，VB 将数组的应用引用到控件上，即提供了控件数组。

本章主要介绍数组的基本概念、数组的创建和应用、控件数组以及户自定义类型等。

5.1　数组的概念

数组是一组相同类型数据的集合，数组中的每个数据称之为数组元素。数组元素可以当作单个变量来使用，但必须通过数组名和下标来访问。就相同数量、相同类型的数组元素和变量来说(如定义了一个整型数组，有 5 个元素。又定义了 5 个整型变量)，它们的共同之处是占据相同大小的内存空间，不同之处是数组元素在内存中连续存放，而各个独立的变量在内存中随意存放，相互之间没有任何联系。

【例 5-1】已知 5 个学生的一门课成绩分别为 90、80、70、85、75。求其平均成绩。程序代码如代码 5-1 所示，运行结果如图 5-1 所示。

代码 5-1

```
Private Sub Command1_Click()
Dim s(1 To 5) As Single
Dim sum!, ave!
  s(1) = 90
  s(2) = 80
  s(3) = 70
  s(4) = 85
  s(5) = 75
sum = s(1) + s(2) + s(3) + s(4) + s(5)
ave = sum / 5
Print ave
End Sub
```

图 5-1　运行结果

说明：

该案例声明了一个名为 s 的数组，含有 5 个元素。下标的范围为 1~5。s(1)表示数组 s 的第 1 个元素，s(2) 表示数组 s 的第 2 个元素，……。

5 个元素相当于 5 个变量，分别存放的 5 个数据如下：

s(1)	s(2)	s(3)	s(4)	s(5)
90	80	70	85	75

单击窗体上的命令按钮，即可打印出平均值。平均值为 80。

【例 5-2】求 3 个学生的 3 门课的平均成绩。3 门课的成绩分别为：

	语文	数学	英语
第 1 个学生的成绩：	90	88	85
第 2 个学生的成绩：	77	80	87
第 3 个学生的成绩：	68	70	76

程序代码如代码 5-2 所示，运行结果如图 5-2 所示。

代码 5-2

```
Private Sub Command1_Click()
Dim ss(1 To 3, 1 To 3) As Single
Dim chsum!, masum!, ensum!
Dim chave!, maave!, enave!
ss(1, 1) = 90: ss(1, 2) = 88: ss(1, 3) = 85
ss(2, 1) = 77: ss(2, 2) = 80: ss(2, 3) = 87
ss(3, 1) = 68: ss(3, 2) = 70: ss(3, 3) = 76
chsum = ss(1, 1) + ss(2, 1) + ss(3, 1)
masum = ss(1, 2) + ss(2, 2) + ss(3, 2)
ensum = ss(1, 3) + ss(2, 3) + ss(3, 3)
chave = chsum / 3
maave = masum / 3
enave = ensum / 3
Print "语文的平均成绩为："; chave
Print "数学的平均成绩为："; maave
Print "英语的平均成绩为："; enave
End Sub
```

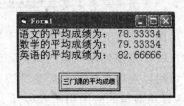

图 5-2 运行结果

说明：

(1) 此例声明了一个名为 ss 的二维数组，该数组有三行三列共 9 个元素，其名字分别为：

ss(1, 1)	ss(1, 2)	ss(1, 3)
ss(2, 1)	ss(2, 2)	ss(2, 3)
ss(3, 1)	ss(3, 2)	ss(3, 3)

(2) 二维数组的元素有 2 个下标，第 1 个下标代表行，第 2 个下标代表列。

通过以上 2 个例子，可以清楚地看到：只有一个下标的数组称为一维数组，有 2 个下标的数组则称为二维数组。依次类推有多个下标的数组称为多维数组。在后面的章节中主要介绍一维数组，简要介绍二维数组。

5.2 数组的定义和引用

5.2.1 数组的定义

定义数组的一般格式为：

Dim 数组名(第 1 维说明 [，第 2 维说明]……) [As 类型名称]

说明:

(1) 数组须先定义后使用,未定义不能使用。

(2) 格式中的[]部分为可选部分。

(3) 省略[As 类型名称]定义数组,默认为变体类型的数组。

(4) 第 1 维说明、第 2 维说明等分别是每个元素的下标范围。其形式为:

[下标下界 to] 下标上界

其中,下标为整型常量或常量表达式,下标的下界默认值为 0,可以省略不写。

(5) 也可以下面方式定义下标下界的默认值:

Option Base n

其中,n 为 0 或 1,但该定义须在数组定义之前完成,如果数组是多维数组则该定义对每一维都有效。

(6) 用 Dim 语句定义数组时,该语句把数组元素初始化为 0 或空字符串。

(7) 在同一过程中,数组名不能与其他数组名或变量名相同。

5.2.2 数组的引用

对定义过的数组,可直接引用该数组的元素,其格式为:

数组名(下标)

说明:

(1) 在程序中,凡是能用变量的地方,都可用数组元素来替换。

(2) 引用数组元素时注意:数组名、类型及维数要与定义一致。

(3) 数组元素的下标要在定义的范围之内。

【例 5-3】定义一个可存放不同类型数据的一维数组并输出。

解题分析: 本例定义了一个变体型数组 abc,有 4 个元素,分别存放不同类型的数据。程序代码如代码 5-3 所示,运行结果如图 5-3 所示。

代码 5-3

```
Option Base 1
Private Sub Command1_Click()
  Dim abc(4)
  abc(1) = Date
  abc(2) = "你考试得了"
  abc(3) = 100
  abc(4) = "分! "
  Print
  For i = 1 To 4
    Print abc(i);
  Next i
End Sub
```

图 5-3 运行结果

5.2.3 数组下标的界值

数组的下标范围是由下标的下界和上界来确定的,下界和上界可以是任何整型常量或常量表达式。

如:Dim aa(-1 to 1, -2 to 1)定义了一个 3 行 4 列的二维数组,每个元素的名字分别为:

aa(−1, −2)	aa(−1, −1)	aa(−1, 0)	aa(−1, 1)
aa(0, −2)	aa(0, −1)	aa(0, 0)	aa(0, 1)
aa(1, −2)	aa(1, −1)	aa(1, 0)	aa(1, 1)

在引用数组元素时，如果需要知道数组的下界值和上界值，可以使用 LBound 函数和 UBound 函数。其格式为：

LBound(数组名[，维])

UBound(数组名[，维])

说明：

(1) 数组名是要测试的数组。

(2) LBound 函数返回数组的下界值，UBound 函数返回数组的上界值。

(3) 一维数组可省略[，维]，二维数组必须指定。如：

LBound(aa，2)表示测试 aa 数组的第 2 维下界，其值为−2。

UBound(aa，1)表示测试 aa 数组的第 1 维上界，其值为 1。

【例 5-4】用 LBound 函数和 UBound 函数改写例 5-3。

程序代码如代码 5-4 所示，运行结果和例 5-3 完全相同。

代码 5-4

```
Option Base 1
Private Sub Command1_Click()
  Dim abc(4)
  abc(1) = Date
  abc(2) = "你考试得了"
  abc(3) = 100
  abc(4) = "分！"
  Print
  For i = LBound(abc) To UBound(abc)
    Print abc(i);
  Next i
End Sub
```

5.3　静态数组及动态数组

5.3.1　静态数组

VB 的静态数组有 2 种形式，第 1 种是前面用 Dim 语句所定义的并用常量指定下标的上、下界的数组。第 2 种是用 Static 语句定义的数组。

无论是哪一种静态数组其特点都是：在编译时为其分配存储空间，从建立到消亡的整个阶段数组的大小都不能改变。两者的区别为：

(1) Static 语句只能出现在过程中，Dim 语句既可出现在过程中，又可出现在通用声明中。

(2) 在过程中用 Dim 语句定义的数组，过程执行结束后将释放内存空间。

(3) 在过程中用 Static 语句定义的数组，过程执行结束后将不会释放内存空间。即再次调用该过程时，上次运行的结果将作为该次调用的初始值。直到整个应用程序退出时，所占的内存空间才会被释放。

【例 5-5】比较用 Static 语句定义的数组与用 Dim 语句定义的数组之区别。

操作步骤：

(1) 在 VB 环境中，单击"文件/新建工程"命令。在新建的窗体上添加 2 个标签，2 个图片框和 1 个命令按钮，并按图 5-4 调整各控件间的相对位置和大小。

(2) 设置相关控件的属性，如表 5-1 所示。

(3) 编写程序代码如代码 5-5 所示。

(4) 按 F5 功能键，运行程序。单击 5 次"打印"命令按钮，即执行 5 次程序代码。其结果如图 5-4 所示。

表 5-1 各控件相关属性的设置

控件名称	属　性	属性值	说　明
Label1	Caption	a 数组：	标题
Label2	Caption	b 数组：	标题
Picture1	Font	Arial,Bold,14	
Picture2	ForeColor	红色	
Command1	Caption	打印	标题

代码 5-5

```
Option Base 1
Private Sub Command1_Click()
  Static a(5) As Integer
  Dim b(5) As Integer
  For i = 1 To 5
    a(i) = a(i) + 2
    b(i) = b(i) + 2
  Next i
  For i = 1 To 5
    Picture1.Print a(i);
    Picture2.Print b(i);
  Next i
  Picture1.Print
  Picture2.Print
End Sub
```

图 5-4 运行结果

说明：

(1) 用 static 语句定义的 a 数组，在编译时系统赋予 0 值。第 1 次执行时其初值为 0，结果 5 个元素都为 2。第 2 次执行时其初值为 2，结果 5 个元素为 4。依此类推。

(2) 用 Dim 语句定义的 b 数组，在执行时系统赋予 0 值。第 1 次执行时其初值为 0，结果 5 个元素都为 2。第 2 次执行时其初值还是为 0，结果 5 个元素仍为 2。依此类推。

5.3.2 动态数组

静态数组在定义时就规定了其数组存储空间的大小与维数。在实际应用中，经常希望在引用时能灵活地确定数组的大小与维数。为此，VB 6.0 提供了可调数组来解决这一类问题。

定义可调数组一般分两步进行，首先在窗体或标准模块中用 Dim 语句或 Public 语句声明一个没有下标的数组(括号内不要写维说明)；接着在过程中根据需要再用 Redim 语句确定数组的大小，其具体声明格式如下：

Dim 数组名( ) As 类型　　　　　　　'定义数组名

ReDim [Preserve] 数组名(下标)　　　'重定义数组大小

说明：

(1) 在过程中，可多次用 ReDim 语句来改变数组的大小，也可改变数组的维数，但不能改变数组的类型。

(2) 若不指定[Preserve]保留字，在执行 ReDim 语句时，数组中所存放的值将全部丢失。

(3) 指定[Preserve]保留字，在执行 ReDim 语句时，数组中原来所存放的值将不会丢失。但使用[Preserve]保留字后，只能改变最后一维的大小，前几维的大小不能改变。

【例 5-6】随机产生 n 个学生的一门课成绩，在图片框中输出，求其平均成绩，用文本框输出。学生人数由文本框输入。

操作步骤：

(1) 在 VB 环境中，单击"文件/新建工程"命令。在新建的窗体上添加 3 个标签，2 个文本框，1 个图片框和 1 个命令按钮，并按图 5-5 调整各控件间的相对位置。

(2) 设置相关控件的属性，如表 5-2 所示。

(3) 编写程序代码，如代码 5-6 所示。

(4) 按 F5 功能键，运行程序。在文本框 1 中输入 7，单击"求平均分"命令按钮，产生 7 个随机数据显示在图片框中，所求的平均成绩显示在文本框 2 中，结果如图 5-5 所示。

表 5-2   各控件的相关属性设置

控件名称	属性名	属性值	说 明
Label1	Caption	学生成绩	标题
Label2	Caption	学生人数	标题
Label3	Caption	平均分	标题
Command1	Caption	求平均分	标题
Picture1	FontSize	18	字号
Text1	Text	空	
Text2	Text	空	

代码 5-6

```
Option Base 1
Private Sub Command1_Click()
Dim s() As Integer
Dim n%, i%, ave!
n = Val(Text1.Text)
ReDim s(n)
For i = 1 To n
  s(i) = Int(Rnd * 101)
  Picture1.Print s(i);
  ave = ave + s(i)
Next i
  Text2.Text = Str(ave / n)
End Sub
```

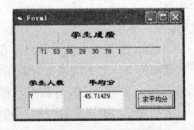

图 5-5   运行结果

5.4   数组的基本操作

数组是一种构造类型，数组名通常是整个数组的标识，对数组的操作实际上是对数组元素的操作。基本操作一般是指对数组元素所进行的输入和输出，即如何给数组元素赋值、如何将数组元素的值显示在窗体上或控件上。下面将通过具体案例讨论各种输入和输出的方法。

5.4.1   数组元素的输入

数组元素的输入指的是：在程序的运行期间，通过赋值语句、输入函数或控件等，将数据送入内存中，赋给数组中的各个元素。一般采用以下几种方法。

1．用循环结构及 Inputbox 函数给数组元素赋值

【例 5-7】由键盘输入 10 个数据，分别统计正数之和及负数之和。

操作步骤：

(1) 在 VB 环境中，单击"文件/新建工程"命令。在新建的窗体上添加 3 个标签、2 个文本框、1 个图片框及 2 个命令按钮，并按图 5-6 调整各控件间的相对位置。

(2) 设置相关控件的属性，如表 5-3 所示。

(3) 编写程序代码如代码 5-7 所示。

(4) 按 F5 功能键，运行程序。单击"输入"按钮，在弹出的对话框中分别输入 10 个数据，显示在图片框中，再单击"计算"按钮，即可求出正数之和与负数之和，并分别显示在文本框 1 和文本框 2 中，其结果如图 5-6 所示。

表 5-3　各控件的相关属性设置

控件名称	属性名	属性值	说　明
Label1	Caption	输入的数据	标题
Label2	Caption	正数之和	标题
Label3	Caption	负数之和	标题
Command1	Caption	输入	标题
Command2	Caption	计算	标题
Picture1	FontSize	18	字体大小
Text1	Text	空	不输入文字
Text2	Text	空	不输入文字

代码 5-7

```
Option Base 1
Dim A(10) As Integer '定义所有事件过程可共享的数组
Private Sub Command1_Click()
 Dim i%
 For i = 1 To 10
   A(i) = InputBox("请输入数据：")
   Picture1.Print A(i);
 Next i
End Sub
Private Sub Command2_Click()
 Dim i%, Psum%, Nsum%
 For i = 1 To 10
   If A(i) >= 0 Then
     Psum = Psum + A(i)        '求正数之和
   Else
     Nsum = Nsum + A(i)        '求负数之和
   End If
 Next i
 Text1.Text = Str(Psum)
 Text2.Text = Str(Nsum)
End Sub
```

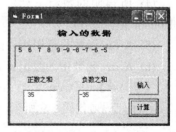

图 5-6　运行结果

2．用数组名直接赋值

除了用循环语句可以将一个数组中的所有元素的值赋给另外一个数组的所有元素外，还可通过数组名直接赋值的方法完成上述操作。

【例 5-8】用静态数组 ww 元素的值给动态数组 yy 赋值。

程序代码如代码 5-8 所示，运行结果如图 5-7 所示。

说明：

(1) 通过数组名给数组名赋值的条件是：两个数组的类型相同，且赋值号左边为动态数组，右边为静态数组。

(2) 赋值号左边的动态数组，通过赋值确定大小。

代码 5-8

```
Option Base 1
Private Sub Command1_Click()
Dim ww(5) As Integer
Dim yy() As Integer        'yy为动态数组
For i = 1 To 5
    ww(i) = i + 2
Next i
yy = ww              '给动态数组的所有元素赋值
For i = 1 To 5
  Print yy(i);
Next i
End Sub
```

图 5-7　运行结果

3. 用 Array 函数给数组元素赋值

利用 Array 函数可以给数组元素赋初值。

格式：

数组变量名=Array(数组元素值)

功能：将括号中的数据依次赋给数组中的各元素，从而达到为数组初始化的目的。

说明：

(1) 使用 Array 函数给数组赋初值时，所声明的数组可说明成 Variant 类型或不说明类型。

(2) 所声明的数组为可调数组，圆括号可省略不写。

(3) 所声明的数组下标的下界值由 Opton Base 语句指定，默认值为 0。

(4) 所声明的数组下标的上界值由 Array( )函数括号内的参数个数决定，也可通过 UBound( )函数获得。

(5) Array 函数只适用于一维数组。

(6) Array 函数中的数组元素值之间以逗号分隔。

【例 5-9】用 Array 函数为数组 C 赋初值。

程序代码如代码 5-9 所示，运行结果如图 5-8 所示。

代码 5-9

```
Private Sub Command1_Click()
Dim c As Variant
  c = Array(4, 5, 3, 7, 2, 9)
For i = LBound(c) To UBound(c)
  Print c(i);
Next i
Print
Print
For i = 0 To 5
  Print c(i);
Next i
End Sub
```

图 5-8　运行结果

4. 将控件的属性值赋给数组元素

【例 5-10】根据提示分别将 5 个数据通过文本框赋给一维数组 w，单击输入框中的"确定"按钮完成每次的输入操作；单击显示框中的"确定"按钮，在图片框中输出数组 w 中所有元素的值。

操作步骤：

(1) 设计用户界面：

① 在 VB 环境中，单击"文件/新建工程"命令。在新建的窗体上添加 2 个框架，其 Caption 属性分别为"输入"与"显示"。

② 在输入框架中添加 1 个标签；1 个文本框，其 Text 属性为空；1 个按钮，其 Caption 属性为"确定"。

③ 在显示框架中添加 1 个图片框，其 FontSize 属性为 18；1 个按钮，其 Caption 属性为"确定"。

(2) 编写程序代码，如代码 5-10 所示。

(3) 按 F5 功能键，运行程序。运行结果如图 5-9 所示。

图 5-9 运行结果

代码 5-10

```
Dim w%(5), i As Integer        '定义模块级数组w和变量i
Private Sub Command1_Click() '单击一次输入一个数据
If i <= 5 Then
    w(i) = Text1.Text          '将文本框中的数据放入数组元素中
    Text1.Text = ""            '文本框清空
    i = i + 1
    If i > 5 Then
      Label1.Caption = "数据输入完毕！"
    Else
        Label1.Caption = "请输入第" & i & "个数据"
    End If
End If
End Sub
Private Sub Command2_Click()  '显示数组中的数据
For i = 1 To 5
 Picture1.Print w(i);
Next i
End Sub
Private Sub Form_Load()
i = 1                         '计数器i初始化
Label1.Caption = "请输入第" & i & "个数据"
End Sub
```

5.4.2 数组元素的输出

数组元素的输出指的是：在程序的运行期间，将内存中的数据，送入窗体、图片框、文本框等控件中。数组元素的输出可以采用以下 3 种方法：

(1) 用 Print 方法将数组元素的值输出到窗体上或图片框中。

如例 5-9 中的语句：　　For i = 0 To 5

　　　　　　　　　　　　Print c(i);

　　　　　　　　　　Next i

则是利用循环并结合 Print 语句将数组元素的值依次输出在窗体上。

再如例 5-10 中的语句：For i = 1 To 5

　　　　　　　　　　Picture1.Print w(i);

　　　　　　　Next i

则是利用循环并结合 Print 语句将数组元素的值依次输出在图片框中。

(2) 用赋值语句将数组元素的值显示于标签框、文本框或其他控件上。

【例 5-11】求数组中的最大元素及下标。

操作步骤：

① 在 VB 环境中，单击"文件/新建工程"命令。在新建的窗体上添加 3 个标签，它们的 Caption 属性分别为：输入的数据、最大值、下标值，Autosize 属性为真；2 个文本框，其 Text 属性为空；1 个按钮，其 Caption 属性为求最大值；1 个图片框，其 FontSize 属性为 20。

② 编写程序代码，如代码 5-11 所示。

③ 按 F5 功能键，运行程序。单击"求最大值"按钮后，系统弹出提示框，提示用户输入数据，程序将输入的 5 个数据显示在图片框中，求出的最大值，显示在文本框 1 中，下标显示在文本框 2 中。运行结果如图 5-10 所示。

代码 5-11

```
Option Base 1
Private Sub Command1_Click()
  Dim tt(7) As Integer
  For i = 1 To 5
    tt(i) = InputBox("请输入数据：")
    Picture1.Print tt(i);
  Next i
  tt(6) = tt(1)    'tt(6)元素用来存放最大值
  tt(7) = 1        'tt(7)元素用来存放最大值的下标
  For i = 2 To 5
    If tt(6) < tt(i) Then
        tt(6) = tt(i)
        tt(7) = i
    End If
  Next i
  Text1.Text = Str(tt(6))
  Text2.Text = Str(tt(7))
End Sub
```

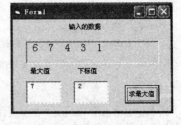

图 5-10　运行结果

(3) 用 For Each … Next 语句输出。

格式：

For Each 成员 in 数组

　　　…

　　　[Exit For]

　　　…

Next [成员]

功能：For Each … Next 语句主要用于对数组或集合中的元素逐一进行循环控制操作。

说明：

① "成员"必须是一个变体变量名，为循环而设，表示某个数组元素的值。

② "数组"仅为一个数组名，不需括号、上界、下界等。

③ 从 For Each 语句到 Next 语句之间的语句为循环体，可用 Exit For 语句直接跳出循环。

该语句的执行过程：

① 首先计算数组元素的个数，决定循环的次数。

② 每次执行循环体之前先将数组的一个元素的值赋给成员，第 1 次是第 1 个数组元素，第 2 次是第 2 个数组元素，依次类推。

③ 执行循环体后，转到②。

④ 遍历完每一个数组元素或遇到 Exit For 语句，则退出该循环。

【例 5-12】用 For Each … Next 语句输出数组元素。

程序代码如代码 5-12 所示，运行结果如图 5-11 所示。

代码 5-12

```
Option Base 1
Private Sub Command1_Click()
  Dim ww(8) As Integer
  Dim mem As Variant    '成员变量为变体型
  For i = 1 To 8
    ww(i) = i * 2 + 1
  Next i
  Print "用普通循环方法在窗体上输出: "
  For i = 1 To 8
    Print ww(i);
  Next i
  Print
  Print
  Print "用For Each…Next在窗体上输出: "
  For Each mem In ww
    Print mem;
  Next mem
End Sub
```

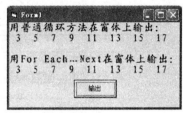

图 5-11　运行结果

5.5　控件数组

5.5.1　控件数组的概念

一组完成类似功能且类型相同的控件，将它们组合起来，以控件的名称作为数组名，并给各个控件冠以不同的下标，所组成的数组，称之为控件数组。数组中的某个元素，代表某一个具体的控件，所完成的功能与独立的控件几乎一样。

引入控件数组有其独到之处，下面以一个例子来说明：在窗体上添加 3 个命令按钮，用来控制显示 3 种颜色，如果是独立的 3 个命令按钮，则需要写 3 个类似的事件代码。而让这 3 个命令按钮组成一个控件数组，则只需写一个事件过程，系统会自动地将控件的下标作为实参传给事件过程中的形参 Index，通过 Index 的值来区分具体触发事件的某个控件。

【例 5-13】建立一个含有 3 个命令按钮的控件数组，当单击某个命令按钮时，标签的背景分别显示不同的颜色。

操作步骤：

(1) 设计用户界面。

① 在 VB 环境中，单击"文件/新建工程"命令。在新建的窗体上添加一个标签 Label1 和一个命令按钮 Command1 (注意：此时按钮的 Index 属性为空)。

② 选取 Command1 对象，按快捷键"Ctrl + C"复制，再按快捷键"Ctrl + V"粘贴，系

统弹出对话框提示：

己经有一个控件为"Command1"，创建一个控件数组吗？

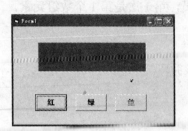

图 5-12　运行结果

③ 单击"是"按钮，窗体上增加一个属性基本相同的命令按钮(注意：此时第 1 个按钮的 Index 属性为 0；第 2 个按钮的 Index 属性为 1)。

④ 再按快捷键"Ctrl + V"粘贴，复制一个命令按钮，其 Index 属性自动为 2。

(2) 设置相关控件的属性，如表 5-4 所示。

(3) 编写程序代码，如代码 5-13 所示。

(4) 按 F5 功能键运行程序。其运行结果如图 5-12 所示。

表 5-4　各控件的相关属性设置

控件名称	属性名	属性值	说　　明
Label1	Caption	控件数组	标题
	BorderStyle	1	带有单边框
	Font	"隶书"、48	字体、字号
Command1	Index	0	数组下标值
	Caption	红	标题
Command1	Index	1	数组下标值
	Caption	绿	标题
Command1	Index	2	数组下标值
	Caption	蓝	标题

代码 5-13

```
Private Sub Command1_Click(Index As Integer)
Select Case Index
  Case 0
    Label1.BackColor = RGB(255, 0, 0)
  Case 1
    Label1.BackColor = RGB(0, 255, 0)
  Case 2
    Label1.BackColor = RGB(0, 0, 255)
  End Select
End Sub
```

5.5.2　控件数组的建立

建立控件数组的方法有 2 种。

1. 在界面设计时建立

由例 5-13 可知，创建控件数组的方法如下：

(1) 先创建数组中的第 1 个控件(注意：此时控件的 Index 属性值为空)。

(2) 选取该控件复制，再粘贴。系统自动提示："是否创建一个控件数组吗？"。

(3) 单击"是"按钮，窗体上自动增加一个属性基本相同的控件(注意此时第 1 个控件的 Index=0，新增控件的 Index=1)。

(4) 继续粘贴，便会产生一系列属性基本相同，而只有 Index 属性不同的一组控件，即控件数组。

2. 在程序运行时增加控件数组元素

创建控建数组不仅能像例 5-13 那样, 通过复制和粘贴, 由系统自动地建立; 也可以通过人工设置加编程命令的方法来完成。其具体的操作如下:

(1) 在窗体上添加第 1 个控件, 将其 Index 属性设置为 0, Visible 属性设置为 False。

(2) 在编写事件代码中, 用 Load 方法添加新的控件数组元素, 并将其 Visible 属性设置为 True; 用 UnLoad 方法可以删除控件数组元素。

(3) 要注意新添加控件数组元素的位置, 即要设置其 Left 属性和 Top 属性。

(4) 当程序运行时, 则会根据编程中的命令, 添加或删除控件。

Load 语句的一般格式为:

Load 控件数组名(下标)

其中, 控件数组名为控件名称, 如 Label1、Command1、Picture1 等, 下标为 1、2、3、4 等。

UnLoad 语句的一般格式为:

UnLoad 控件数组名(下标)

【例 5-14】单击"添加图片"按钮, 在窗体上增加一幅图片, 单击"删除图片"按钮, 在窗体上删除一幅图片, 最多显示 4 幅图片。

操作步骤:

(1) 在桌面上, 新建一个名为"例 5-14"的文件夹, 任意搜索 4 幅大小相同的图片放于其中, 将 4 幅图片文件的名称改为 building1.gif、building2.gif、building3.gif、building4.gif。

(2) 在 VB 环境中, 单击"文件/新建工程"命令。在窗体上添加 1 个图片框 Picture1 和 2 个命令按钮。将图片框 Picture1 的 Index 属性设置为 0, Visible 属性设置为 False, 并设置 2 个命令按钮的 Caption 属性为: 添加图片、删除图片。界面如图 5-13(a)所示。

(3) 编写程序代码, 如代码 5-14 所示。

代码 5-14

```
Dim pleft As Integer, i As Integer, n As Integer
Private Sub Command1_Click()
  If n > 3 Then
     MsgBox "只有四幅图, 对不起! "
  Else
   n = n + 1
   Load Picture1(n)       '添加控件数组元素 (装载第n幅图)
   Picture1(n).Left = pleft          '设置图片的位置
   pleft = pleft + Picture1(n).Width + 100  '准备下一张图的位置
   Picture1(n).Picture = LoadPicture(App.Path & "\building" & _
   n & ".gif")
   Picture1(n).Visible = True        '让图片框可见
  End If
End Sub
Private Sub Command2_Click()
  If n > 0 Then
     Unload Picture1(n)  '删除添加的控件数组元素 (删除第n幅图)
     n = n - 1

     pleft = pleft - Picture1(n).Width - 100 '确定新添图片的位置
  End If
End Sub
Private Sub Form_Load()
  pleft = 500        '第一张图的起始位置
End Sub
```

(4) 将工程文件 5-14.vbp 及窗体文件 5-14.frm 保存于桌面上的"例 5-14"文件夹中。

(5) 按 F5 功能键,运行程序。单击"添加图片"按钮,窗体上增加一幅图,单击 4 次"添加图片"按钮后的界面如图 5-13(b)左图所示。当单击第 5 次时,会自动弹出信息提示框,如图 5-13(b)右图所示。单击"删除图片"按钮,最右边的图片会自动消失。

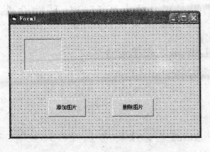

(a) 界面设计状态　　　　　　　　　　　　　　　　　　(b) 运行结果

图 5-13　例 5-14 图示

5.6　自定义类型

数组是将一组类型相同的数据集合起来,以便进行相关的操作。在实际的应用中往往需要将一组类型不同的数据集合起来,如有关一个学生的档案信息包括:姓名、年龄、出生年月、考试成绩等。为此,VB 提供了一种构造类型,允许用户根据需要将不同的基本数据类型(由 VB 系统定义的)组合起来形成新的数据类型,来解决在数据处理过程中所出现的一系列问题。用户自定义的类型,类似于数据库中的一张表的结构。在数据库的操作中,允许用户随意地向表中添加若干条记录,利用自定义的数据类型同样可以声明若干个变量或数组。

5.6.1　用户自定义数据类型

在 VB 中,利用 Type 语句创建用户自定义数据类型。

Type 语句的一般格式为:

[Public |Private]　Type　自定义类型名
　　　成员名 1　as　基本类型
　　　成员名 2　as　基本类型
…
End　Type

功能:创建用户自定义数据类型。

例如,以下的语句定义了一种名为 student 的类型,该类型由 4 个成员组成。

```
Type    student
    Id   as String*8            '学号
    Xm   as String*8            '姓名
    Csny as    Date             '出生年月
    Score as    Single          '成绩
```

End type

说明：

(1) Type 语句一般放在标准模块中，默认是 Public。若在窗体模块中定义，必须是 Private。

(2) 成员名：类似之前所用的变量。其类型及个数决定了自定义类型的存储空间框架的大小。

(3) 自定义类型名：其作用相当于 Integer、String 等类型。如用 Integer 类型所声明的变量占 2 个字节，而用 student 类型所声明的变量占 28 个字节，它是用户自定义数据类型中各成员所占字节之和。

(4) 当成员名的类型是字符型时，应使用定长字符串。

(5) 成员可以是普通变量，也可以是数组。

5.6.2　声明自定义类型的变量

与之前所用的基本类型的变量(在通用声明中，加了 Option explicit 语句)类似，自定义类型变量，也必须先声明后使用。

声明的格式：

Dim　变量名　As　自定义类型名

功能：将变量声明为自定义类型。

例如，声明两个 student 类型的变量 st1、st2：

Dim st1 as student

Dim st2 as student

5.6.3　自定义类型变量的引用

用自定义类型声明过的变量，在编写程序代码中就可以直接引用。其引用的格式为：

自定义类型变量名　.　成员名

其中 "." 为成员运算符。

如 st1.id 为自定义变量 st1 中的成员 id；st2. Score 为自定义变量 st2 中的成员 Score。

【例 5-15】给 st1 变量和 st2 变量赋相同的值，并在窗体上输出。

程序代码如代码 5-15 所示，运行结果如图 5-14 所示。

说明：如果两个变量属于同一个用户自定义类型，可进行整体赋值，如上例中摸 st2=st1 赋值语句。

代码 5-15

```
Private Type student
    Id   As String * 8          '学号
    Xm   As String * 8          '姓名
    Csny  As Date               '出生年月
    Score   As Single           '成绩
End Type
Private Sub Command1_Click()
    Dim st1 As student
    Dim st2 As student
    st1.Id = "20064101"
    st1.Xm = "王小平"
    st1.Csny = #7/23/1988#
```

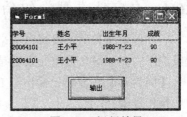

图 5-14　运行结果

```
      st1.Score = 90
      st2 = st1
      Print
      Print "学号", "姓名", "出生年月", "成绩"
      Print "------------------------------------"
      Print st1.Id, st1.Xm, st1.Csny, st1.Score
      Print
      Print st2.Id, st2.Xm, st2.Csny, st2.Score
   End Sub
```

【例 5-16】在同一个窗体模块的通用声明中嵌套定义成员变量。

程序代码如代码 5-16 所示，运行结果如图 5-15 所示。

说明：

(1) 用户自定义类型中的成员的类型也可以定义成其他已经定义过的用户自定义类型，如本例中 student 为自定义类型，而 student 中的成员 data 又为自定义类型。

(2) 如果成员本身又属于自定义类型，则要用成员运算符逐级地找到最低一级的成员，如上例中：

Dim st1 As student　　　　'定义一个 student 类型的变量

st1.Csny.day = 23　　　　'引用最低一级的成员 day

代码 5-16

```
   Private Type data
     month  As Integer
     day  As Integer
     year  As Integer
   End Type
   Private Type student
     Id  As String * 8       '学号
     Xm  As String * 8       '姓名
     '声明为用户自定义类型data的成员变量
     Csny As data           '出生年月
     Score  As Single       '成绩
   End Type
   Private Sub Command1_Click()
    Dim st1 As student, a%, b%, c%
      st1.Id = "20064101"
      st1.Xm = "王小平"
      st1.Csny.year = 1988: a = st1.Csny.year
      st1.Csny.month = 7: b = st1.Csny.month
      st1.Csny.day = 23: c = st1.Csny.day
      st1.Score = 90
      Print
      Print "    姓名", "    出生年月"
      Print "----------------------------------------- "
      Print "  ": st1.Xm, a: "年": b: "月": c: "日"
   End Sub
```

图 5-15　运行结果

5.6.4　自定义类型数组的应用

用户自定义类型不仅可以用来声明变量，还可以用来声明数组。自定义类型数组与普通数组的区别在于每个数组元素都是一个自定义类型的数据。

【例 5-17】在窗体上输出用 InputBox 函数输入的 5 位学生的姓名和成绩。

操作步骤：

(1) 在 VB 环境中，单击"文件/新建工程"命令。在窗体上添加 1 个按钮，它的 Caption 属性为输入并显示。

(2) 编写 Command1 的 Click 事件代码，如代码 5-17 所示。

(3) 在工程资源管理器窗口，鼠标右击，在弹出的快捷菜单中选择"添加/添加模块"命令，在新建的标准模块窗口中输入用户自定义类型如图 5-16(a)所示。

(4) 保存标准模块文件为 5-17.bas，保存工程文件为 5-17.vbp，保存窗体文件为 5-17.frm。

(5) 按 F5 功能键，运行程序。单击"输入并显示"按钮，系统弹出输入提示框，根据提示分别输入 5 位学生的姓名及成绩。其运行结果如图 5-16 (b)所示。

代码 5-17

```
Option Base 1
Private Sub Command1_Click()
Dim ww(5) As student
Dim i%
For i = 1 To 5
  ww(i).xm = InputBox("请输入第" & i & "位同学的姓名：")
  ww(i).score = InputBox("请输入第" & i & "位同学的成绩：")
Next i
Print
Print Tab(5); "姓名"; Tab(15); "成绩"
Print "------------------------------------"
For i = 1 To 5
    Print Tab(5); ww(i).xm; Tab(15); ww(i).score
Next i
End Sub
```

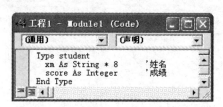

(a) 在标准模块中自定义类型

(b) 运行结果

图 5-16 自定义类型及运行结果

5.7 数组应用举例

【例 5-18】将输入的一维数组的数据颠倒过来。

算法分析: 设数组为 w，共有 7 个数组元素。

W(1)	W(2)	W(3)	W(4)	W(5)	W(6)	W(7)
8	4	6	2	9	3	7
↑ i						↑ j

① 用 i 指向数组的第 1 个元素，用 j 指向数组的最后一个元素；

② 将 i 下标的元素与 j 下标的元素交换；

③ i 加 1，j 减 1；

④ 如果 i<j，执行②；直到 i≥j 为止。

操作步骤：

(1) 在 VB 环境中，单击"文件/新建工程"命令。在新建的窗体上添 2 个标签，它们的 Caption 属性分别为输入的数据、交换后的数据；2 个按钮，它们的 Caption 属性分别为输入、交换；2 个图片框，它们的 FontSize 属性为 20。

(2) 编写程序代码，如代码 5-18 和代码 5-19 所示。

(3) 按 F5 功能键，运行程序。单击"输入"按钮，从键盘上随意输入 7 个数据，显示在 Picture1 框中。单击"交换"按钮，在 Picture2 框中显示交换后的数据。运行结果如图 5-17 所示。

代码 5-18
```
Option Base 1
Dim w(7) As Integer
Dim i%, j%, t%
Private Sub Command1_Click()
 For i = 1 To 7
   w(i) = InputBox("请输入数据：")
   Picture1.Print w(i);
 Next i
End Sub
```

图 5-17　运行界面

代码 5-19
```
Private Sub Command2_Click()
 i = 1
 j = 7
 Do While i < j
   t = w(i)
   w(i) = w(j)
   w(j) = t
   i = i + 1
   j = j - 1
 Loop
 For i = 1 To 7
   Picture2.Print w(i);
 Next i
End Sub
```

【例 5-19】从键盘输入 7 个数字，从小到大排列。

排序是日常生活、学习和工作中非常常见的问题，排序的方法有许多，在此介绍两种常见的排序方法，简单选择排序法和冒泡排序法。

算法分析：选择排序法的基本思想是首先找到数组中的最小数，将其存放在数组的第 1 个元素中；接着找到数组中的次小数，将其存放在数组的第 2 个元素中，依此类推。由此可见本题需要两层循环。其具体的算法如下：

W(1)	W(2)	W(3)	W(4)	W(5)	W(6)	W(7)
8	4	6	2	9	3	7

↑ i　　　↑ j=i+1

① i=1 (准备第 1 轮比较)；

② j=i+1，让 j 指向准备与之比较的元素；

③ 比较两个元素，如果元素 w(i)>w(j)，则交换两个元素，否则不交换；

④ j=j+1，如果 j>7 则转向⑤，结束内循环，否则转向③继续比较，直到内循环结束；

⑤ i=i+1，如果 i<7，则(准备下一轮比较)继续执行②。

冒泡排序算法分析：冒泡排序法的基本思想是从前向后依次比较两个相邻的元素，将大者不断地向后赶，也可从后向前依次比较两个相邻的元素，将小者不断地向前赶，算法如下：

① i=6 (准备第 1 轮比较)；

② j=1，让 j 指向第 1 个元素；

③ 比较两个元素，如果元素 w(j)>w(j+1)，则交换两个元素，否则不交换；

④ j=j+1，如果 j>i，则转向⑤，结束内循环，否则转向③继续比较，直到内循环结束；

⑤ i=i−1，如果 i>0，则(准备下一轮比较)继续执行②。

操作步骤：

(1) 在 VB 环境中，单击"文件/新建工程"命令。在新建的窗体上添 3 个标签，其 Caption 属性分别为：输入的数据、选择排序后的数据、冒泡排序后的数据；3 个按钮，它们的 Caption 属性分别为：输入、选择排序、冒泡排序；3 个图片框，它们的 FontSize 属性为 20。

(2) 编写程序代码，如代码 5-20、代码 5-21 和代码 5-22 所示。

(3) 按 F5 功能键，运行程序。单击"输入"按钮，从键盘上随意输入 7 个数据，在 Picture1 框中显示；单击"选择排序"按钮，在 Picture2 框中显示排序后的数据；单击"冒泡排序"按钮，在 Picture3 框中显示排序后的数据。运行结果如图 5-18 所示。

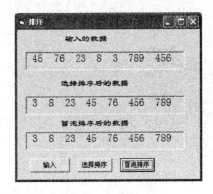

图 5-18　运行结果

代码 5-20

```
Option Base 1
Dim w(7) As Integer
Dim i%, j%, t%
Private Sub Command1_Click()
  For i = 1 To 7
    w(i) = InputBox("请输入数据：")
    Picture1.Print w(i);          '输出要排序的数据
  Next i
End Sub
```

代码 5-21

```
Private Sub Command2_Click()      '定义按钮2单击事件过程
  Dim b(7) As Integer
  For i = 1 To 7
    b(i) = w(i)
  Next i
  For i = 1 To 6                  '简单选择排序法
    For j = i + 1 To 7
    If b(i) > b(i) Then

      t = b(i)
      b(i) = b(j)
      b(j) = t
    End If
  Next j
 Next i
 For i = 1 To 7
   Picture2.Print b(i);           '输出排序后的结果
 Next i
End Sub
```

代码 5-22

```
Private Sub Command3_Click()    '定义按钮3单击事件过程
 Dim a(7) As Integer
 For i = 1 To 7
   a(i) = w(i)
 Next i
 For i = 6 To 1 Step -1           '冒泡排序法
   For j = 1 To i
     If a(j) > a(j + 1) Then
        t = a(j)
        a(j) = a(j + 1)
        a(j + 1) = t
     End If
   Next j
 Next i
 For i = 1 To 7
   Picture3.Print a(i);           '输出排序后的结果
 Next i
End Sub
```

【例 5-20】求矩阵 A 的转置矩阵。

矩阵 A

1	2	3
4	5	6
7	8	9

算法分析: 只需再创建一个和 A 矩阵大小相同的 B 矩阵, 将 A 矩阵的第 1 行放入 B 矩阵的第 1 列, 第 2 行放入第 2 列, 依此类推。

操作步骤:

(1) 在 VB 环境中, 单击 "文件/新建工程" 命令。在新建的窗体上添加 2 个命令按钮, 它们的 Caption 属性分别为: 矩阵 A、矩阵 B; 2 个图片框, 它们的 FontSize 属性为 20。程序界面如图 5-19 所示。

(2) 编写程序代码, 如代码 5-23、代码 5-24 所示。

(3) 按 F5 功能键, 运行程序。单击 "矩阵 A" 按钮, 在 Picture1 框中显示 A 矩阵的数据; 单击 "矩阵 B" 按钮, 在 Picture2 框中显示转置后的数据。运行结果如图 5-19 所示。

代码 5-23

```
Dim A%(1 To 3, 1 To 3), B%(1 To 3, 1 To 3)
Private Sub Command1_Click()
 Dim i%, j%, k%
 k = 0
 For i = 1 To 3
   For j = 1 To 3
      k = k + 1
      A(i, j) = k     '给A数组赋值
   Next j
 Next i
 For i = 1 To 3  '在图片框Picture1中输出A矩阵
   For j = 1 To 3
      Picture1.Print A(i, j);
   Next j
   Picture1.Print
 Next i
End Sub
```

图 5-19　运行界面

代码 5-24

```
Private Sub Command2_Click()
 Dim i%, j%
  For i = 1 To 3     '求A矩阵的转置矩阵
    For j = 1 To 3
      B(i, j) = A(j, i)
    Next j
  Next i
 For i = 1 To 3     '在图片框Picture2中输出B矩阵
   For j = 1 To 3
     Picture2.Print B(i, j);
   Next j
   Picture2.Print
 Next i
End Sub
```

【例 5-21】在一个二维数组中查找某个整数，若找到就显示该元素及其数组下标，若未找到则给出提示。

算法分析：将要查找的数与数组中的元素依次逐个比较，如果相等，则显示该元素及其下标；如果不等，则向下继续查找，直至最后一个元素仍不相等，则给出提示未找到。

操作步骤：

(1) 在 VB 环境中，单击"文件/新建工程"命令。在新建的窗体上添加 2 个图片框，它们的 FontSize 属性为 20；1 个命令按钮，它的 Caption 属性为查找；1 个文本框，它的 Text 属性为空；1 个标签，它的 Caption 属性为请输入要查找的数据；程序界面如图 5-20 所示。

(2) 设置 Picture1 控件的 AutoRedraw 属性为 True。

(3) 编写程序代码，如代码 5-25、代码 5-26 所示。

(4) 按 F5 功能键，运行程序。执行 Form_Load 事件后自动在 Picture1 框中显示二维数组的数据。在文本框中输入要查找的值，单击"查找"按钮，在 Picture2 框中显示找到数据的下标。

注意，如果 Picture1 控件的 AutoRedraw 属性为 False，则程序运行时，在图片框中无法显示数据。

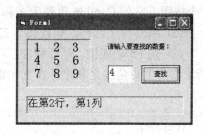

图 5-20　运行结果

代码 5-25

```
Option Base 1
Dim ww%(3, 3), i%, j%, n%
Private Sub Command1_Click()
 Dim t As Boolean
 Picture2.Cls
 t = False
 n = Val(Text1.Text)          '要查找的数据
 For i = 1 To 3
   For j = 1 To 3
     If ww(i, j) = n Then
       '输出找到数据的下标

       Picture2.Print "在第" & i & "行，第" & j & "列"
       t = True
     End If
   Next j
 Next i
 If Not t Then Picture2.Print "没有您要找的数据！"
End Sub
```

代码 5-26

```
Private Sub Form_Load()
Dim k%
k = 0
'给数组赋初值并在Picture1框中显示
For i = 1 To 3
   For j = 1 To 3
      k = k + 1
      ww(i, j) = k
      Picture1.Print ww(i, j);
   Next j
   Picture1.Print
Next i
End Sub
```

【例 5-22】分别求下列矩阵两个对角线元素之和。

$$
\begin{array}{ccc}
1 & 2 & 3 \\
4 & 5 & 6 \\
7 & 8 & 9
\end{array}
$$

算法分析：i 代表行，j 代表列。主对角线上所有元素的下标都满足条件：i=j。当数组下标的下界为 1 时，辅对角线上所有元素的下标都满足条件：i+j=n+1。其中 n 为矩阵的大小。

操作步骤：

(1) 在 VB 环境中，单击"文件/新建工程"命令。在新建的窗体上添加 2 个标签，它们的 Caption 属性分别为：主对角线之和、辅对角线之和；2 个文本框，它们的 Text 属性为空；1 个按钮，它的 Caption 属性为求和；1 个图片框，它的 FontSize 属性为 20。

(2) 编写程序代码，如代码 5-27、代码 5-28 所示。

(3) 按 F5 功能键，运行程序。左上角的图片框中显示矩阵数据，单击"计算"命令按钮，所求出的主对角线之和显示在文本框 1 中，辅对角线之和显示在文本框 2 中。运行结果如图 5-21 所示。

代码 5-27

```
Option Base 1
Dim ww%(3, 3), i%, j%, zsum%, fsum%
Private Sub Command1_Click()
   For i = 1 To 3
      For j = 1 To 3
         '求主对角线之和:
         If i = j Then zsum = zsum + ww(i, j)
         '求辅对角线之和:
         If i + j = 4 Then fsum = fsum + ww(i, j)
      Next j
   Next i
   Text1 = Str(zsum)
   Text2 = Str(fsum)
End Sub
```

图 5-21　运行结果

代码 5-28

```
Private Sub Form_Load()
Dim k%
k = 0
'给数组赋初值并在Picture1框中显示
For i = 1 To 3
   For j = 1 To 3
      k = k + 1
      ww(i, j) = k
```

```
      Picture1.Print ww(i, j):
    Next j
    Picture1.Print
  Next i
End Sub
```

【例 5-23】求下列两个矩阵之和。

	矩阵 A				矩阵 B	
1	2	3		0	1	2
4	5	6		3	4	5
7	8	9		6	7	8

算法分析：只需再创建一个相同大小的数组，将两矩阵中对应的元素之和放入其中。

操作步骤：

(1) 在 VB 环境中，单击"文件/新建工程"命令。在新建的窗体上添加 5 个标签，它们的 Caption 属性分别为：+、=、A 矩阵、B 矩阵、C 矩阵；3 个图片框，属性取默认值。1 个按钮，它的 Caption 属性为：求和。

(2) 编写程序代码，如代码 5-29 所示。

代码 5-29

```
Option Base 1
Dim A%(3, 3), B%(3, 3), C%(3, 3), i%, j%
Private Sub Command1_Click()
 For i = 1 To 3
  For j = 1 To 3
   C(i, j) = A(i, j) + B(i, j)
   Picture3.Print Tab((j - 1) * 5); C(i, j);
  Next j
  Picture3.Print
 Next i
End Sub

Private Sub Form_Load()
Dim k%, t%
k = 0: t = -1
For i = 1 To 3
   For j = 1 To 3
    k = k + 1: t = t + 1
    A(i, j) = k      '给A数组赋初值并在Picture1框中显示
    B(i, j) = t      '给B数组赋初值并在Picture2框中显示
    Picture1.Print A(i, j);
    Picture2.Print B(i, j);
   Next j
   Picture1.Print: Picture2.Print
Next i
End Sub
```

(3) 按 F5 功能键，运行程序。左边两个图片框分别显示 A 矩阵和 B 矩阵的数据，当单击"求和"命令按钮，在右边的图片框中显示矩阵求和的结果。运行结果如图 5-22 所示。

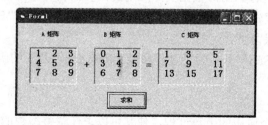

图 5-22 运行结果

第 6 章 过　　程

本章学习目标

➢　掌握模块化的程序设计方法
➢　掌握过程、函数的定义和使用
➢　掌握参数的传递方式，变量和过程的作用域
➢　学会利用过程和函数进行程序的开发

本章简要介绍模块化的程序设计方法的意义和作用，重点介绍子过程和函数的定义、使用以及参数的传递，变量、过程的作用域，并结合实例介绍利用子过程和函数进行程序开发的过程。

6.1　引言

VB 的应用程序是由过程组成的，到目前为止，已经使用了 VB 环境提供的内部函数过程(如 sqr 等)，同时也使用了 VB 环境的事件过程(如 click 等)。在用 VB 编程时，开发人员除进行界面设计外，大部分的工作是编写程序代码，但在为一个实际问题编写代码的过程中，会遇到一些比较复杂的问题，利用简单的内部函数过程和事件过程往往不能解决问题。此时，根据应用的复杂程度，往往需要将应用程序按功能或目的划分为若干个模块，而根据具体情况又可将各个模块继续划分为子模块，直到一个适当的难度为止，即将问题自上而下逐步细化，分层管理。将模块划分为子模块主要有如下优点：

(1) 便于调试和维护。将一个复杂的问题分解为若干个子问题，降低每一个子问题的复杂程度，使每一个子问题的功能相对稳定，便于程序的调试和维护。

(2) 提高了代码的利用率。当多个事件过程都需要使用一段相同的程序代码时，可将这段程序代码独立出来，作为一个独立的过程。它可以单独建立，也可以被其他事件过程调用，成为一个可重复使用的独立的过程，提高了代码的利用率。

在 VB 中，过程有 2 种：

(1) 由系统提供过程。系统提供的内部函数过程和事件过程，其中事件过程是构成 VB 应用程序的主体，应用程序的设计基本上就是对事件过程的设计。

(2) 由用户自定义过程。用户根据实际应用的需要而自行设计的过程，这样的过程称为"通用过程"。通用过程分为两类：函数过程和子程序过程，即以"Function"保留字开始的函数过程和以"Sub"保留字开始的子过程。

本章主要介绍以"Sub"开头的子过程和以"Function"开头的函数过程。

6.1.1　引例

【例 6-1】编写一个通用的函数过程，使其可以求任意整型数的阶乘，即 n!，并利用这

个函数过程解决 5!+6!+7!的问题。

解题分析：编写 2 个模块：

(1) 通用的 Function 函数模块，其名为 jiechen，在 Function 函数模块中，实现了任意给定参数 n，即可求出 n!，并将计算结果通过函数名 jiechen 返回，从而使得 jiechen 函数模块具有一定的通用性。

(2) 窗体单击的事件模块，在窗体的事件模块中，3 次调用 Function 函数模块计算阶乘，每次调用时，分别为参数 n 赋予了不同的数据 5、6、7，即可得到不同的数据的阶乘，并将 3 次调用的结果相加，以得到最终的结果。

编写程序代码，如代码 6-1 所示，其运行结果如图 6-1 所示。

代码 6-1

```
Public Function jiechen(n%) As Single   '定义函数过程
  Dim i%                      '定义循环变量
  jiechen = 1                 '设阶乘初值为1
  For i = 1 To n              'n为形参，由调用函数决定
    jiechen = jiechen * i     '不断累乘
  Next i                      '将阶乘值存放在函数名中
End Function                  '带回阶乘值

Private Sub Form_click()
  Dim a!, b!, c!
  a = jiechen(5)              '以实参5调用函数过程jiechen
  b = jiechen(6)              '以实参6调用函数过程jiechen
  c = jiechen(7)              '以实参7调用函数过程jiechen
  Print
  Print "5!+6!+7!=";
  Print a + b + c             '输出结果
End Subl
```

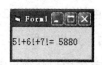

图 6-1　运行结果

【例 6-2】编写函数过程，使其可以求 e 的任意次幂，即 e^x，并利用这个函数过程求解 $\dfrac{e^x + e^{-x}}{2}$ 的值。$e^x = 1 + x + \dfrac{x^2}{2!} + \dfrac{x^3}{3!} + \cdots$

解题分析：编写 2 个模块：

(1) 通用的 Function 函数模块，其名为 exmi，在 Function 函数模块中，实现了任意给定参数 x 和 n，即可求出 e^x，并将计算结果通过函数名 exmi 返回，从而使得 exmi 函数模块具有一定的通用性。

(2) 窗体单击的事件模块。在窗体的事件模块中，2 次调用 Function 函数模块计算 e^x 和 e^{-x}，每次调用时，分别为参数赋予了不同的数据，即可得到不同的结果，并将 2 次调用的结果进行处理，以得到最终的结果。

编写程序代码，如代码 6-2 所示，运行结果如图 6-2 所示。

代码 6-2

```
Public Function exmi(x!, n%) As Single    '定义函数过程
  Dim i%, t!                  '定义循环变量和中间项
  exmi = 1                    '设初值为1
  t = 1                       '设中间项初值为1
  For i = 1 To n              'n、x为形参，由调用函数决定
    t = t * x / i             '不断累乘求中间项
    exmi = exmi + t           '不断累加
  Next i                      '将结果值存放在函数名中
End Function                  '带回结果值
```

```
Private Sub Form_click()
  Dim a!, b!, x!, n%
  x = Val(Text1.Text)              '取文本框1的数据
  n = Val(Text2.Text)              '取文本框2的数据
  a = exmi(x, n)                   '以实参x和n调用函数过程exmi
  b = exmi(-x, n)                  '以实参-x和n调用函数过程exmi
  Text3.Text = (a + b) / 2         '将计算结果显示在文本框3中
End Sub
```

图 6-2　运行结果

6.1.2　过程的定义与使用

由例 6-1 和例 6-2 可见，利用用户自定义的子过程解决问题，必须解决 2 个方面的问题：

1. 定义过程

首先用户必须自定义一个子过程，这个子过程通常可以完成一个特定的功能，该子过程以一个名字来标识，可以被其他过程调用，其名字后面的变量表称为形式参数。用户自定义子过程在形式上与事件过程的区别是：事件过程的名字是有一定规律的，即控件名_事件名，而用户自定义的过程名则由用户自己定义。

2. 调用过程

图 6-3　执行过程

用户自定义的子过程可以完成某功能，但用户自定义过程只有在被其他过程调用时才启动执行，调用时名字后面的变量表称为实际参数，而事件过程虽然可以被其他过程调用，但只在用户触发该事件后启动。用户自定义的过程调用分 3 个步骤：

(1) 主调过程将实际参数传递给形式参数，带进被调过程，此时，形式参数从实际参数中获得了数值。

(2) 启动被调过程，执行被调过程中的语句，完成被调过程的功能，此时主调过程被中断。

(3) 在执行被调过程的过程中，遇到返回语句，返回主调过程，此后主调过程可利用返回的结果。其执行过程如图 6-3 所示。

6.2　函数过程

6.2.1　函数过程的定义

1. 函数过程定义格式

函数过程定义格式如下：

[Static][Public|Private]Function 函数过程名[((参数列表)][As 类型]

　　　　　语句块

　　　　　…

　　　　　函数名=返回值

　　　　[Exit Function]

　　　　　…

　　　　　语句块

　　　　　函数名=返回值

End Function

功能：定义一个函数过程

说明：

(1) 函数过程的定义由 Function 开始，由 End Function 结束。

(2) [Static][Public][Private]的含义与作用在 6.5 节中具体介绍。

(3) 函数过程名的命名规则与变量名的命名规则相同。

(4) 参数列表也称形参或哑元，它列出其他过程与本过程进行参数传递和交换的形式参数，当参数数量大于等于 2 时，则参数之间必须用“,”隔开。形参只能是变量名或数组名，在函数定义时，它们无值，只代表了参数的个数、类型、顺序；在调用时才获得相应的值。函数过程可以无参数，即使无参数，函数名后的括号()也不能省略，括号()是函数的标志。

(5) 在参数列表中，可通过在参数前加关键字 Byval 定义此参数的传递为值传递，加关键字 ByRef 定义此参数的传递为地址传递，参数传递的默认方式为地址传递(ByRef 可省略)。

(6) Exit Function 的作用是在函数过程中的任意位置终止函数的运行而退出该函数。

(7) As 类型，指定该函数的返回值的类型。

(8) 语句块为符合 VB 语法的一条语句或多条语句。

(9) 函数名=返回值。函数过程必须返回函数值，而函数名就代表了函数值，因此函数名有类型，有值，其在函数体内至少应被赋值一次，若不被赋值则默认返回值为 0(数值型函数)，或空串(字串型函数)或空值(可变类型函数)。函数名本身就是一个变量，故函数名可像变量一样在函数体内使用，其类型即为格式“As 类型”中所定义的类型。

(10) 函数过程定义的函数体内不允许定义其他的函数过程和子过程，即不允许嵌套定义，但可以调用其他的过程。如例 6-1 的程序代码：

```
'定义函数过程，其名为 jiechen，类型为单精度浮点形
Public Function jiechen(n%) As Single    '参数为 n，类型为整形
    Dim i%                               '定义循环变量
    jiechen = 1                          '设阶乘初值为 1
    For i = 1 To n                       'n 为形参，其值本函数不能确定，由调用函数决定
        jiechen = jiechen * i            '也正因为不确定，使其具有了通用性
    Next i                               '不断累乘，将阶乘值存放在函数名中
End Function                             '函数结束，带回函数值
```

此代码定义了一个通用的函数过程，可以求一个任意整数 n 的阶乘，但它不会自动执行，只能被某个过程调用，且调用时，必须为参数 n 赋值，否则函数的功能无法实现。

2. 函数过程定义的方法

定义函数过程的常用方法有两种：

(1) 利用代码窗口手工输入方式建立子过程，具体操作方法是：在窗体/标准模块的代码窗口中直接输入函数过程的代码即可。

(2) 通过 VB 系统菜单来建立，具体步骤如下：

① 单击系统菜单中"工具"/"添加过程"，打开"添加过程"对话框如图 6-4(a)所示。

② 在名称框中，输入建立的过程名，如 jiechen。

③ 在类型栏内，选择添加过程的类型，如函数、子过程等。

④ 在范围栏内，选择添加过程的适用范围，如果选择"公有的"，所建立的过程适合于本工程内所有的窗体模块；如果选择"私有的"，所建立的过程只能应用于本窗体/标准模块。

⑤ 单击"确定"按钮，VB 环境为用户建立了一个函数过程的模板，如图 6-4(b)所示，即可在模板中书写程序代码。

(a) "添加过程"对话框　　　　　　　　　　　　　(b) 建立的函数过程的模板

图 6-4　函数过程的定义

6.2.2　函数过程的调用

函数过程定义完成后，要使用这些函数过程就必须调用它；只有调用才能使函数过程启动执行，才能获得函数的值。函数过程的调用很简单，与调用系统内部函数一样。函数过程的调用一般放在表达式中赋值号"＝"的右边，将它看成某种类型的值(返回类型)而参加表达式的运算；或放在任何可以出现数值的地方。

常用形式如下：

变量名 ＝ 函数过程名(实参列表)

或 **print 函数过程名(实参列表)**

说明：

(1) 实参列表，是指与形参相对应的需要传递给函数过程的值或变量的引用地址，当参数多于 2 个时，它们之间与形参一样用逗号(,)隔开。

注意，实参的个数、类型、顺序应与相应的形参保持一致。

(2) 由于函数过程名返回一个函数值，因此函数过程的调用不能作为单独的语句，必须作为表达式或表达式中的一部分参加运算，如例 6-1 的程序代码：

```
Private Sub Form_click()    '定义窗体单击事件
    Dim a!, b!, c!
```

```
a = jiechen(5)          '以实参 5 调用函数过程 jiechen
b = jiechen(6)          '以实参 6 调用函数过程 jiechen
c = jiechen(7)          '以实参 7 调用函数过程 jiechen
Print
Print "5!+6!+7!=";
Print a + b + c         '输出结果
End Sub
```

其中 a = jiechen(5)即为函数的调用语句，表明需要调用函数名为 jiechen 的函数，且它的形参赋值为 5，满足了函数对参数的要求，调用后将返回的结果赋给 a，以便调用过程的需要。

【例 6-3】编写一个函数过程，统计一串字符中某个字符的出现次数，并在调用函数中调用它，以得到结果。

解题分析：编写两个过程：

(1) 通用的函数过程。此函数可以通过参数接收任意一串字符和一个待查找的字符，用函数过程实现查找和统计功能，并将查找结果赋给函数名。

(2) 按钮单击事件过程。用按钮单击事件过程启动程序执行，在按钮单击事件过程中将需要查找的字符和字符串传递给函数过程，调用函数过程进行查找和统计，并将调用结果带回按钮单击事件过程进行显示。

操作步骤：

(1) 在 VB 环境中，单击"文件/新建工程"命令。在新建的窗体上添加个标签，3 个文本框，1 个命令按钮，并依图 6-5 调整各控件间的相对位置和大小。

(2) 设置各相关控件的属性，如表 6-1 所示。

表 6-1 各相关控件的属性设置

控件名称	属性名	属性值	说　明
Label1	Caption	输入字符串	标题
Label2	Caption	查找字符	标题
Label3	Caption	出现次数	标题
Command1	Caption	统计	标题
Text1	Text	空	
Text2	Text	空	
Text3	Text	空	

(3) 编写程序代码，如代码 6-3、代码 6-4 所示。

代码 6-3

```
'定义函数过程，函数名为tongji，为整形；参数为str和s，为字符串
Public Function tongji(str$, s$) As Integer
   Dim k%, i%                    '设变量k代表个数为整形，
   k = 0                         '个数的初始值为0
   For i = 1 To Len(str)         '循环依次遍历每个字符
     If Mid(str, i, 1) = s Then  '判断是否与检测字符相等
       k = k + 1                 '如果相等则计数
     End If
   Next i
   tongji = k                    '将结果赋给函数名
End Function
```

代码 6-4

```
Private Sub Command1_Click()      '定义按钮单击事件过程
    Dim c1$, c2$, m%              '定义变量
    c1 = Text1.Text              '取出文本框1为原串
    c2 = Text2.Text              '取出文本框2为查找字符
    m = tongji(c1, c2)           '调用函数过程进行查找
    Text3.Text = m               '将返回结果在文本框3中显示
End Sub
```

(4) 按 F5 功能键，运行程序。用户输入字符串和查找字符，单击"统计"按钮，程序统计查找字符在输入字符串中的出现次数，结果显示在 Text3 中，界面如图 6-5 所示。

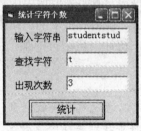

图 6-5　运行界面

6.3　Sub 过程

6.3.1　Sub 过程的定义

1．Sub 过程定义格式

Sub 过程定义格式如下：

[Static][Public | Private]Sub 过程名(参数表列)

    语句块

    [Exit Sub]

    语句块

End Sub

说明：

(1) 在 VB 中，Sub 过程又称为子过程。

(2) 子过程名、参数列表、语句块等与函数过程的要求基本相同。

(3) 子过程定义格式中"Sub 过程名"和"End Sub"是必不可少的，子过程由"Sub"开始定义，由 End Sub 结束，在这两者之间的程序便是能完成某个功能的程序主体。

(4) 在子过程中如果没有形参，调用时括号()必须省略。

2．Sub 过程定义的方法

Sub 过程定义的方法与函数过程定义的方法相同。

3．函数过程与 Sub 过程的区别

函数过程与 Sub 过程的主要区别有：

(1) 函数过程名是一个变量，它有值，有类型，在函数体中至少被赋值一次，并通过它

可带回一个结果；而 Sub 过程名仅仅是 Sub 过程的名，它无值，无类型，在 Sub 过程体内不能赋值，不能通过它带回结果，因此 Sub 过程若要带回结果，必须通过其他途径。

(2) 调用形式不同。函数过程的调用以一个变量或表达式的形式出现，其调用不能作为独立的语句，只能作为表达式中的一个因子；而 Sub 过程的调用用一个独立的 Call 语句实现。

6.3.2　Sub 过程的调用

Sub 子过程的调用有两种格式：

Call　过程名 (实参列表)

或　过程名　实参列表

说明：

(1) 实参列表，与函数过程的调用的规定基本一致，实参的个数、类型、顺序应与相应的形参保持一致，子过程中如果没有形参，则调用中也无实参。

(2) 第 2 种调用方式与第 1 种相比，结果一样，只是去掉 Call 和一对括号( )。

【例 6-4】编写 2 个 Sub 子过程：编写 Sub 子过程 daying1 时，打印一行"–"信息，编写 Sub 子过程 daying2 时，打印两个"|"。这 2 个 Sub 子过程不需要参数，因此参数表为空，在窗体单击事件过程中，分别调用这两个子过程，以打印一个图形。

程序运行界面如图 6-6 所示，程序代码如图代码 6-5 所示。

代码 6-5

图 6-6　运行界面

```
Private Sub Form_click() '定义窗体单击事件过程
    Print
    Print " 输出图形"
    Call daying1          '调用子过程daying1
    Call daying2          '调用子过程daying2
    Call daying1          '调用子过程daying1
    End Sub
Public Sub daying1() '定义子过程
    Print " ----------"
End Sub
Public Sub daying2()      '定义子过程
    Print "|           |"
End Sub
```

【例 6-5】"例 6-3"是统计一串字符中某个字符的出现次数，并在调用函数中调用它，并改为用一个子过程实现。

解题分析：在子过程中，仍然取子过程名为 tongji，但子过程名 tongji 仅仅是一个过程名，不能代表任何数值，因此在子过程中增加了一个整形参数 k，用于存放子过程的统计结果，其定义语句为：

Public　Sub　tongji (k% , str$, s$)

在窗体单击事件过程中，调用子过程 tongji 的语句为：

Call　tongji (m , c1 , c2)

其中，m 用于带回统计的个数，c1 和 c2 用于带进检测字符。

其运行结果如图 6-5 所示，程序代码如代码 6-6、代码 6-7 所示。

代码 6-6

```
'定义子过程，子过程名为tongji，为整形；参数为str和s，为字符串
Public Sub tongji(k%, str$, s$)    '参数k用于统计字符个数为整形
  Dim i%                           '设置循环变量i
  k = 0                            '个数的初始值为0
  For i = 1 To Len(str)            '循环依次遍历每个字符
    If Mid(str, i, 1) = s Then     '判断是否与检测字符相等
      k = k + 1                    '如果相等则计数
    End If
  Next i
End Sub
```

代码 6-7

```
Private Sub Command1_Click()       '定义按钮单击事件过程
  Dim c1$, c2$, m%                 '定义变量
  c1 = Text1.Text                  '取出文本框1为原串
  c2 = Text2.Text                  '取出文本框2为查找字符
  Call tongji(m, c1, c2)           '调用子过程进行查找
  Text3.Text = m                   '将返回结果在文本框3中显示
End Sub
```

【例 6-6】 将例 6-2 的函数过程改为一个子过程，使其可以求 e 的任意次幂，即 e^x，并利用这个子过程求解 $\dfrac{e^x + e^{-x}}{2}$ 的值。

解题分析： 在子过程中，取子过程名为 qiumi，但子过程名 qiumi 仅仅是一个过程名，不能代表任何数值，也不存在类型问题，因此在子过程中增加了一个整形参数 exim，用于存放子过程的累加结果。其定义语句为：

Public Sub qiumi(exmi!, x!, n%)

在窗体单击事件过程中，调用子过程 qiumi 的语句为：

Call qiumi (a ,x ,n)

其中，a 用于带回累加结果，也可称为出口；x 和 n 用于带进参数，也可称为入口。

运行结果如图 6-2 所示，程序代码如代码 6-8 和代码 6-9 所示。

代码 6-8

```
Private Sub Form_click()
  Dim a!, b!, x!, n%
  x = Val(Text1.Text)              '取文本框1的数据
  n = Val(Text2.Text)              '取文本框2的数据
  Call qiumi(a, x, n)              '以实参a，x和n调用子过程qiumi
  Call qiumi(b, -x, n)             '以实参b，-x和n调用子过程qiumi
  Text3.Text = (a + b) / 2         '将计算结果显示在文本框3中
End Sub
```

代码 6-9

```
Public Sub qiumi(exmi!, x!, n%)    '定义子过程，其名为qiumi，有3个参数
  Dim i%, t!                       '定义循环变量和中间项
  exmi = 1                         '设初值为1
  t = 1                            '设中间项初值为1
  For i = 1 To n                   'n、x为形参，由调用函数决定
    t = t * x / i                  '不断累乘求中间项
    exmi = exmi + t                '不断累加
  Next i                           '将结果值存放在变量exmi中
End Sub
```

说明：

(1) 如果仅仅为实现一个动作，而无任何返回结果，只能用子过程实现。

(2) 如果需要返回一个结果，既可用函数过程实现，也可用子过程实现。

(3) 如果需要返回多个结果，可用子过程实现，也可用函数过程实现，同时必须结合其他的形式，如全局变量、传地址等形式。

6.4　参数的传递

从以上几个例子可以看出，利用过程解决问题，不是靠某一个模块就能够解决，而需靠几个模块配合共同解决问题。每个模块不仅要做好各自的事情，完成模块内部应该完成的任务；同时还必须与其他模块配合，各模块之间根据需要还必须进行一定的数据传递。一般情况下，调用模块需向被调模块传递一些必要的数据，以使得被调模块可以执行；另一方面，被调模块也向调用模块返回一些结果，以便调用模块使用被调模块的功能。这就决定了调用模块与被调模块之间有着信息的往来，数据的传递，各模块之间的数据传递称为参数传递，也称哑实结合，它是调用模块与被调用模块之间传递信息的桥梁。

在定义过程时，过程参数使用的是形式参数。形参是指在定义过程时出现在参数列表中的变量名或数组名，这些变量名只能在过程内部使用。形式参数不能是常量。

在调用过程中，过程参数使用的是实际参数。实参是调用过程中已组织好的准备传给形参的常量、变量、表达式或数组控件对象等。

实际参数必须与定义过程中的形式参数在个数、类型、顺序上保持一一对应。

参数传递的方式有两种：值传递与地址传递。

6.4.1　值传递

过程定义中默认的参数传递是地址传递，但在定义过程时，如果参数用关键字 Byval 来定义，则该参数是值传递。值传递有一个特点，将实参的值复制一份给形式参数，此后实参与形参之间再也无任何联系，形式参数的任何变化均不会对实参产生任何影响。这种传递是调用过程向被调模块的单向传递。

【例 6-7】验证实例一。

解题分析：由代码可以看出本例由两个过程组成，一个窗体单击事件过程，一个名为 lizi 的子过程。程序运行后，单击窗体，启动窗体单击事件过程(调用函数)，为 x1 赋值 15，y1 赋值 25，在窗体上打印"x1=15　y1=25"，接着调用 lizi 子过程，将实参 x1 和 y1 单向传递给形参 x2 和 y2，采用的为传值方式；进入子过程后立即打印的结果为"x2=15　y2=25"，可以从中看出形参获得的值。接着在子过程中改变 x2 的值为 18，y2 的值为 28，在子过程中再打印的结果为"x2=18　y2=28"。回到调用函数后，再打印的结果为"x1=15 y1=25"。可见，在子过程中对形参的改变并没有影响实参，这就是单向传递。

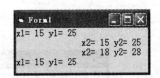

图 6-7　运行结果

运行结果如图 6-7 所示，程序代码如代码 6-10 所示。

代码 6-10

```
Private Sub Form_click()          '定义窗体单击事件过程
  Dim x1%, y1%                    '定义整形变量
  x1 = 15
  y1 = 25                         '为变量赋值
  Print "x1="; x1; "y1="; y1      '打印变量的值
  Call lizi(x1, y1)               '调用子过程
  Print "x1="; x1; "y1="; y1      '再打印变量的值
End Sub
Public Sub lizi(ByVal x2%, ByVal y2%)  '定义子过程
  Print , "x2="; x2; "y2="; y2    '打印形参变量的值
  x2 = 18                         '改变形参变量的值
  y2 = 28
  Print , "x2="; x2; "y2="; y2    '再打印形参变量的值
End Sub
```

6.4.2　地址传递

在过程调用时，参数传递的默认方式是按地址传递，故不加关键字(Byval)就是传地址调用。地址传递的特点是将形参与对应实参联系起来，实参与形参公用相同的内存地址，共同享用这个内存单元中的数据，即共享。因此，任何一方修改了这个内存单元中的数据，另一方就享用修改了的数据，因此是双向传递。这里须注意以下几点：

(1) 实参若是常量，则传递就相当于将该常量的值赋给形参，相当于传值方式。

(2) 当形参被默认为传地址方式，而实参却用一个表达式时，此时传地址无效，只是将表达式的值赋给形参，相当于传值方式。

(3) 当形参被默认为传地址方式，实参若是一个变量名或数组名，则实参与形参公用相同的内存地址，这样就实现了双向的地址传递。

(4) 合理地利用双向的地址传递既可以实现调用过程向被调过程传递参数；也可实现被调过程向调用过程返回结果，因此，当需要带回大量数据时，可考虑利用此种传递方式。

(5) 如果形参是数组，实参也必须是相同类型的数组，且只能使用传地址方式。

(6 如果形参不是数组和自定义类型，应尽量使用传值方式，以尽量减少各过程之间的关联，增加程序的可靠性。

【例 6-8】验证实例二。修改例 6-7 中的程序，将子过程的参数前说明传递方式的关键字 byval 删除。

解题分析：删除关键字 byval，参数的传递方式变成了传地址，即双向传递。通过程序代码和运行结果可见，回到调用过程后，在被调过程中对形参的修改，也影响了实参。

程序运行结果如图 6-8 所示，程序代码如代码 6-11 所示。

说明：

图 6-9 显示了单向传递与双向传递的区别。从图 6-9 可看出，在单向的传值方式中，形

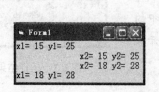

图 6-8　运行结果

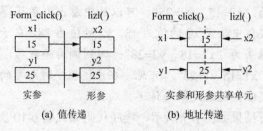

图 6-9　单向传递与双向传递示意图

参和实参各自占有自己的内存单元,只是在传递时将实参的值赋给形参,此外便没有了关系;而双向的地址传递是形参和实参共享内存单元,其中一方对值的修改将影响另一方。

代码 6-11

```
Private Sub Form_click()        '定义窗体单击事件过程
  Dim x1%, y1%                  '定义整形变量
  x1 = 15
  y1 = 25                       '为变量赋值
  Print "x1="; x1; "y1="; y1    '打印变量的值
  Call lizi(x1, y1)            '调用子过程
  Print "x1="; x1; "y1="; y1    '再打印变量的值
End Sub

Public Sub lizi(x2%, y2%)       '定义子过程,使用双向的地址传递
  Print , "x2="; x2; "y2="; y2  '打印形参变量的值
  x2 = 18                       '改变形参变量的值
  y2 = 28
  Print , "x2="; x2; "y2="; y2  '再打印形参变量的值
End Sub
```

6.4.3　数组的传递

参数传递按方式可分为:值传递和地址传递;按方向可分为:单向和双向;按传递数据的数量可分为:单个变量和多个变量。如果有多个具有相同或相似属性的数据需要进行参数传递,应使用数组。

数组作为参数有 2 种情况:

(1) 用数组名作为形参或实参。

(2) 用数组元素作为实参进行传递。

第 1 种情况相当于传递地址方式,即将实参数组的起始地址传给形参数组的起始地址,实参数组和形参数组共享一片地址连续的存储单元,但在使用时应注意如下几点:

① 用数组名进行地址传递时,在参数列表中说明数组时,无需说明其维数,但圆括号不能省略。

② 在过程定义体内如需要知道参数的上、下界,可用 UBound 和 LBound 函数确定实参数组的上界、下界。

③ 形参数组与实参数组的类型必须一致。

【例 6-9】求数组中元素的最大值。

解题分析:编写 2 个过程。

(1) 一个窗体单击事件过程:取文本框 1 中整数 n 定义数组;循环生成 n 个随机整数,显示在文本框 2 中,存放在数组 a()中;调用子过程进行查找;并将查找到的最大数,显示在文本框 3 中。

(2) 一个子过程:要求用子过程实现查找功能,子过程首先通过参数传递将数组 b 与数组 a 进行地址传递,从而从数组 a 中获得了数组 b 的值,在子过程中采用循环依次遍历比较,以确定究竟谁是最大数,并将得到的最大数存储在变量 bmax 中;将变量 bmax 通过双向的地址传递带回调用过程的 amax 中,进行显示。

子过程的定义语句:

Public Sub max(b() As Integer, bmax As Integer)

子过程的调用语句：

Call max(a, amax)

其中，实参数组 a 和形参数组 b 共享一片单元，实参数据 amax 和形参数据 bmax 共享单元，实现地址传递。

操作步骤：

(1) 在 VB 环境中，单击"文件/新建工程"命令。在新建的窗体上添加 3 个标签，它们的 Caption 属性分别为：数组的长度、生成的数组、最大元素，Autosize 属性为真。3 个文本框，它们的 Text 属性为空；其他属性可取默认值。

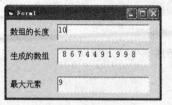

图 6-10　运行结果

(2) 编写程序代码，如代码 6-12、代码 6-13 所示。

(3) 按 F5 功能键，运行程序。用户在文本框 1 中输入整数 10 代表数组中元素的个数；单击"窗体"后由程序生成 10 个在 1~9 之间的随机整数，显示在文本框 2 中；查找其中的最大数，显示在文本框 3 中，运行结果如图 6-10 所示。

代码 6-12

```
Option Base 1                    '设数组下界从1开始
  Private Sub Form_click()       '定义窗体单击事件过程
    Dim a() As Integer           '定义整形数组a
    Dim n%, i%, amax%            '定义辅助变量
    n = Val(Text1.Text)          '从文本框中取数组元素的个数
    ReDim a(n)                   '重新定义数组
    For i = 1 To n               '执行n次的循环
      a(i) = 10 * Rnd + 1        '生成一个在1-10之间的随机数
      Text2.Text = Text2.Text & " " & a(i)   '将此数依次显示在文本框2中
    Next i
    Call max(a, amax)            '调用子过程求最大数
    Text3.Text = amax            '将最大数显示在文本框3中
  End Sub
```

代码 6-13

```
'定义子过程，有数组b和整形bmax两个参数
Public Sub max(b() As Integer, bmax As Integer)
  Dim i As Integer
  bmax = b(1)                    '设第一个数为最大数
  For i = 2 To UBound(b)         '依次遍历与后面的每一个数比较
    If bmax < b(i) Then
      bmax = b(i)                '如果小于后面的数，则修改最大数
    End If
  Next i                         '遍历完毕，bmax为所有数的最大数
End Sub
```

【例 6-10】数组的排序问题。

解题分析：编写 3 个过程。

(1) 按钮 1 单击事件过程：取文本框 1 中整数 n 定义数组；循环生成 n 个随机整数，显示在文本框 2 中，存放在数组 a()中。

(2) 按钮 2 单击事件过程：调用子过程 paixu，对数组排序，返回后在文本框 3 中显示排序后的数组。

(3) 一个子过程：要求用子过程实现排序功能，子过程首先通过参数传递将数组 b 与数组 a 进行地址传递，获得数组 b 的值。在子过程中采用选择排序，程序代码如代码 6-14 所示。

操作步骤：

(1) 在 VB 环境中，单击"文件/新建工程"命令。在新建的窗体上添加 3 个标签、 3 个文本框和 2 个命令按钮控件。

(2) 设置各相关控件的属性，如表 6-2 所示。

(3) 编写程序代码，如代码 6-14、代码 6-15 和代码 6-16 所示。

(4) 按 F5 功能键，运行程序。用户在文本框 1 中输入整数 9 代表数组中元素的个数；单击"生成数组"按钮，生成 9 个随机整数，显示在文本框 2 中；再单击"排序"按钮，排序后的数组显示在文本框 3 中。运行结果如图 6-11 所示。

表 6-2 各相关控件的属性设置

控件名称	属性名	属性值	说　　明
Label1	Caption	数组的长度	标题
Label2	Caption	排序前的数组	标题
Label3	Caption	排序后的数组	标题
Command1	Caption	生成数组	标题
Command2	Caption	排序	标题
Text1	Text	空	
Text2	Text	空	
Text3	Text	空	

代码 6-14

```
Dim a() As Integer            '定义整形数组a
Private Sub command1_click()  '定义按钮单击事件过程
  Dim n%, i%, amax%           '定义辅助变量
  n = Val(Text1.Text)         '从文本框中取数组元素的个数
  ReDim a(n)                  '重新定义数组
  For i = 0 To UBound(a) - 1  '执行n次的循环
    a(i) = 10 * Rnd + 1       '生成一个在1-10之间的随机数
    Text2.Text = Text2.Text & " " & a(i)
  Next i                      '将此数组依次显示在文本框2中
End Sub
```

代码 6-15

```
Private Sub Command2_Click()
  Dim i%
  Call paixu(a)               '调用子过程排序
  For i = 0 To UBound(a) - 1  '执行n次的循环
    Text3.Text = Text3.Text & " " & a(i)
  Next i                      '将排序后的数组依次显示在文本框3中
End Sub
```

代码 6-16

```
Public Sub paixu(b() As Integer) '定义子过程，参数为数组b
  Dim i%, j%, k%, t%
  For i = 0 To UBound(b) - 2
    k = i
    For j = i + 1 To UBound(b) - 1
      If b(k) < b(j) Then k = j
    Next j
    If k <> i Then
      t = b(i): b(i) = b(k): b(k) = t
    End If
  Next i                      '用选择排序对数组b进行排序
End Sub
```

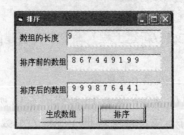

图 6-11　运行结果

6.5　变量与过程的作用域

　　VB 程序是由若干个过程组成，如单击事件过程、函数过程、子过程等；而过程一般保存在窗体文件或标准模块文件中；过程中又使用了大量的变量；过程之间又需要传递一些参数，这就导致一些问题：如一个模块内部定义的变量，其他模块可否使用？一个过程可否被其他过程使用？如果可以使用，其使用范围如何？如果所处的位置不同，是否会带来使用范围的不同？这一系列问题称为变量、过程、函数的作用域。

6.5.1　过程的作用域

　　VB 的应用程序不是一个单一的模块，主要是由窗体模块、标准模块、类模块等多个模块共同组成，具体如图 6-12 所示。在这些模块文件中均有过程定义，但这些过程根据不同的定义方式，其能被调用的范围和作用域也不同。

　　过程的作用域一般分为两级：窗体/模块级和全局级。

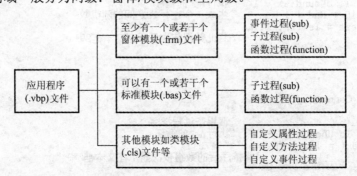

图 6-12　VB 应用程序的组成

　　1．窗体级(模块级)过程

　　该过程是指在本窗体文件或标准模块内定义的过程，这类过程(或函数)定义时在 Sub 或 Function 之前加 Private 关键字，这类过程只能被本窗体或本标准模块内的过程使用。在前面的例子中，定义的过程基本都是 Private 私有的，因此只能在本窗体内调用。

　　2．全局级过程

　　全局级过程是指在 Sub 或 Function 之前不加 Private 关键字，则默认为全局级，或者加上显式说明符 Public，则此过程也是全局级过程。全局级过程可被应用程序内的所有窗体和所有标准模块中的过程调用。其调用方式通常在被调用的过程名前加被调用的过程所属的标准模块名或窗体名。

【例 6-11】设计 2 个窗体，编写 2 段程序代码，验证全局级过程与窗体级过程的不同。

解题分析：在工程中建立 2 个窗体 form1 和 form2，编写窗体 form1 的程序代码如代码 6-17 所示；编写窗体 form2 的程序代码如代码 6-18 所示。其中窗体 form2 含有的子过程 sub2 为公有(public)的过程，可以被本窗体和其他窗体调用，但调用时必须在过程名前加窗体名。

设 form2 为启动对象，运行程序，其结果如图 6-13(a)所示。分析代码可以看出，窗体 form2 中的窗体单击事件过程可以调用在窗体 form2 中定义的公有过程 sub2 中。

将启动对象重新设为 form1，启动程序，运行结果如图 6-13(b)所示。分析代码可以看出，窗体 form1 中的窗体单击事件过程可调用在窗体 form2 中定义的公有过程 sub2，调用语句为：

b = Form2.sub2(a)

可以看出，调用时在过程名前加了过程 sub2 所属的窗体名 form2。

如果将窗体 form2 的语句：Public　　Function sub2(x!)　　即公有的

　　　　　　　　　　　改为：Private　　Function sub2(x!)　　即私有的

则窗体 form2 仍然可以使用本窗体 form2 中的定义的私有过程 sub2；但窗体 form1 中的窗体单击事件过程不可以调用在窗体 form2 中定义的私有过程 sub2 中，启动后即会出现如图 6-13(c)所示的错误提示信息。单击"确定"按钮，出现如代码 6-19 所示的错误代码行，提示在窗体 form1 中的窗体单击事件过程中，无法使用窗体 form2 的私有过程 sub2。

(a) 窗体 2 单独执行的效果

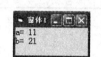

(b) 窗体 1 执行的效果

(c) 错误提示信息

图 6-13　窗体执行效果及错误提示信息

操作步骤：

(1) 新建工程，系统自动建立窗体 form1，单击菜单"工程/添加窗体"；选择"新建/窗体"，系统创建了一个新窗体 form2，此时可在工程资源管理器中看见 2 个窗体。

(2) 分别编写 2 个窗体的程序代码如代码 6-17、代码 6-17 所示。

(3) 单击菜单"工程/工程属性"，打开"工程属性"对话框；在通用选项卡中，将启动对象设为 form2，单击"确定"按钮，将窗体 form2 设置为初始启动对象。

(4) 按 F5 功能键，运行程序。运行结果如图 6-13(a)所示。

(5) 设 form1 为启动对象，运行程序，其运行结果如图 6-13(b)所示。

过程的定义及调用规则如表 6-3 所示。

代码 6-17
```
Private Sub Form_click()
   x! = 10
   Print "x="; sub2(x)
End Sub
Function sub2!(x!)
   sub2 = x + 10
End Function
```

代码 6-18

```
Private Sub Form_click()
    Dim a!, b!
    a = 11
    Print "a="; a
    b = Form2.sub2(a)
    Print "b="; b
End Sub
```

代码 6-19

```
Private Sub Form_click()
    Dim a!, b!
    a = 11
    Print "a="; a
'此时Form2中的Sub2过程已由Public改为Private
    b = Form2.sub2(a)
    Print "b="; b
End Sub
```

表 6-3　不同作用范围的 2 种过程定义及调用规则

作用范围	模块级		全局级	
	窗　体	标准模块	窗　体	标准模块
定义方式	过程名前加 Private 例：Private Sub sub1(形参表)		过程名前加 Public 或缺省 例：[Public]Sub sub2(形参表)	
能否被本模块内 其他过程调用	能	能	能	能
能否被本应用程 序内其他模块所 调用	不能	不能	能，但必须在过程名前 加窗体名，例：Call 窗 体名.My2(实参表)	能，但过程名必须唯一，否则 要加标准模块名，例： Call 标准模块名.My2(实参表)

6.5.2　变量的作用域

一个变量的作用域指哪些子过程和函数过程可以使用该变量，即一个变量在什么范围内有效。变量的作用域通常分为三级：局部级变量、窗体/模块级变量、全局级变量。

1．局部变量(过程级)

是指在过程内部定义且只能在本过程内使用的变量，其他的过程不能使用。局部变量随过程的调用而产生，即本过程被调用时，才为局部变量分配内存单元，并将随过程调用的结束而结束，即过程一旦执行完毕局部变量的内存单元即被释放。

2．窗体/模块级变量

是指在所有过程之外定义的变量，但仍在窗体/模块文件之内，即在窗体文件中的"通用声明"段中用 Dim 或 Private 语句声明的变量，该变量可被窗体文件中的任何过程访问，但不能被其他模块文件中的过程访问。此类变量随窗体的产生而产生，也随窗体的结束而结束。

3．工程级变量(全局变量)

是指在标准模块的任何过程和函数之外，但不在任一过程内定义的变量。此类变量的声明必须在通用声明段中用 Public 语句完成。它可以被应用程序的任何过程和函数访问，它在整个工程应用中始终存在，只有在工程应用结束时才会被释放。

变量的定义及调用规则如表 6-4 所示。

表 6-4 不同作用范围的 3 种变量声明及使用规则

作用范围	局部变量	窗体/模块级变量	全局变量	
			窗 体	标准模块
声明方式	Dim 或 Static	Dim 或 Private	Public	
声明位置	在过程中	窗体/模块的"通用声明"段	窗体/模块的"通用声明"段	
能否被本模块的其他过程使用	不能	能	能	
能否被其他模块使用	不能	不能	能，但必须在变量名前加窗体名	能

【例 6-12】模块级变量与局部变量应用实例。

解题分析：共有 3 个过程：在模块外部定义了窗体/模块级变量 x；在过程 lizi1 中定义了局部变量 x1；在过程 lizi2 中定义了局部变量 x2。这使得变量 x 成为可在本窗体内的 3 个过程中均可使用的变量，而变量 x1 只可在过程 lizi1 中使用，变量 x2 只可在过程 lizi2 中使用。

如果在窗体单击事件过程中使用了变量 x1，如增加了语句：

Print x1

则运行时就会出现如图 6-14(a)所示的错误信息，提示变量 x1 没有定义。

程序运行结果如图 6-14(b)所示，编写程序代码，如代码 6-20 和代码 6-21 所示。

(a) 错误提示信息

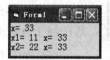

(b) 运行结果

图 6-14 例 6-12 图示

代码 6-20

```
Option Explicit
Dim x%          '定义窗体级变量，可在窗体内的各个过程中使用
Private Sub Form_click()
    x = 33
    Print "x="; x    '本过程没有定义变量x，打印的是窗体变量x
    Call lizi1       '调用子过程lizi1
    Call lizi2       '调用子过程lizi2
    'print x1         '不可使用局部变量x1
End Sub
```

代码 6-21

```
Private Sub lizi1()
    Dim x1%          '定义局部变量x1
    x1 = 11
    Print "x1="; x1; '打印局部变量x1
    Print "x="; x    '可以使用窗体/模块级变量x
End Sub
Private Sub lizi2()
    Dim x2%          '定义局部变量x2
    x2 = 22
    Print "x2="; x2; '打印局部变量x2
    Print "x="; x    '可以使用窗体/模块级变量x
End Sub
```

6.5.3 静态变量

局部变量除了用 Dim 语句声明外，还可用 Static 语句将变量声明为静态变量，它在程序运行过程中保留变量的值。这就是说，用 Static 声明的变量，过程结束后，不释放内存单元，但已不可访问，下次调用时，其值仍然存在，可取上 次结束时的值。每次调用过程时，用 Static 声明的变量保持原来的值；而用 Dim 声明的变量，重新初始化。形式如下：

Static 变量名[AS 类型]

Static Function 函数名([参数列表]) [AS 类型]

Static Sub 过程名[(参数列表)]

若函数名、过程名前加 Static，表示该函数、过程内的局部变量都是静态变量。

【例 6-13】静态变量应用实例。

解题分析：共有 2 个过程：

(1) 窗体单击事件过程，在窗体单击事件过程中执行一个 5 次的循环，5 次的调用子过程 sub1。

(2) 子过程 sub1。在子过程 sub1 中定义了静态变量 a 和局部变量 b，并将 a 和 b 分别加 1，然后输出 a 和 b，结合结果可以看出 5 次输出的结果 b 的值总是 1，而 a 的值随循环次数的增加也在递增，说明局部变量 b 每次调用结束后，局部变量 b 释放了内存单元，下一次调用又必须重新分配单元；而静态变量 a 每次调用结束后，仍然占用原内存单元，下一次调用不必重新分配单元，仍然保持上一次离开时的数据，在上一次的基础上进行加 1。

图 6-15　运行结果

程序运行结果如图 6-15 所示，编写程序代码如代码 6-22 所示。

代码 6-22

```
Option Explicit
Private Sub Form_click()
  Dim i%
  For i = 1 To 5              '5次循环
    Print "第"; i; "次循环："; '打印循环变量的当前值
    Call sub1                 '调用子过程
  Next i
End Sub
Private Sub sub1()           '定义子过程
  Static a%                  '定义静态变量a
  Dim b%                     '定义局部变量b
  a = a + 1                  '静态变量a加1
  b = b + 1                  '局部变量b加1
  Print "a="; a;            '打印静态变量a
  Print "b="; b             '打印局部变量b
End Sub                      '返回
```

6.6　Shell 函数的应用

在 VB 应用程序中，可以调用 VB 环境提供的标准函数(如 sqr 等)，也可以调用用户自定义的各种函数和过程，除此之外，VB 应用程序还可以调用其他各种应用程序。凡是可以在 DOS 和 Windows 下运行的应用程序，基本上都可以在 VB 应用程序中调用，而实现这一功能必须使用 Shell 函数。

Shell 函数的格式:

Shell (命令字符串 ,窗口类型)

说明:

(1) 命令字符串是需要调用的应用程序的文件名；它包括路径，且必须是可执行文件，其扩展名为.COM、.EXE、.BAT，其他文件不能用 Shell 函数调用。

(2) 窗口类型是执行应用程序时窗口的大小，可以取一个整形数字，每个整形数字对应一种窗口类型，如表 6-5 所示。

表 6-5　窗口类型的值与窗口类型的对应关系

常　　量	值	窗口类型
vbHide	0	窗口被隐藏，焦点移到隐式窗口
vbNormalFocus	1	窗口具有焦点，并还原到原来的大小和位置
vbMinimizedFocus	2	窗口会以一个具有焦点的图标来显示
vbMaximizedFocus	3	窗口会以一个具有焦点的最大化窗口来显示
vbNormalNoFocus	4	窗口被还原到最近使用的大小和位置
vbMinimizedNoFocus	65	窗口以一个图标来显示，当前窗口为活动窗口

(3) 函数不能作为独立语句使用，必须放在表达式中作为一个因子，通常使用一个赋值表达式，将该函数的返回值赋于一个变量。如果 Shell 函数成功地执行了所要执行的文件，则它的返回程序的任务是 ID。任务 ID 是一个唯一的数值，用来指明正在运行的程序。如果 Shell 函数不能打开命名的程序，则会产生错误，返回值 ID 为 0。

【例 6-14】 Shell 函数应用实例。

解题分析: 图 6-16(a)所示的界面上有 3 个按钮，单击按钮 1，启动 Command1 单击按钮事件，通过 Shell 函数调用 Windows 下的 winhelp.exe，如图 6-16(b) 所示；单击按钮 2，启动 Command2 单击按钮事件，通过 Shell 函数调用 Windows 下的 setdebug.exe，如图 6-16(c) 所示;单击按钮 3,启动 Command3 单击按钮事件,通过 Shell 函数调用 Windows 下的 Notepad.exe (记事本)，如图 6-16(d) 所示。

编写程序代码，如代码 6-23 所示，执行界面如图 6-16(a)所示。

(a) 运行界面

(b) 调用 winhelp 应用程序

(c) 调用 setdebug 应用程序

(d) 调用 Notepad 应用程序

图 6-16　例 6-14 图示

代码 6-23

```
Option Explicit
Private Sub Command1_Click()
 Dim a%
 a = Shell("C:\windows\winhelp.exe", 1)
End Sub                              '调用应用程序winhelp.exe
Private Sub Command2_Click()
 Shell "C:\windows\setdebug.exe", 1
End Sub                              '调用应用程序setdebug.exe
Private Sub Command3_Click()
 Shell "C:\windows\Notepad.exe", 1
End Sub                              '调用应用程序Notepad.exe
```

6.7　递归

　　以上介绍了事件过程、子过程、函数过程，各过程在其执行中可以调用过程，但在上述例子中仅仅介绍了一个过程在其使用中调用其他过程，实际上一个过程在其使用中除了可以调用其他过程，还可以调用其本身，这就是递归。

　　递归就是一个过程在其使用中出现了直接的或间接的自己调用自己的现象。如果是直接地自己调用自己称为直接递归；如果间接地自己调用自己称为间接递归。如有以下过程：

Function A(…)	Function x(…)	Function y(…)
…	…	…
B=A(…)	m=y(…)	n=x(…)
End function	End function	End function

其中过程 A 在其使用中调用了过程 A 为直接递归；过程 x 在其使用中调用了过程 y，而过程 y 在其使用中调用了过程 x，为间接递归。

　　【例 6-15】求 n!的函数。

n!的数学定义如下：
$$n! = \begin{cases} 1 & (n=1) \\ n*(n-1)! & (n>1) \end{cases}$$

　　算法分析：为求得 n 的阶乘，必须先求得 n-1 的阶乘；为求得 n-1 的阶乘，必须先求得 n-2 的阶乘；如此反复，虽然仍未求得 n 的阶乘，但却将求解问题的难度逐次降低，直至最后降低到求解 1 的阶乘，而数学定义已经说明 1 的阶乘为 1，至此解决了 1 的阶乘的问题，进而可以解决 2 的阶乘的问题，3 的阶乘的问题，……，直至解决 n 的阶乘的问题。

　　由此可见，利用递归解决实际问题，必须具备 2 个条件：

　　(1) 每一次递归必须在上一次的基础上逐次降低难度。

　　(2) 最终递归必须具备终止条件。

　　设 n 为 5，可以得到 5 的阶乘的求解步骤：

　　fn(5) = 5*fn(4)

　　　　　　fn(4) = 4*fn(3)

　　　　　　　　　　fn(3) = 3*fn(2)

　　　　　　　　　　　　　　fn(2) = 2*fn(1)

　　　　　　　　　　　　　　　　　　fn(1) = 1

从以上函数可见递归是一个不断自己调用自己的过程，直到 n=1 为止，然后是一个逐级返回的过程。

编写程序代码如代码 6-24、代码 6-25 所示。运行界面如图 6-17 所示。

代码 6-24

```
Private Sub Command1_Click()          '定义按钮单击事件过程
 Dim n%, m!
 n = 5
 m = FN(n)                            '调用求阶乘函数过程
 Print
 Print n; "的阶乘="; m                '输出阶乘的值
End Sub
```

代码 6-25

```
Public Function FN!(n As Integer)     '定义求阶乘函数过程
  Static kru                          '定义静态变量
  Dim i%                              '定义循环变量
  kru = kru + 1                       '统计进入过程的次数
  For i = 1 To kru
    Print " ";                        '输出一定数量的空格
  Next i
  Print "这是第"; kru; "次的进入"; "    "; "n的值="; n
  If n = 1 Then
    FN = 1                            '递归的终止条件
  Else
    FN = n * FN(n - 1)                '递归调用求阶乘，参数逐次递减
  End If
  For i = 1 To kru
    Print " ";                        '输出一定数量的空格
  Next i
  Print "这是第"; kru; "次的返回"; "    "; "n的值="; n;
  Print "   fn的值="; FN
  kru = kru - 1                       '统计退出过程的次数
End Function
```

图 6-17　运行界面

6.8　应用案例

【例 6-16】顺序查找问题。在指定数组中查找指定数据，如果找到，返回其位置；如果没有找到，则返回空位置，表明其不存在。

算法分析：本算法的主要问题是查找，本例采用最简单的顺序查找思路，即将待查找的数据元素依次顺序地与被查找表(数组)中的每一个数据元素进行相等比较。如果相等，则找

到，结束查找；如果不等，则向下继续查找，直至最后一个元素仍不相等，则宣布查找失败，此元素不存在。本例共编写了 3 段程序：

(1) 按钮 1 单击事件过程，用于随即生成数组。

(2) 顺序查找通用事件过程，用于查找。

(3) 按钮 2 单击事件过程，在按钮 2(查找)单击事件过程中调用顺序查找通用事件过程，并根据返回的结果进行相应的处理。

操作步骤：

(1) 在 VB 环境中，单击"文件/新建工程"命令。在新建的窗体上添加 4 个标签、、 4 个文本框和 2 个命令按钮控件。

(2) 设置各相关控件的属性，如表 6-6 所示。

(3) 编写程序代码如代码 6-26、代码 6-27 和代码 6-28 所示。

(4) 按 F5 功能键，运行程序。用户在文本框 1 中输入整数 n 代表数组中元素的个数；单击"生成数组"按钮，生成 n 个随机整数，显示在文本框 2 中；在文本框 3 中输入查找数据；单击"查找"按钮，查找的结果显示在文本框 4 中，界面如图 6-18 所示。

表 6-6　各相关控件的属性设置

控件名称	属性名	属性值	说　　明
Label1	Caption	数组的长度	标题
Label2	Caption	生成的数组	标题
Label3	Caption	查找元素	标题
Label4	Caption	查找结果	标题
Command1	Caption	生成数组	标题
Command2	Caption	查找	标题
Text1	Text	空	
Text2	Text	空	
Text3	Text	空	
Text4	Text	空	

代码 6-26

```
Dim a() As Integer                  '定义整形数组a
Private Sub command1_click()        '定义按钮单击事件过程
  Dim n%, i%, amax%                 '定义辅助变量
  n = Val(Text1.Text)              '从文本框中取数组元素的个数
  ReDim a(n)                       '重新定义数组
  For i = 0 To UBound(a) - 1       '执行n次的循环
    a(i) = 10 * Rnd + 1            '生成一个在1-10之间的随机数
    Text2.Text = Text2.Text & " " & a(i)
  Next i                           '将此数组依次显示在文本框2中
End Sub
```

代码 6-27

```
Private Sub Command2_Click()
  Dim i%, index%
  Call chazhao(a, index)           '调用子过程查找
  If index <> -1 Then              '返回不为-1，说明存在
    Text4.Text = " 此数的位置是: " & index + 1
  Else                             '返回-1，说明不存在
    Text4.Text = " 此数不存在"
  End If                           '将查找结果显示在文本框4中
End Sub
```

代码 6-28

```
'定义子过程,参数为数组b和位置index
Public Sub chazhao(b() As Integer, index%)
   Dim i%, x%
   x = Val(Text3.Text)
   index = -1                       '设初始位置为-1
   For i = 0 To UBound(b) - 1       '循环依次与各元素比较
      If x = b(i) Then              '如果找到
         index = i                  '记忆查找到的位置
         Exit For                   '结束循环
      End If
   Next i
End Sub
```

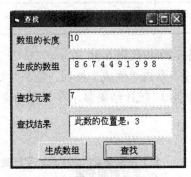

图 6-18　运行界面

【例 6-17】打字测试问题。

编写程序,模仿英文打字测试练习,要求随机生成 n 个小写字母;当焦点进入打字区时开始计时;用户打满则开始统计打字的时间和正确率,并显示相应的结果。

解题分析: 编写 4 个事件过程:

(1) 按钮 1 单击事件过程用于随机生成 n 个小写字母,显示在文本框 1 中。

(2) 按钮 2 单击事件过程用于结束运行。

(3) 文本框 2 获得焦点事件过程用于记忆和显示开始时间,文本框 2 一旦获得焦点,则立即记忆当时的时间。

(4) 文本框 2 键盘按下事件过程用于统计和显示,用户在文本框 2 中每输入一个字符,程序立即取出这个字符,将其与文本框 1 中的对应字符进行相等的比较,如果相等则统计正确字符的数量;如果不相等则统计错误字符的数量;输入完成立即记忆当时的时间,并计算使用的总时间。

操作步骤:

(1) 在 VB 环境中,单击"文件/新建工程"命令。在新建的窗体上添加 6 个标签、6 个文本框和 2 个命令按钮控件。

(2) 设置相关控件的属性,如表 6-7 所示。

表 6-7　各相关控件的属性设置

控件名称	属性名	属性值	说　明
Label1	Caption	生成字母	标题
Label2	Caption	打入字母	标题
Label3	Caption	开始时间	标题

（续表）

控件名称	属性名	属性值	说　　　明
Label4	Caption	结束时间	标题
Label5	Caption	使用时间	标题
Label6	Caption	正确率	标题
Command1	Caption	生成	标题
Command2	Caption	结束	标题
Text1	Text	空	
Text2	Text	空	
Text3	Text	空	
Text4	Text	空	
Text5	Text	空	
Text6	Text	空	

（3）编写程序代码，如代码 6-29 和代码 6-30 所示。

（4）按 F5 功能键，运行程序。单击"生成"按钮，随机生成 n 个小写字母，显示在文本框 1 中；在文本框 2 中打入小写字母；统计结果显示在相应的文本框中，界面如图 6-19 所示。

代码 6-29

```
Option Explicit
Dim n%                              '定义整形变量代表生成的字符数
Dim t  As Date                      '定义时间变量
Private Sub Command1_Click()        '定义按钮1单击事件过程
   Dim i%, str$
   Randomize
   n = Int(Rnd * 30)                '生成一个在1-30以内的随机整数n
   For i = 1 To n                   '循环n次
      str = Chr$(Int(Rnd * 26) + 97)  '随机生成一个小写字母
      Text1.Text = Text1.Text & str
   Next i                           '将小写字母依次显示在文本框1
End Sub
Private Sub Command2_Click()        '定义按钮2单击事件过程
   End                              '结束
End Sub
Private Sub text2_gotfocus()        '定义文本框2获得焦点事件过程
   t = Time                         '记忆开始时间
   Text3.Text = Time                '将开始时间显示在文本框3
End Sub
```

代码 6-30

```
'定义文本框2键盘按下事件过程
Private Sub text2_keypress(keyascii As Integer)
   Dim dui%, cuo%, i%
   If Len(Text2) = n Then           '如果打满n个字母,开始统计
      Text4.Text = Time             '将结束时间显示在文本框4
      Text5.Text = DateDiff("s", t, Time) & "秒"
      Text2.Locked = True           '计算时间差,锁定文本框2
      For i = 1 To n                '开始统计
         If Mid(Text1, i, 1) = Mid(Text2, i, 1) Then
            dui = dui + 1           '统计正确字符
         Else
            cuo = cuo + 1           '统计错误字符
         End If
      Next i
      Text6.Text = dui / n          '统计正确率
   End If
End Sub
```

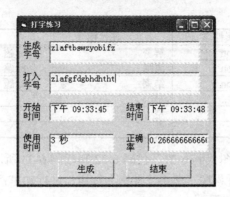

图 6-19 运行界面

【例 6-18】加密解密问题。编写程序，要求随机输入 n 个字符；对字符进行加密和解密；加密算法是将字母循环平移 2 个字母，即字母 a 变成 c，x 变成在 z，y 变成 a，z 变成 b，解密算法将加密后的字符还原。

解题分析：编写 4 个事件过程：

(1) 按钮 1 单击事件过程用于加密，显示在文本框 2 中。

(2) 按钮 2 单击事件过程用于解密，显示在文本框 3 中。

(3) 按钮 3 单击事件过程用于清除文本框中的内容。

(4) 按钮 4 单击事件过程用于结束程序的运行。

说明：分析程序代码可见，本例的关键是如何进行加密和解密，必须充分利用字母的 ASCII 码的特性和求余运算的特性。众所周知，字母的 ASCII 码在码表中是连续排列的，其中大写字母 "A" 的 ASCII 码为 65，小写字母 "a" 的 ASCII 码为 97，如果仅仅是向后平移 2 个字母，只要加 2 即可；但由于是循环平移，因此直接加 2 后会导致字母 "Y" 和 "Z" 的码是非字母字符，字母 "y" 和 "z" 的码也是非字母字符，为此可利用求余运算的特性使其循环平移，本例采用的加密和解密算法如下：

(1) 大写字母加密算法： $t = Chr\$((Asc(s) - 65 + 2) \bmod 26 + 65)$。

(2) 小写字母加密算法： $t = Chr\$((Asc(s) - 97 + 2) \bmod 26 + 97)$。

(3) 大写字母解密算法： $t = Chr\$((Asc(s) - 65 + 24) \bmod 26 + 65)$。

(4) 小写字母解密算法： $t = Chr\$((Asc(s) - 97 + 24) \bmod 26 + 97)$。

思考：如果循环平移 5 个字符，算法应该如何实现？

操作步骤：

(1) 在 VB 环境中，单击"文件/新建工程"命令。在新建的窗体上添加 3 个标签、3 个文本框和 4 个命令按钮控件。

(2) 设置各相关控件的属性，如表 6-8 所示。

表 6-8 各相关控件的属性设置

控件名称	属性名	属性值	说　明
Label1	Caption	输入字符串	标题
Label2	Caption	加密字符串	标题
Label3	Caption	解密字符串	标题
Command1	Caption	加密	标题

(续表)

控件名称	属性名	属性值	说　　明
Command2	Caption	解密	标题
Command3	Caption	清除	标题
Command4	Caption	结束	标题
Text1	Text	空	
Text2	Text	空	
Text3	Text	空	

(3) 编写程序代码，如图代码 6-31、代码 6-32 和代码 6-33 所示。

(4) 按 F5 功能键，运行程序。单击"加密"按钮，进行加密；单击"解密"按钮，进行解密。运行后界面如图 6-20 所示。

代码 6-31

```
Option Explicit
'定义清除按钮单击事件过程
Private Sub Command3_Click()
  Text1.Text = ""              '清除文本框1
  Text2.Text = ""              '清除文本框2
  Text3.Text = ""              '清除文本框3
End Sub
'定义结束按钮单击事件过程
Private Sub Command4_Click()
  End
End Sub
```

代码 6-32

```
'定义加密按钮单击事件过程
Private Sub Command1_Click()
  Dim str1$, str2$, s$, t$
  Dim i%, len1%
  str1 = Text1.Text               '取文本框1中的明文
  len1 = Len(str1)                '测文本框1中的明文长度
  str2 = ""                       '设密文初始为空串
  For i = 1 To len1               '循环依次对明文进行加密
    s = Mid(str1, i, 1)           '取明文中的一个字符
    Select Case s
      Case "A" To "Z"             '如果这个字符是大写字母
        t = Chr$((Asc(s) - 65 + 2) Mod 26 + 65)
      Case "a" To "z"             '如果这个字符是小写字母
        t = Chr$((Asc(s) - 97 + 2) Mod 26 + 97)
      Case Else                   '如果这个字符是其他字符
        t = s
    End Select
    str2 = str2 + t               '连接密文
  Next i
  Text2.Text = str2              '将密文显示在文本框2中
End Sub
```

代码 6-33

```
'定义解密按钮单击事件过程
Private Sub Command2_Click()
  Dim str1$, str2$, s$, t$
  Dim i%, len1%
  str1 = Text2.Text               '取文本框2中的密文
  len1 = Len(str1)
  str2 = ""
  For i = 1 To len1               '循环依次对密文进行还原
    s = Mid(str1, i, 1)
    Select Case s
```

```
        Case "A" To "Z"
            t = Chr$((Asc(s) - 65 + 24) Mod 26 + 65)
        Case "a" To "z"
            t = Chr$((Asc(s) - 97 + 24) Mod 26 + 97)
        Case Else
            t = s
        End Select
        str2 = str2 + t              '连接明文
    Next i
    Text3.Text = str2               '将明文显示在文本框3中
End Sub
```

图 6-20　运行界面

【例 6-19】折半查找。在指定的有序数组中查找指定数据，如果找到，返回其位置；如果没有找到，则返回空位置，表明其不存在。

算法分析：本算法的主要问题是查找，例 6-16 中采用了最简单的顺序查找思路，即将待查找的数据元素依次顺序地与被查找表(数组)中的每一个数据元素进行相等的比较，这种查找方法每一次比较不成功后，仅能排除一个数据，因此当数据量较大时，排除速度较慢。从而导致查找速度较慢。众所周知，词典之类的大型数据，一定是有序的数据，可以利用此特性进行折半查找。

设有序数组为 b，其下界为 left，上界为 right，折半查找首先取两者的中点，设其为 mid，将待查找元素 x 与中点元素 b(mid)进行比较，比较后有 3 种可能：

(1) x<b(mid)：说明没有找到，同时也说明不可能在后一半(由于数组的有序性)，可将区间缩小到前一半，维持 left 不变，修改 right 为 mid - 1。

(2) x= b(mid)：说明找到，则可以结束查找过程。

(3) x>b (mid)：说明没有找到，同时也说明不可能在前一半(由于数组的有序性)，可将区间缩小到后一半，维持 right 不变，修改 left 为 mid + 1。

如果相等，则找到，结束查找；如果不等，则缩小区间继续查找，直至剩下最后一个元素仍不相等，则宣布查找失败，此元素不存在。由于折半查找一次比较不成功后，可以排除一半元素，因此其查找速度较快，但其只适合于有序数据的查找。其查找过程如图 6-21 所示。

编写 3 个事件过程：

(1) 按钮 1 单击事件过程，用于生成一个有序的数组。

(2) 折半查找通用事件过程，用于进行折半查找。

(3) 按钮 2 单击事件过程，在按钮 2(查找)单击事件过程中调用折半查找通用事件过程，并根据返回的结果进行相应的处理。

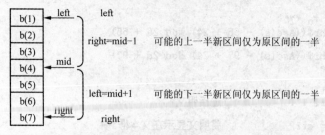

图 6-21　折半查找示例

操作步骤：

(1) 在 VB 环境中，单击"文件/新建工程"命令。在新建的窗体上添加 4 个标签、4 个文本框和 2 个命令按钮控件。

(2) 设置各相关控件的属性，如表 6-9 所示。

表 6-9　各相关控件的属性设置

控件名称	属性名	属性值	说　　明
Label1	Caption	数组的长度	标题
Label2	Caption	生成的数组	标题
Label3	Caption	查找元素	标题
Label4	Caption	查找结果	标题
Command1	Caption	生成数组	标题
Command2	Caption	折半查找	标题
Text1	Text	空	
Text2	Text	空	
Text3	Text	空	
Text4	Text	空	

(3) 编写程序代码，其中按钮 1 单击事件代码与代码 6-26 基本相同，只需将数组的生成语句改为 a(i) = i + 6，以生成有序数组；按钮 2 单击事件代码与代码 6-27 完全相同，折半查找代码如代码 6-34 所示。

代码 6-34

```
'定义子过程，参数为数组b和位置index
Public Sub chazhao(b() As Integer, index%)
    Dim i%, x%
    Dim left%, right%, mid%
    left = LBound(b)                '取下界
    right = UBound(b)               '取上界
    x = Val(Text3.Text)             '取待查找元素
    index = -1                      '设初始位置为-1
    Do While left <= right          '没有搜索完毕继续循环
        mid = (left + right) / 2    '与中点元素比较
        If x = b(mid) Then          '如果找到
            index = mid             '记忆查找到的位置
            Exit Do                 '结束循环
        ElseIf x < b(mid) Then
            right = mid - 1         '缩小区间到前一半
        ElseIf x > b(mid) Then
            left = mid + 1          '缩小区间到后一半
        End If
    Loop
End Sub
```

　　(4) 按 F5 功能键，运行程序。用户在文本框 1 中输入整数 n 代表数组中元素的个数；单击"生成数组"按钮，生成 n 个有序整数，显示在文本框 2 中；在文本框 3 中输入查找数据；单击"折半查找"按钮，查找的结果显示在文本框 4 中。界面如图 6-22 所示。

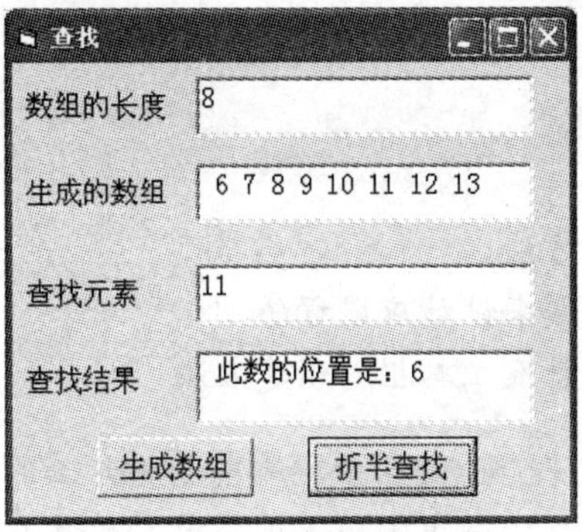

图 6-22　运行界面

第 7 章　用户界面的设计

本章学习目标

➢　掌握通用对话框的使用
➢　掌握各种菜单的设计方法
➢　能够用多重窗体的方法来设计应用程序
➢　了解多文档界面的设计及工具栏的创建方法

具有 Windows 风格的应用程序，除了要应用前面所介绍的常用控件外，往往还要添加菜单、对话框等各种友好的界面，以满足用户各种需求。本章主要介绍设计一个完美的、功能强大的实用软件所需用到的基于 Windows 标准的通用对话框、菜单、多文档界面及工具栏等。

7.1　通用对话框

在创建 Windows 应用程序中，经常需要打开文件、保存文件以及对字体、字号和颜色进行设置等操作，为此，VB6.0 为用户提供了一组基于 Windows 标准的对话框，即"通用对话框"(CommonDialog 控件)，用于实现上述操作。

CommonDialog 控件不是标准控件，使用时必须先将该控件添加到工具体箱中。具体的添加方法如下：

(1) 在 VB 环境中选择菜单"工程/部件"命令，打开"部件"对话框。

(2) 在对话框中选择"控件"选项卡，在控件列表框中选"Microsoft Common Dialog Controls 6.0"。

(3) 单击"确定"按钮，通用对话框 CommonDialog 控件即被加到工具箱中，如图 7-1 所示。

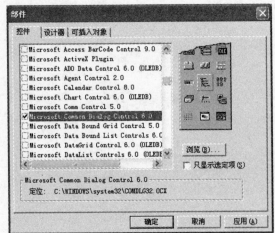

图 7-1　部件对话框

通用对话框的 Action 属性，决定了打开对话框的类型。表 7-1 列出了通用对话框的 Action 属性及对应的方法。

表 7-1　通用对话框的 Action 属性及方法

Action 属性值	含　义	对应方法
1	显示"打开"对话框	ShowOpen
2	显示"另存为"对话框	ShowSave
3	显示"颜色"对话框	ShowColor
4	显示"字体"对话框	ShowFont
5	显示"打印机"对话框	ShowPrinter
6	显示"帮助"对话框	ShowHelp

7.1.1　"打开"对话框

在执行 VB 的应用程序中，当通用对话框的 Action 属性值被设置为 1 或调用了 ShowOpen 方法时，便会立即弹出"打开"对话框，如图 7-2 所示。在表 7-2 中，列出了与"打开"对话框有关的属性。

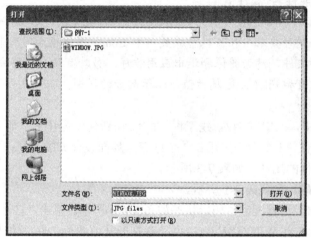

图 7-2　"打开"对话框

表 7-2　"打开"对话框的主要属性

属性标题	属性名	说　明
对话框标题	DialogTitle	设置对话框的标题，默认值为"打开"或"另存为"
文件名称	FilcName	设置或返回"文件名称"文本框中所显示的文件名(包含路径)
文件名	FileTitle	设置或返回用户所要打开文件的文件名(不包含路径)
过滤器	Filter	确定文件列表框中所显示文件的类型
缺省扩展名	DefaultExt	确定所存文件的默认扩展名 (一般用于"另存为"对话框中)
过滤器索引	FilterIndex	设置返回在文件列表框中所选文件类型的序号
初始化路径	InitDir	指定或打开对话框时的初始目录，默认为当前目录
文件最大长度	MaxFileSize	设置被打开文件的最大长度，取值范围 1~2K，默认值为 260

使用"打开"对话框的步骤：

(1) 在窗体上放置"通用对话框"控件。

(2) 选取"CommonDialog"控件，鼠标右击，在弹出的菜单上选择"属性"命令，打开"属性页"对话框，如图 7-3 所示。

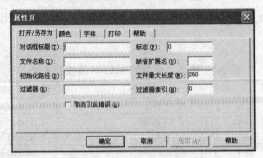

图 7-3　"属性页"对话框

(3) 单击"打开/另存为"选项卡，设置相关属性。Filter 属性的设置格式为：

文件说明 | 文件类型

(4) 在过程代码中，调用 ShowOpen 方法，语句格式为：

通用对话框名. ShowOpen

上述的第(2)~(4)步骤可直接在代码窗口中通过编程来设置，其格式为：

通用对话框名. 属性名=属性值

【例 7-1】设计一个简单的应用程序，用于打开各种类型的图形文件。

解题分析：根据题目要求，在窗口中放置一个 Image 图像框专门用来显示图片，3 个命令按钮用于打开图形文件、清除图像和退出应用程序。另外有两个标签分别显示"打开"对话框的 FileTitle 属性值和 FileName 属性值，以示两者的区别。

操作步骤：

(1) 在 VB 环境中，单击"文件/新建工程"命令。在新建的窗体上添加 1 个 CommonDialog 控件、1 个 Image 控件、3 个命令按钮和 2 个标签。界面设计如图 7-4(a)所示。

(2) 设置相关控件的属性，如表 7-3 所示。

(3) 编写程序代码，如代码 7-1 所示。

(4) 按 F5 功能键，运行程序。初始状态如图 7-4(b)所示。单击"打开"按钮，在"打开"对话框中，打开图片文件 **WINDOW.JPG** (可随意打开其他图片文件)，结果如图 7-4(c)所示。

表 7-3　各相关控件的属性设置

控件名称	属　　性	属性值	说　　明
Command1	Caption	打开	按钮的标题
Command2	Caption	清除	按钮的标题
Command3	Caption	退出	按钮的标题
Label1 Label2	BorderStyle	1-固定单线	单线边框
Image1	Picture	默认	图形来源
	Stretch	True	图形充满方框

代码 7-1

```
Private Sub Command1_Click()
'设置对话框的初始目录为放置图片的文件夹
   CommonDialog1.InitDir = "E:\VB案例\第7章\素材"

'设置可打开文件的类型，共4种
   CommonDialog1.Filter = _
   "all files|*.*|bmp files|*.bmp|JPG files|*.JPG|GIF files|*.GIF"
```

```
'对话框初始显示的文件类型为第3种
   CommonDialog1.FilterIndex = 3
   CommonDialog1.ShowOpen              '启动 "打开" 对话框图

'通过对话框装载图片文件
   Image1.Picture = LoadPicture(Me.CommonDialog1.FileName)
   Label1.Caption = Me.CommonDialog1.FileTitle  '不显示路径的文件名
   Label2.Caption = Me.CommonDialog1.FileName   '显示路径的文件名
End Sub
Private Sub Command2_Click()
   Image1.Picture = LoadPicture()  '删除图像框中的图片
End Sub
Private Sub Command3_Click()
   End
End Sub
```

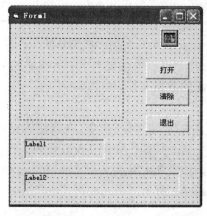

(a) 设计界面

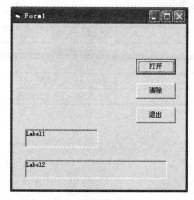

(b) 运行初态

(c) 运行结果

图 7-4 例 7-1 图示

7.1.2 "另存为"对话框

在执行 VB 的应用程序中,当通用对话框的 Action 属性值被设置为 2 或调用了 ShowSave 方法时,便会立即弹出"另存为"对话框,如图 7-5 所示。

"另存为"对话框的相关属性基本上与"打开"对话框的属性及含义相同,仅 DefaultExt 属性是该对话框所特有的,它表示所存文件的默认扩展名。

使用"另存为"对话框的步骤也与"打开"对话框类似。

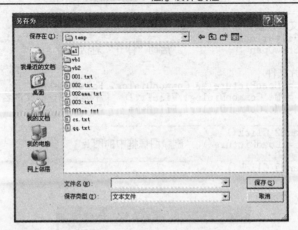

图 7-5　"另存为"对话框

【例 7-2】设计一个应用程序，可以保存文本框中所编辑的文字。缺省扩展名时，可将所编辑的文字保存为扩展名为.dat 的数据文件。

操作步骤：

(1) 在 VB 环境中，单击"文件/新建工程"命令。在新建的窗体上添加 1 个 CommonDialog 控件、1 个 TextBox 控件和 3 个命令按钮，如图 7-6(a)所示。

(2) 设置相关控件的属性，如表 7-4 所示。

(3) 编写程序代码，如代码 7-2 所示。

表 7-4　各相关控件的属性设置

控件名称	属　　性	属性值	说　　明
Form1	Caption	保存对话框	窗体标题
Command1	Caption	清屏	按钮的标题
Command2	Caption	保存	按钮的标题
Command3	Caption	退出	按钮的标题
Text1	MultiLine	True	多行显示文字
	ScrollBars	3	加水平和垂直滚动条

代码 7-2

```
Private Sub Command1_Click()
 Text1.Text = ""  '清空文本框中的内容
End Sub
Private Sub Command2_Click()
 '缺省扩展名时，保存的文件类型为.dat
 CommonDialog1.DefaultExt = "dat"

 '启动"另存为"对话框
 CommonDialog1.Action = 2

 '将文本框中的内容，保存到文件中。详见第九章
 Open CommonDialog1.FileName For Output As #1
 Print #1, Text1.Text
 Close #1
End Sub
Private Sub Command3_Click()
 End
End Sub
```

(4) 按 F5 功能键，运行程序。初始状态如图 7-6(b)所示。在文本框内任意输入文字，单

击"保存"按钮,在弹出的"另存为"对话框中,输入文件名:temp.txt,单击"保存"按钮,即可将"temp.txt"文件保存到所指定的文件夹中。如果直接写文件名"temp",不加扩展名,则保存的文件名为"temp.dat",如图 7-6(c)所示。

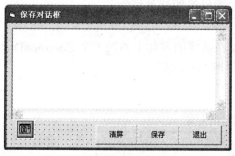

(a) 设计界面

(b) 运行初态

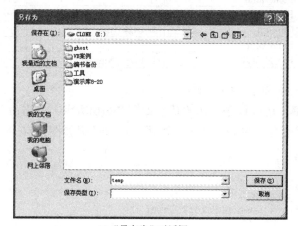

(c)"另存为"对话框

图 7-6 例 7-2 图示

7.1.3 "颜色"对话框

在执行 VB 的应用程序中,当通用对话框的 Action 属性值被设置为 3 或调用了 ShowColor 方法时,便会立即弹出"颜色"对话框,如图 7-7 所示。

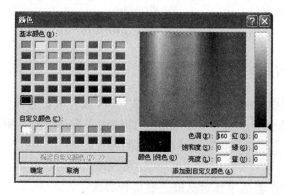

图 7-7 "颜色"对话框

在颜色对话框中，不仅提供了基本颜色，还提供了用户的自定义颜色，供用户自己调色。颜色对话框的主要属性是 Color，即可设置初始颜色，又可返回用户在"颜色"对话框中选择的颜色值。

【例7-3】设计一个应用程序，通过命令按钮改变标签的背景颜色。

操作步骤：

(1) 在 VB 环境中，单击"文件/新建工程"命令。在新建的窗体上添加 1 个 CommonDialog 控件、1 个 Label 控件和 1 个命令按钮。界面设计如图 7-8(a)所示。

(2) 设置相关控件的属性，如表 7-5 所示。

表 7-5　相关控件属性的设置

控件名称	属　　性	属性值	说　　明
Command1	Caption	选择颜色	按钮的标题
Label1	FontName	隶书	字体
	FontSize	36	字号
	Caption	显示颜色区	标签标题
	ForeColor	白色	字体颜色
	BorderStyle	1- Fixed Single	单线边框

(3) 编写程序代码，如代码 7-3 所示。

(4) 按 F5 功能键，运行程序。初始状态如图 7-8(b)所示。单击命令按钮，在打开的"颜色"对话框中，选择红色，单击"确定"按钮，运行结果如图 7-8(c)所示。

代码 7-3

```
Private Sub Command1_Click()
 CommonDialog1.ShowColor
 Label1.BackColor = CommonDialog1.Color
End Sub
```

(a) 设计界面

(b) 运行初态

(c) 运行结果

图 7-8　例 7-3 图示

7.1.4 "字体"对话框

在执行 VB 的应用程序中，当通用对话框的 Flags 属性被设置为 3，接着 Action 属性值被设置为 4 或调用了 ShowFont 方法后，便会立即弹出"字体"对话框，如图 7-9(a)所示。

在表 7-6 中，列出了与"字体"对话框有关的属性。

说明：

(1) Flags 属性必须在激活字体对话框之前进行设置。

(2) Flags 属性必须取 1、2 或 3 之一，或者取 1、2 或 3 与 256 之和。例如，Flags 属性取值为 259 (256+3)，表示既可使用屏幕字体，也可使用打印机字体，并且在"字体"对话框中出现效果、颜色等选项，如图 7-9(b)所示。

表 7-6 "字体"对话框的主要属性

属性名	属性值	说　明
Flags	1(cdlCFScreenFonts)	显示屏幕字体
	2(cdlCFPrinterFonts)	显示打印机字体
	3(cdlCFBoth)	显示打印机字体和屏幕字体
	256(cdlCFEffects)	显示删除线和下划线检查框以及颜色组合框
FontName	字符串	用户所选定的字体名称
FontSize	整数	用户所选定的字体大小
FontBold	逻辑值	用户所选定的字体是否加粗，属性值为 True 时字体为粗体
FontItalic	逻辑值	用户所选定的字体是否为斜体，属性值为 True 时字体为斜体
FontUnderline	逻辑值	用户所选定的字体是否加下划线，属性值为 True 时加下划线
FontStriketh	逻辑值	用户所选定的字体是否加删除线，属性值为 True 时加删除线

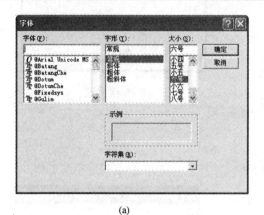　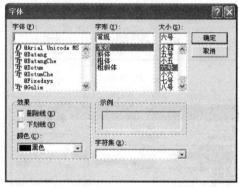

(a)　　　　　　　　　　　　　　(b)

图 7-9 "字体"对话框

【例 7-4】设计一个应用程序，通过命令按钮可以改变标签的字体。

操作步骤：

(1) 在 VB 环境中，单击"文件/新建工程"命令，在新建的窗体上添加 1 个 CommonDialog 控件、1 个 Label 控件和 1 个命令按钮。界面设计如图 7-10(a)所示。

(2) 设置相关控件的属性，如表 7-7 所示。

表 7-7 相关控件属性的设置

控件名称	属　性	属性	说　明
Command1	Caption	选择字体	按钮的标题
Label1	FontName	隶书	字体
	FontSize	36	字号
	Caption	显示字体区	标签标题
	ForeColor	白色	字体颜色
	BorderStyle	1- Fixed Single	单线边框

(3) 编写程序代码，如代码 7-4 所示。

(4) 按 F5 功能键，运行程序。初始状态如图 7-10(b)所示。单击命令按钮，在打开的"字体"对话框中，设置如图 7-10(c)所示的字体，单击"确定"按钮。运行结果如图 7-10(d)所示。

代码 7-4

```
Private Sub Command1_Click()
  CommonDialog1.Flags = 259
  CommonDialog1.ShowFont
  Label1.FontBold = CommonDialog1.FontBold
  Label1.FontItalic = CommonDialog1.FontItalic
  Label1.FontName = CommonDialog1.FontName
  Label1.FontSize = CommonDialog1.FontSize
  Label1.FontUnderline = CommonDialog1.FontUnderline
  Label1.FontStrikethru = CommonDialog1.FontStrikethru
  Label1.ForeColor = CommonDialog1.Color
End Sub
```

(a) 设计界面

(b) 运行初态

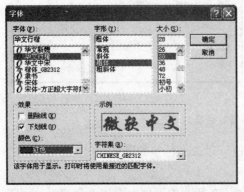

(c) "字体" 对话框

(d) 运行结果

图 7-10　例 7-4 图示

7.1.5 "打印" 对话框

在执行 VB 的应用程序中,当通用对话框的 Action 属性值被设置为 5 或调用了 ShowPrinter 方法时, 便会立即弹出 "打印" 对话框, 如图 7-11(a)所示。与 "打印" 对话框有关的属性如表 7-8 所示。

使用 "打印" 对话框的步骤为:

(1) 在窗体上放置 "通用对话框" 控件。

(2) 选取 "CommonDialog" 控件, 鼠标右击, 在弹出的菜单上选择 "属性" 命令, 打开 "属性页" 对话框。

(3) 单击 "打印" 选项卡, 设置相关属性, 如图 7-11(b)所示。

(4) 在过程代码中，调用 ShowPrinter 方法，语句格式为：

通用对话框名.ShowPrinter

表 7-8　"打印"对话框的主要属性

属性标题	属性名	说　　明
复制	Copies	指定打印份数
起始页	FromPage	指定打印起始页号
终止页	ToPage	指定打印终止页号
最小	Min	指定打印的最小页数
最大	Max	指定打印的最大页数

(c) "打印"对话框

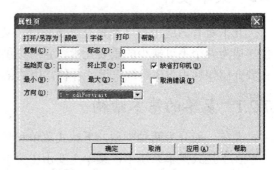

(d) "属性页"对话框

图 7-11　"打印"及其"属性页"对话框

【例 7-5】设计一个应用程序，通过命令按钮可以打印文本框中的内容。

操作步骤：

(1) 在 VB 环境中，单击"文件/新建工程"命令。在新建的窗体上添加 1 个 CommonDialog 控件、1 个 TextBox 控件和 1 个命令按钮，界面设计如图 7-12 所示。

(2) 控件属性取默认值。编写程序代码，如代码 7-5 所示。

(3) 按 F5 功能键，运行程序。连通打印机，即可将文本框中的内容打印出来。

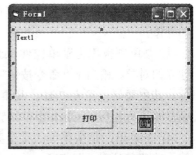

图 7-12　设计界面

代码 7-5

```
Private Sub Command1_Click()
 CommonDialog1.Action = 5
 For i = 1 To CommonDialog1.Copies
   Printer.Print Text1.Text
 Next i
End Sub
```

7.1.6 "帮助"对话框

在执行 VB 的应用程序中，当通用对话框的 Action 属性值被设置为 6 或调用了 ShowHelp 方法时，便会立即弹出"帮助"对话框。帮助对话框不是用来制作应用程序的帮助文件的，相反，使用帮助对话框，是将已制作好的帮助文件从磁盘中提取出来，并与帮助对话框所提供的界面联接，达到显示并检索帮助信息的目的。帮助对话框的一些重要属性如表 7-9 所示。

表 7-9　帮助对话框的主要属性

属性名	说　　明
HelpCommand	用于返回或设置所需在线帮助类型(参见 VB 帮助系统)
HelpFile	用于指定 Help 文件的路径及文件名
HelpKey	用于指定要显示的帮助内容的关键字

7.2　菜单设计

几乎所有的应用程序都具有菜单系统，菜单已经成为 Windows 风格应用程序的标准功能，成为一个不可缺少的重要元素，它所提供的友好界面，使用户的操作越来越简捷。本节主要介绍如何用 VB 系统来设计各种常用的菜单系统。

7.2.1　菜单的基本结构

菜单一般分为两种类型，下拉式菜单和弹出式菜单。

在下拉式菜单系统中，菜单主要由主菜单栏、菜单标题、菜单项、分隔条、快捷键、热键和子菜单标题及子菜单项组成。其结构如图 7-13 所示。

(1) 菜单栏：总是出现在窗体的标题栏下面，包含一个或多个菜单标题，当单击一个菜单标题时，包含菜单项的列表被拉下来。

(2) 菜单标题：用于说明该菜单项的功能，便于菜单的操作。

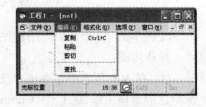

图 7-13　VB 菜单结构

(3) 菜单项也称为菜单控件 (或称菜单命令)：是一个独立的对象，相当于"命令按钮"，有其自身的属性和事件。其主要属性见表 7-10。其事件只能触发 Click 事件。当用户单击某"菜单项"时，系统则立即执行相应的 Click 事件，完成特定的功能。

(4) 子菜单：是从菜单的某个菜单项中衍生出来的另一个菜单。当用户在菜单中单击带有箭头的菜单项时，即打开一个"子菜单"，而不是去执行操作。菜单中带有箭头的菜单项称为子菜单的菜单标题。

(5) 快捷键：用于快速操作菜单项，如 Ctrl+C 可执行复制命令。

(6) 热键 (或称之为访问键)：与快捷键类似，如可直接通过按"Alt + F"组合键来激活"文件"菜单。

所谓弹出式菜单是指，当用鼠标指向窗体，单击鼠标右键临时弹出的菜单。即经常在 Windows 系统中所说的快捷菜单。

7.2.2　菜单编辑器

菜单设计在"菜单编辑器"中进行。"菜单编辑器"可用来创建菜单和设置菜单项的属性，也可用来修改已经存在的菜单。其结构如图 7-14 所示。

打开菜单编辑器的方法有 4 种：

(1) 按快捷键 Ctrl+E。

(2) 选择"工具"下拉菜单中的"菜单编辑器"命令。

(3) 单击工具栏中的"菜单编辑器"按钮。

(4) 在窗体上单击鼠标右键，在弹出来的快捷菜单中选择"菜单编辑器"命令。

菜单编辑器由三部分组成：属性设置区、菜单编辑区和菜单列表区。

图 7-14　菜单编辑器

1. 属性设置区

菜单编辑器上半部的各个文本框、下拉列表框及 4 个复选按钮，都属于属性设置区。该区域主要用来设置菜单控件的各种属性。其常用属性如表 7-10 所示。

表 7-10　菜单项的属性

属性标题	属性名	说　　明
标题	Caption	在菜单项上所显示的字符串，若是减号将显示分隔条
名称	Name	用来编写菜单控件的事件代码，相当于其他控件的"名称"属性
索引	Index	创建菜单数组时，相当于数组的下标
快捷键	Shortcut	设置菜单项的快捷键
复选	Checked	该属性为 True (选中)时，在菜单项的前面出现一个"√"标记
有效	Enabled	该属性为 False (未选中)时，对应的菜单项为灰色，表示该菜单项不可用
可见	Visible	该属性为 False (未选中)时，对应的菜单项不可见
显示窗口列表	WindowList	该属性为 True (选中)时，将显示当前打开的一系列子窗口的标题

说明：

(1) 上表中名称属性是菜单控件的必要属性，必须给定，否则系统将报错。

(2) 在输入菜单标题时若在某个字母前输入一个&符号，该字母就成了热键，在窗体上显示时该字母带有下划线，操作时可用 Alt 键加该字母键激活菜单，或执行该菜单命令。

(3) 如果设计的下拉菜单要分成若干组，则需用分隔符进行分隔。建立菜单时在标题文本框中输入一个减号"–"，菜单显示时就是一个分隔符。

2. 菜单编辑区

菜单编辑器中部的 7 个按钮，属于菜单编辑区。该区域主要用来编辑各菜单项。各按钮的含义如下：

(1) 左、右箭头按钮：用来设置菜单的级别，单击一次右箭头产生一个内缩符号(••••)，表示该菜单项为一级子菜单。单击二次右箭头产生 2 个内缩符号，表示该菜单项为二级子菜单，依次类推。无内缩符号的菜单项为主菜单项。单击一次左箭头按钮则删除一个内缩符号，表示菜单上升一级。

(2) 上箭头、下箭头按钮：用来调整菜单项的位置。单击上箭头则所选的菜单项上移。

单击下箭头则所选的菜单项下移。

(3) 下一个按钮：单击该按钮，则在菜单控件列表框的最后，增加一个空白的菜单项。

(4) 插入按钮：在当前所选定的菜单项前面插入一个新的菜单项。

(5) 删除按钮：删除当前选定的菜单项。

3. 菜单列表区

菜单编辑器下方的大列表框即为菜单列表区。在该区域中显示了所有菜单项的标题、级别和快捷键及热键。对选中的菜单项可进行编辑和修改。

7.2.3 下拉式菜单

建立下拉式菜单的一般步骤：

(1) 列出菜单组成清单。

(2) 在"菜单编辑器"窗口，按照清单逐项进行设计。

(3) 编写各菜单项的命令代码。

下面我们以例子来说明建立菜单程序的具体方法和步骤。

【例 7-6】设计下拉式菜单，其功能可以改变文本框中文字的字体、字形和大小。

操作步骤：

(1) 设计用户界面。

① 在 VB 环境中，单击"文件/新建工程"命令。在新建的窗体上添加一个文本框。

② 设置属性，如表 7-11(a)所示。

(2) 用"菜单编辑器"设计下拉菜单。

① 打开"菜单编辑器"，按表 7-11(b)所示的属性，设计各菜单项。界面如图 7-15(a)所示。

② 单击"确定"按钮，保存菜单的设计。界面设计如图 7-15(b)、(c)所示。

表 7-11（a） 文本框属性设置

控件名称	属　　性	属性值	说　　明
Text1	Text	空	
	MultiLine	True	多行显示
	ScrollBars	3	加水平和垂直滚动条
	Top	0	
	Left	0	

表 7-11（b） 菜单项属性设置

标　　题	名　　称	快捷键	说　　明
字体(&F)	Fname		菜单标题(设热键 Alt+F)
……黑体	Fh		菜单项
……隶书	Fl		菜单项
……-	bar		分隔条
……字形	Fpopup		子菜单标题
………粗体	Fbold		子菜单项
………斜体	Fitalic		子菜单项
大小(&S)	Fsize		菜单标题(设热键 Alt+S)
……大号字	F30	Ctrl + L	菜单项(加快捷键)
……小号字	F10	Ctrl + S	菜单项(加快捷键)

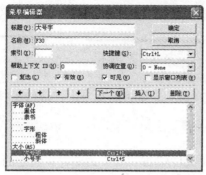

(a) 菜单项设计

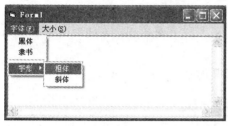

(b) 下拉菜单

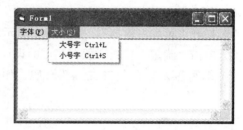

(c) 下拉菜单

图 7-15 例 7-6 图示

(3) 编写各菜单项的 Click 事件代码，如代码 7-6 所示。

(4) 按 F5 功能键，运行程序。在文本框中输入文字，选择所需菜单项，对文字进行相应的设置。

代码 7-6

```
Private Sub F10_Click()
  Text1.FontSize = 10    '单击"小号字"菜单项
End Sub
Private Sub F30_Click()
  Text1.FontSize = 30    '单击"大号字"菜单项
End Sub
Private Sub Fbold_Click()
  Text1.FontBold = True    '单击"粗体"菜单项
End Sub
Private Sub Fh_Click()
Text1.FontName = "黑体"    '单击"黑体"菜单项
End Sub
Private Sub Fitalic_Click()
Text1.FontItalic = True    '单击"斜体"菜单项
End Sub
Private Sub Fl_Click()
  Text1.FontName = "隶书"    '单击"隶书"菜单项
End Sub
```

7.2.4 菜单控件数组

在编写菜单程序的过程中，经常需要在运行状态下动态地增加或删除菜单项。解决此类问题的方法，就是要建立菜单控件数组，在程序代码中使用 Load 方法加入新的菜单项，使用 UnLoad 方法删除菜单项。

所谓菜单控件数组是指多个菜单项，共用同一个名称，用索引号标识每个菜单项，执行同一个 Click 事件过程。系统将根据不同的索引 (Index)参数来区分被单击的菜单项，从而完成相应的功能操作。

下面以一个简单的例子来说明其设计步骤。

【例 7-7】利用菜单控件数组改编例 7-6，去掉"字形"子菜单标题，在"粗体"和"斜体"菜单项旁边加"√"标记，以表示是否对文字进行粗体或斜体的设置。

操作步骤：

(1) 设计用户界面。

① 在 VB 环境中，单击"文件/新建工程"命令，在新建的窗体上添加一个文本框。

② 设置属性，如表 7-11(a)所示。

(2) 用"菜单编辑器"设计下拉菜单。

① 打开"菜单编辑器"，按表 7-12 所示的属性，设计各菜单项。界面如图 7-16(a)所示。

② 单击"确定"按钮，保存菜单的设计。

(3) 编写各菜单项的 Click 事件代码，如代码 7-7 所示。

表 7-12 菜单项属性设置

标　　题	名　　称	快捷键	索　　引	说　　明
字体(&F)	Font			菜单标题
···黑体	Fname		0	菜单项 (名称相同，索引号不同)
···隶书	Fname		1	菜单项 (名称相同，索引号不同)
···-	Bar			分隔条
···粗体	Fbold			菜单项
···斜体	Fitalic			菜单项
大小(&S)	Size			菜单标题
···大号字	Fsize	Ctrl + L	0	菜单项 (名称相同，索引号不同)
···小号字	Fsize	Ctrl + S	1	菜单项 (名称相同，索引号不同)

代码 7-7

```
'单击"粗体"菜单项
Private Sub Fbold_Click()
  Fbold.Checked = Not Fbold.Checked    '决定是否加"√"标记
  Text1.FontBold = Fbold.Checked       '决定是否设置为粗体
End Sub

'单击"斜体"菜单项
Private Sub Fitalic_Click()
  Fitalic.Checked = Not Fitalic.Checked    '决定是否加"√"标记
  Text1.FontItalic = Fitalic.Checked       '决定是否设置为斜体
End Sub

'Fname控件数组的单击事件
Private Sub Fname_Click(Index As Integer)
Select Case Index
 Case 0
  Text1.FontName = "黑体"  '单击"黑体"菜单项，索引号为0，文字设置为"黑体"
 Case 1
  Text1.FontName = "隶书"  '单击"隶书"菜单项，索引号为1，文字设置为"隶书"
 End Select
End Sub

'Fsize控件数组的单击事件
Private Sub Fsize_Click(Index As Integer)
 Select Case Index
  Case 0
```

```
        Text1.FontSize = 30  '单击"大号字"菜单项, 索引号为0, 字号设置为30
     Case 1
        Text1.FontSize = 10  '单击"小号字"菜单项, 索引号为1, 字号设置为10
   End Select
End Sub
```

(4) 按 F5 功能键，运行程序。在文本框中输入文字，选择所需菜单项，对文字进行相应的设置。其结果如图 7-16(b)所示。

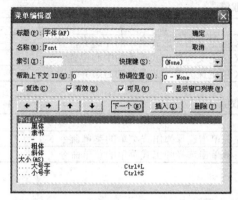

(a) 菜单项设计

(b) 菜单控件数组

图 7-16　例 7-7 图示

说明：

(1) "黑体"和"隶书"两菜单项的名称相同，索引号不同，组成一个菜单控件数组，数组名为：Fname；"大号字"和"小号字"两菜单项的名称相同，索引号不同，组成一个菜单控件数组，数组名为：Fsize。

(2) 菜单控件数组的事件过程格式如下：

Private Sub 菜单控件数组名_Click(Index As Integer)

　　程序代码　　'根据索引号(Index)判断所执行的菜单项

End Sub

(3) 菜单项的 Checked 属性默认值为：False。当单击"粗体"菜单项时，Checked 属性变为：True，旁边加"√"标记，文本框的 FontBold 属性也变为 True，即文字加粗。再次单击该菜单项，Checked 属性变为：False，去掉旁边的"√"标记，文本框的 FontBold 属性也变为：False，即文字不加粗。依次反复进行，用同样方法设置文字是否加斜体。

7.2.5　弹出式菜单

弹出式菜单，即所谓的快捷菜单是当鼠标在窗体上的任意位置右击时所弹出的菜单。建立弹出式菜单的方法与建立一般下拉菜单的方法基本相同，只是在使用时必须用 PopupMenu 方法激活。该方法的语法格式为：

[对象名.]PopupMenu 菜单名 , [flags , [X , [Y , [BoldCommand]]]]

其中：

(1) 对象名：指出在哪一个对象上打开弹出式菜单，若省略，则在当前窗体上打开弹出式菜单。

(2) 菜单名：是指在"菜单编辑器"中为该菜单标题所设置的名称(Name)属性值。

(3) x，y：是菜单弹出的坐标，默认为鼠标坐标。

(4) BoldCommand：指定菜单中要以粗体字显示的菜单名称。

(5) Flags：定义弹出式菜单的位置及行为。位置取值如表 7-13 所示，行为取值如表 7-14 所示。位置和行为的取值用"或"运算符连接。

表 7-13　位置取值

Flags 取值	Flags 常量	说　　明
0 (默认值)	vbPopupMenuLeftAlign	此时参数 X 值定义为弹出式菜单的左边界位置
4	bPopupMenuCenterAlign	此时参数 X 值定义为弹出式菜单的中心位置
8	vbPopupMenuRightAlign	此时参数 X 值定义为弹出式菜单的右边界位置

表 7-14　行为取值

Flags 取值	Flags 常量	说　　明
0(默认值)	vbPopupMenuLeftButton	能用鼠标左键单击选择弹出式菜单的菜单命令
2	vbPopupMenuRightButton	能用鼠标右键单击选择弹出式菜单的菜单命令

建立弹出式菜单的一般步骤如下：

(1) 与下拉菜单一样，在"菜单编辑器"窗口，编辑菜单。

(2) 将需要隐藏的主菜单标题的 Visible 属性设置为 False，即在"菜单编辑器"中将该菜单标题的"可见"复选框的"√"标记去掉，而菜单中的其他菜单项的"可见"标记仍保留。

(3) 在代码窗口中，编写菜单标题对象的_MouseUp 事件。形式如下：

Private Sub 对象_MouseUp(Button As Integer, Shift As Integer, X As Single, Y As Single)

   If Button = 2 Then

      PopupMenu 菜单名…

   End If

End Sub

当鼠标单击时激活该事件过程。Button = 1，为鼠标单击左键；Button = 2，为鼠标单击右键。详见第 8 章。

【例 7-8】在例 7-7 的基础上添加一个弹出式菜单，用于改变文本中文字的颜色。

操作步骤：

(1) 鼠标双击例 7-7 所形成的工程文件"7-7.vbp"，进入 VB 设计状态。

(2) 打开"菜单编辑器"，添加菜单项，如图 7-17(a)所示。新菜单项的属性如表 7-15 所示(特别注意在添加"颜色"菜单标题时，要去掉"可见"复选框中的对勾)。单击"确定"按钮，保存菜单的设计。

表 7-15　新菜单项属性设置

标　　题	名　　称	可见(Visible)	说　　明
颜色	Color	False	菜单标题
…·红色	Red	True	菜单项
…·绿色	Green	True	菜单项
…·蓝色	Blue	True	菜单项

(3) 编写程序代码，如代码 7-8 所示。

代码 7-8

```
Private Sub Red_Click()
   Text1.ForeColor = RGB(255, 0, 0)        '设置为红色
End Sub
Private Sub Green_Click()
   Text1.ForeColor = RGB(0, 255, 0)        '设置为绿色
End Sub
Private Sub Blue_Click()
   Text1.ForeColor = RGB(0, 0, 255)        '设置为兰色
End Sub

Private Sub Text1_MouseUp(Button As Integer, _
Shift As Integer, X As Single, Y As Single)
   If Button = 2 Then                       '鼠标右击
      PopupMenu Color                       '弹出 Color菜单
   End If
End Sub
```

(4) 将工程另存为 "7-8.vbp"，窗体文件也另存为 "7-8.frm"。

(5) 按 F5 功能键，运行程序。在文本框中输入文字，选择所需菜单项，对文字进行相应的设置。鼠标右击即可弹出 "Color" 菜单，对文字进行颜色的设置。其结果如图 7-17(b)所示。

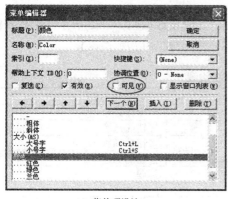

(a) 菜单项设计

(b) 弹出式菜单

图 7-17　例 7-8 图示

7.3　多重窗体

实际上，任何一个应用程序并非只包含一个窗体，往往是多个窗体的有机结合。所谓多重窗体是指在一个工程中有多个普通窗体，而每个窗体都拥有自己的用户界面和事件代码，通过工程管理形成一个复杂的、功能强大的应用程序。

7.3.1　多重窗体的添加

1. 添加新窗体

在一个新建的工程中，添加新建窗体的方法如下：

(1) 选择菜单 "工程/添加窗体" 命令或单击工具条上的 "添加窗体" 按钮，打开 "添加窗体" 对话框。

(2) 选取"新建"选项卡，在列表框中选取"窗体"项。

(3) 按"打开"按钮，完成"添加"操作。

【例 7-9】建立一个简单的时间和日期查询系统。

解题分析: 该工程包含 3 个窗体。主窗体 Fmain 的界面如图 7-18(a)所示。负责总控工作如下:

(1) 单击"显示时间"按钮，即可打开时间窗体 Ftime，显示当前时间，界面如图 7-18(b)所示。单击该窗体上的"返回"按钮，立即返回主窗体 Fmain 的界面。

(2) 单击"显示日期"按钮，即可打开日期窗体 Fdate，显示当前年月日，界面如图 7-18(c)所示。单击该窗体上的"返回"按钮，立即返回主窗体 Fmain 的界面。

操作步骤:

(1) 设计用户界面。

① 在 VB 环境中，单击"文件/新建工程"命令。在新建的窗体上添加 3 个命令按钮和 1 个标签。界面设计如图 7-18(a)所示。

② 将窗体的 (名称)属性设为: Fmain。其他属性设置如表 7- 16 所示。

③ 添加一个新窗体，其 (名称)属性为: Ftime。界面设计如图 7-18(b)所示。窗体上各控件的属性设置如表 7-17 所示。

④ 再添加一个新窗体，其 (名称)属性为: Fdate。界面设计如图 7-18(c)所示。工程资源管理器窗口图 7-18(d)所示。窗体上各控件的属性设置类似于表 7-17 所示(略)。

表 7-16　Fmain 窗体属性设置

控件名称	属　　性	属性值	说　　明
Form1	(名称)	Fmain	为窗体命名
Command1	Caption	显示时间	按钮的标题
Command2	Caption	显示日期	按钮的标题
Command3	Caption	退出系统	按钮的标题
Label1	Caption	欢迎查询	标题
	ForeColor	红色	
	FontSize	36	

表 7-17　Ftime 窗体属性设置

控件名称	属　　性	属性值	说　　明
Form1	(名称)	Ftime	为窗体命名
Command1	Caption	返回	按钮的标题
Picture1	AutoRedraw	True	在 Form_Load 事件中可显示文字
	FontSize	36	
Label1	Caption	现在时间为:	标题
	FontName	宋体	
	FontSize	20	

(2) 编写程序代码。

① 窗体 Fmain 的事件过程如代码 7-9 所示。

② 窗体 Ftime 的事件过程如代码 7-10 所示。

③ 窗体 Fdate 的事件过程如代码 7-11 所示。

(3) 保存工程。单击"菜单/保存工程"命令，分别将 Fmain.frm、Ftime.frm 和 Fdate.frm

等 3 个窗体文件及 7-9.vbp 工程文件保存在同一个文件夹中。

(4) 按 F5 功能键，运行程序。其结果如图 7-18(a)、(b)、(c)所示。

(a) 主窗体

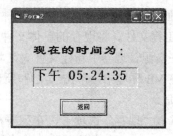

(b) 显示时间窗体

(c) 显示日期窗体

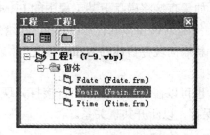

(d) 工程资源管理器窗口

图 7-18　多重窗体

代码 7-9

```
Private Sub Command1_Click()
   Fmain.Hide      '隐藏主窗体
   Ftime.Show      '显示时间窗体
End Sub
Private Sub Command2_Click()
   Fmain.Hide      '隐藏主窗体
   Fdate.Show      '显示日期窗体
End Sub
Private Sub Command3_Click()
   End             '退出应用程序
End Sub
```

代码 7-10

```
Private Sub Command1_Click()
   Ftime.Hide      '隐藏时间窗体
   Fmain.Show      '显示主窗体
End Sub
Private Sub Form_Load()
   Picture1.Print Time  '在图片框中显示时间
End Sub
```

代码 7-11

```
Private Sub Command1_Click()
   Fdate.Hide      '隐藏日期窗体
   Fmain.Show      '显示主窗体
End Sub
Private Sub Form_Load()
   Picture1.Print Date  '在图片框中显示日期
End Sub
```

2．添加其他工程中的窗体

任何一个已设计好的窗体都是以扩展名为.frm 的文件形式存放在磁盘中的。窗体文件包含用户界面及窗体操作所需的全部事件代码。工程文件存放窗体文件的信息，窗体文件可以属于任何工程文件。将现存的窗体文件加入新建工程中的方法如下：

(1) 在资源管理器中新建文件夹，将已设计好的窗体文件复制到该文件夹中。

(2) 在 VB 环境中，单击"文件/新建工程"命令。在新建的窗体上，选择菜单"工程/添加窗体"命令。

(3) 选取"现存"选项卡，在列表框中，选取新建文件夹中的窗体文件。

(4) 按"打开"按钮完成操作。

说明：

(1) 如果直接将磁盘上某工程中的 FRM 文件添加进来，这实际上是多个工程之间在共享该文件，一旦对该窗体进行修改，必将影响原有工程的功能。

(2) 新添的现存窗体的 Name 属性，不能与新建工程中的窗体的 Name 属性相同，否则会报错。

(3) 也可以在新建工程中，直接打开现存窗体文件，通过"另存为"命令以不同的窗体文件名保存，以断开共享关系。

7.3.2　多重窗体的设计

1．多重窗体操作的语句和方法

在拥有多个窗体的工程中，经常需要在多个窗体之间进行切换，显示某个窗体或隐藏某个窗体。有关窗体间的操作方法和语句如下：

(1) Load 语句。其格式为：

Load　窗体名称

功能：将一个窗体装入内存。

说明：此时仅能引用窗体中的控件及各种属性，但运行时窗体并不显示到屏幕上。

(2) UnLoad 语句。其格式为：

UnLoad　窗体名称

功能：清除内存中的窗体。

(3) Show 方法。其格式为：

[窗体名称]．Show[模式]

功能：将一个窗体装入内存，并在屏幕上显示。

说明：

① 若省略[窗体名称]，则显示当前窗体。

② 模式的取值为 0 和 1，其值为 1 时，表示所显示的窗体为"模式型"(Modal)，即在程序运行时用户只有关闭该窗体之后才能对其他窗体进行操作。若其值为 0 时，表示显示的窗体为"非模式型"(Modeless)，即可以同时打开几个窗体进行操作。

③ Show 方法兼有 Load 方法的功能，故一般应用程序常用 Show 方法。

(4) Hide 方法。其格式为：

[窗体名称] . Hide

功能：隐藏指定的窗体，但并不将该窗体从内存中清除。

2．多重窗体间的数据存取

在多个窗体间的数据一般是通过在标准模块中定义全局变量来实现共享的，如果要直接取另一个窗体上的数据，则必须按如下格式来存取：

窗体名称. 控件名. 属性

7.3.3　多重窗体的执行和保存

在有多个窗体的工程中，当程序运行时，究竟哪个窗体先执行，哪个后执行？怎样保存该工程？怎样打开该工程？有关这一系列问题，下面来详细地讨论。

1．设置启动窗休

在多窗体应用程序中，必须指定一个窗体作为启动窗体，否则在执行该应用程序时，系统会自动将第一个创建的窗体作为启动窗体。设定启动窗体的方法如下：

(1) 选择菜单"工程/工程属性"项，打开"工程属性"对话框。

(2) 选取"通用"选项卡，在"启动对象"下拉列表中，指定作为第一个出现的窗体名，如图 7-19 所示。

(3) 单击"确定"按钮。

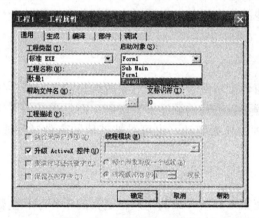

图 7-19　工程属性对话框

2．保存文件

为了避免多个工程之间的相互影响，一般每个工程都放在各自的文件夹中，尤其是多窗体工程，更应先建一个文件夹，再将该工程中的所有文件存放在其中。保存多窗体工程的方法如下：

(1) 选择菜单"文件/保存工程"项，打开"文件另存为"对话框。

(2) 在"保存在"下拉列表中，选取准备放置文件的文件夹。

(3) 根据提示，依次为每个文件 (包括工程文件.vbp、多个窗体文件.frm 及标准模块文件.bas 等)命名、保存。

3．打开文件

一般单窗体工程保存之后，在"资源管理器"窗口双击其工程文件即可进入 VB 6.0 集成环境打开该工程，也可直接双击其窗体文件打开该工程。

但对于多窗体工程来说，如果直接双击该工程中的某个窗体文件，系统会自动生成一个新的工程，并进入 VB 6.0 集成环境，在该环境中只有被打开的一个窗体文件。因此，要打开多窗体工程，必须双击其工程文件，系统才会自动打开并装载该工程的所有文件。

7.4　Visual Basic 的工程结构

所谓模块就是指程序单位。在 VB 的应用程序中有 3 种模块：标准模块、窗体模块和类模块。本节我们主要介绍前 2 种模块。

7.4.1　窗体模块

在前面的章节中，我们为每个窗体 (无论是单窗体还是多窗体)所编写的程序代码，实质就是所谓的窗体模块。窗体模块主要由以下 3 部分组成。

1．通用声明

通用声明位于代码窗体的开始部分，只能用来存放窗体的变量和常量的声明以及一些函数的声明，不能存放其他的命令语句。在通用声明部分所声明的变量和常量其作用域为整个窗体。

2．事件过程

事件过程为窗体及窗体上所包含的各个对象所编写的各种事件代码，一般放在通用声明部分之后。各个事件过程不仅编写的顺序不受限制，而且激活的方法也比较灵活，即可以在工程运行时由用户的各种操作来驱动，也可以被其他的事件过程或通用过程所调用(参见例7-14)。

3．通用过程

通用过程就是我们在第 6 章所介绍的用户自定义的子程序和函数。通用过程和事件过程的顺序没有限制，可以相互调用。

7.4.2　标准模块

标准模块是独立于窗体的程序单位，其扩展名为.bas。标准模块主要是由全局变量声明、模块层声明及通用过程等几个部分组成。一般来讲，具有多窗体的工程需要添加标准模块，以便各窗体间的数据进行传递。在一个工程中，根据需要可以建立一个或多个标准模块。

标准模块主要由以下 3 部分组成。

(1) 全局变量声明。全局变量声明一般位于标准模块的最前面，使用 Public 关键词对变量和常量进行声明，在此声明的变量其作用域为整个工程。

(2) 模块层声明。用 Dim 关键词声明的变量和常量，属于模块层的声明，其有效范围仅限于本模块内。

(3) 通用过程。和窗体模块中的通用过程一样，指的是用户自定义的子程序和函数。一般将 Public 关键词声明的通用过程放在标准模块中。

添加标准模块的方法为：

(1) 选择菜单"工程/添加模块"项，打开"添加模块"对话框。

(2) 选取"新建"选项卡，在列表框中选"模块"。

(3) 再单击"打开"按钮。

7.4.3 Sub Main 过程

由图 7-19 可见，启动对象除了各个窗体之外，还有一个过程就是 Sub Main。Sub Main 是在标准模块中建立的一个特殊的通用过程，主要用于控制多窗体应用程序的启动，并且可以在第 1 个窗体显示之前进行一些初始化工作。Sub Main 过程的建立方法和一般的通用过程一样，但作为启动过程必须进行如下设置：

(1) 选择菜单"工程/工程属性"项，打开"工程属性"对话框。

(2) 选取"通用"选项卡，在"启动对象"下拉列表中，选取 Sub Main，如图 7-19 所示。

(3) 单击"确定"按钮。

【例 7-10】用例 7-1、例 7-2、例 7-3、例 7-4 等 4 个案例的窗体文件，形成一个新的工程。其运行结果如图 7-20(a)所示。

解题分析：根据题目的要求，该工程共有 5 个窗体，4 个是现存窗体，只需添加进来。新建一个如图 7-20(a)所示的窗体，专门负责总控任务。4 个命令按扭分别用来启动 4 个现存窗体，另添加一个标准模块，在模块中定义一个全局变量 st 为 5 个窗体所共享，定义一个 Sub main 过程作为启动过程。设计后的工程资源管理器窗口如图 7-20(b)所示。

(a) 运行结果

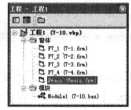

(b) 工程资源管理器窗口

图 7-20　例 7-10 图示

操作步骤：

(1) 在桌面上新建一个名为"例 7-10"的文件夹，将例 7-1、例 7-2、例 7-3、例 7-4 等 4 个案例所形成的窗体文件复制到该文件夹中。

(2) 设计用户界面。

① 在 VB 环境中，单击"文件/新建工程"命令。

② 在新建的窗体上放置一个有 4 个元素所组成的命令按钮控件数组和一个标签，将窗体的 (名称)属性设为：Fmain。界面设计如图 7-20(a)所示。

③ 选择菜单"工程/添加窗体"项，选取"现存"选项卡，在列表框中，选取"例 7-10"文件夹中的"7-1.frm"文件，按"打开"按钮，将该窗体添加到当前工程中，设置窗体的(名称)属性为：F7_1。

④ 用同样方法添加窗体"7-2.frm"，并设置该窗体的(名称)属性为：F7_2。

⑤ 用同样方法添加窗体"7-3.frm"，并设置该窗体的(名称)属性为：F7_3。

⑥ 用同样方法添加窗体"7-4.frm"，并设置该窗体的(名称)属性为：F7_4。

(3) 编写程序代码并设置启动对象。

① 选择菜单"工程/添加模块"项，为工程添加一个标准模块，打开该模块编写代码，如代码 7-12 所示。

② 选择菜单"工程/工程属性"项，设置 Sub Main 为启动对象。

③ 在工程资源管理器窗口，选取 Fmain 窗体，打开该窗体的代码窗口，编写程序如代码 7-13 所示。

代码 7-12

```
Public st As String        '设置全局变量 st
Public Sub main()
  Fmain.Show
End Sub
```

代码 7-13

```
Private Sub Command1_Click(Index As Integer)
  Select Case Index
  Case 0
    F7_1.Show        '运行 例7-1
  Case 1
    F7_2.Show        '运行 例7-2
  Case 2
    F7_3.Show        '运行 例7-3
  Case 3
    F7_4.Show        '运行 例7-4
  End Select
End Sub
Private Sub Form_Load()
  st = "例7-10"        '设置窗体标题
  Me.Caption = st     'me代表当前活动窗体,即:Fmain
End Sub
```

(4) 设置该案例中的所有窗体标题为"例 7-10"。其具体方法是：为 4 个添加进来的窗体分别添加 Form_Load 事件(原窗体中的现存代码不变)，分别编写代码，如代码 7-14、7-15、7-16 和 7-17 所示。

(5) 单击"菜单/保存工程"命令，将 Fmain.frm 窗体文件、7-10.bas 标准模块文件及 7-10.vbp 工程文件保存于"例 7-10"文件夹中。

(6) 按 F5 功能键，运行程序。其结果如图 7-20(a)所示。

代码 7-14

```
Private Sub Form_Load()
  Me.Caption = st     '或 f7_1.Caption =st
End Sub
```

代码 7-15

```
Private Sub Form_Load()
  Me.Caption = st     '或 f7_2.Caption =st
End Sub
```

代码 7-16

```
Private Sub Form_Load()
 Me.Caption = st      '或 f7_3.Caption =st
End Sub
```

代码 7-17

```
Private Sub Form_Load()
 Me.Caption = st      '或 f7_4.Caption =st
End Sub
```

7.5 多文档界面 (MDI)

Windows 应用程序的界面形式一般有 2 种，一种为单文档界面 (SDI)，另一种为多文档界面(MDI)，如记事本就属于单文档界面。在记事本应用程序窗口中只能编辑一个文档，当打开一个新的文档时，旧的文档会自动关闭。而 Word 和 Excel 等 Office 软件则属于多文档界面，在 Word 应用程序的主窗口内可同时打开多个子窗口，编辑多个文档。

7.5.1 MDI 窗体的特点

用 VB 所创建的多文档界面与 Office 软件一样，都是由一个父窗口和若干个子窗口组成，父窗口或称 MDI 窗体是子窗口的容器。子窗口或称为文档窗口则显示各自的文档，所有子窗口具有相同的功能。

一般的 MDI 窗体都具有以下的特性：

(1) 所有子窗体均显示在 MDI 窗体之内，子窗体可移动、改变大小，但不能超越 MDI 窗体的边界。

(2) 当一个子窗体被最小化时，它的最小化图标放置在 MDI 窗体内，而不是 Windows 的任务栏中。每个子窗体都有自己的图标。

(3) 当子窗体最大化时，子窗体的标题与 MDI 窗体的标题将组合在一起，显示在 MDI 窗体的标题栏上。

(4) 在执行阶段，活动子窗体的菜单显示在 MDI 窗体的菜单栏中，替代 MDI 窗体的菜单，故一般情况下，不需要在子窗体上设置菜单，而预先设置在 MDI 父窗体上。

(5) 在 MDI 子窗体上必须有存放文档的控件，如 Text 控件。

7.5.2 MDI 窗体的创建

建立多文档应用程序，一般需要以下 4 个步骤：

1. 创建 MDI 窗体

新建一个工程，通过选取菜单"工程/添加 MDI 窗体"命令，为该工程创建一个 MDI 窗体，再选取"工程/属性"项，在打开的对话框中，设定 MDI 窗体为启动对象。

2. 创建第 1 个子窗体

设置 Form1 窗体的 MDIChild 属性为 True，即可将普通窗体 Form1 变为 MDI 窗体的子窗体。

3．创建多个子窗体

通过 Dim 语句为工程添加 MDI 子窗体，接着再通过 Load 命令装载该子窗体。Dim 语句的调用格式为：

Dim 新对象名 As New 对象名

说明：

(1) "对象名"为已存在的 MDI 子窗体名。

(2) "新对象名"创建一个完全和"对象名"一样的新的 MDI 子窗体名。

(3) 用 New 关键字创建新对象，这个对象被视为它的类所定义的对象。

【例 7-11】用多文档界面建立一个如图 7-21 所示的简易文本编辑器。要求：

图 7-21　运行结果

(1) 用"新建"菜单项可任意增加若干个子窗口，并在子窗口的标题栏中显示窗口号。

(2) 用"打开"菜单项可新增一个新的子窗口，并在子窗口中打开一个文本文档。

(3) 用"保存"菜单项可将当前活动子窗口中的文本内容存入磁盘。

操作步骤：

(1) 创建 MDI 窗体及子窗体。

① 在桌面上新建一个名为"例 7-11"的文件夹。在 VB 环境中，单击"文件/新建工程"命令键(新工程已预先创建了一个窗体 Form1)。

② 执行菜单"工程/添加 MDI 窗体"命令，创建一个 MDI 窗体 MDIForm1。

③ 选取菜单"工程/工程属性"项，打开"工程属性"对话框，如图 7-22(a)所示。在启动对象栏下选择 MDIForm1，即将 MDIForm1 窗体设置为启动窗体。

④ 将普通窗体 Form1 变为 MDI 窗体的子窗体。选取 Form1 窗体，并在其上添加一个文本框 Text1 和通用对话框 CommonDialog1。设置属性如表 7-18 所示。设置后的工程资源管理器窗口如图 7-22(b)所示。

⑤ 为子窗体 Form1 编写程序代码，如代码 7-18 所示。

表 7-18　属性设置

控件名称	属　　性	属性值	说　　明
Form1	MDIChild	True	成为 MDIForm1 窗体的子窗体
Text1	multiline	True	多行显示
	Scorllbars	3	加水平和垂直滚动条

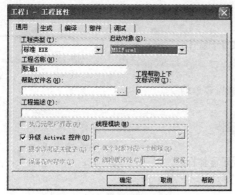

(a)"工程属性"对话框

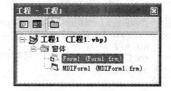

(b) 工程资源管理器窗口

图 7-22 　例 7-11 图示

代码 7-18

```
'当窗体改变尺寸大小时触发的事件
Private Sub Form_Resize()
'文本框的左上角与窗体的左上角重合
 Text1.Top = 0
 Text1.Left = 0

'文本框的宽度等于当前MDI子窗体的宽度
 Text1.Width = Me.ScaleWidth

'文本框的高度等于当前MDI子窗体的高度
 Text1.Height = Me.ScaleHeight
End Sub
```

(2) 多个子窗体的建立及应用。

① 选取 MDIForm1 窗体，添加"文件"下拉菜单，设置菜单项属性如表 7-19 所示。

表 7-19 　菜单项属性设置

标　　题	名　　称
文件(&F)	Mfile
…新建	Mnew
…打开	Mopen
…保存	Msave
…退出	Mexit

② 编写 MDIForm1 窗体的 Load 事件代码及"新建"菜单项的 Click 事件代码，如代码 7-19 所示。

③ 编写"打开"菜单项的 Click 事件代码，如代码 7-20 所示。

④ 编写"保存"菜单项和"退出"菜单项的 Click 事件代码，如代码 7-21 所示。

(3) 保存工程。

① 单击"文件/工程另存工程"命令，将 7-11.vbp 工程文件保存到"例 7-11"文件夹中。

② 选取 MDIForm1 窗体，单击"文件/MDIForm1.frm 另存为"命令键，将其存入"例 7-11"文件夹中。

③ 选取 Form1 窗体，单击"文件/Form1.frm 另存为"命令键，将其存入"例 7-11"文件夹中。

代码 7-19

```
'程序运行后，立即调用mnew_Click事件，
'执行"新建"菜单命令，在窗体上创建第一个MDI子窗体
Private Sub MDIForm_Load()
   mnew_Click
End Sub
Private Sub mnew_Click()          '单击"新建"菜单项
   Static no As Integer

'创建一个和Form1一样的名为newform的MDI子窗体
   Dim newform As New Form1
   no = no + 1
   newform.Caption = no & "号窗口"    '设置子窗体标题
   Load newform                      '装载newform子窗体
End Sub
```

代码 7-20

```
Private Sub mopen_Click()          '单击"打开"菜单项
   Dim st$
   mnew_Click              '创建一个名为newform的MDI子窗体
'在刚创建的子窗体上，设置通用对话框和文本框的属性
   With MDIForm1.ActiveForm
   .CommonDialog1.Filter = "文本文件|*.txt"
   .CommonDialog1.ShowOpen
   .Text1 = ""

'通过"打开"对话框打开己存在的文本文件并逐行读入文本框中
   Open .CommonDialog1.FileName For Input As #1
      Do While Not EOF(1)
        Line Input #1, st
        .Text1.Text = .Text1 + st + vbCrLf
      Loop
   Close #1
   End With
End Sub
```

代码 7-21

```
Private Sub msave_Click()          '单击"保存"菜单项
   With MDIForm1.ActiveForm
   .CommonDialog1.Filter = "文本文件|*.txt"
   .CommonDialog1.ShowSave

'通过"另存为"对话框将文本框中的内容，写入一个新的文件中
   Open .CommonDialog1.FileName For Output As #2
      Print #2, .Text1.Text
   Close #2
   End With
End Sub
Private Sub mexit_Click()          '单击"退出"菜单项
   End
End Sub
```

(4) 按 F5 功能键，运行程序。其结果如图 7-21 所示。

说明：

(1) MDI 窗体的 ActiveForm 属性指的是具有焦点的或者是最后被激活的或者是刚刚创建的 MDI 子窗体。

(2) Form_Resize( )事件是在窗体的大小被改变的瞬间所触发的事件。

(3) 关于文件的打开、读写、保存以及关闭的操作，请参见第 9 章。

7.5.3　多个子窗体的排列

大多数 Windows 的 MDI 应用程序都提供"窗口"菜单，用该菜单中的各个菜单项可以对多个 MDI 子窗体进行"水平平铺"、"垂直平铺"及"层叠"等操作。

在 VB 的菜单系统中，一般都设有"窗口"菜单标题。利用菜单编辑器，设置"窗口"菜单标题的属性，将"显示窗口列表"复选框的"√"选上(或将 WindowList 属性设置为 True)，如图 7-23(a)所示。在程序运行时，单击"窗口"菜单标题，在下拉出的菜单底部就会自动显示所有打开的子窗体名称。

利用 MDI 的 Arrange 方法可以对子窗体进行各种排列，Arrange 方法的调用格式为：

MDI 窗体名称.Arrange 排列样式

其中，排列样式的取值见表 7-20。

表 7-20　排列样式取值表

值	VB 常量	说　　　明
0	vbCascade	层叠所有非最小化 MDI 子窗体
1	vbTileHorizontal	水平平铺所有非最小化 MDI 子窗体
2	vbTileVertical	垂直平铺所有非最小化 MDI 子窗体
3	vbArrangeIcons	重排最小化 MDI 子窗体图标

【例 7-12】在例 7-11 题的基础上，增添"窗口"下拉菜单，实现对多个子窗口的各种排列，并显示被打开的各子窗口的标题，如图 7-23(b)所示。

操作步骤：

(1) 打开例 7-11 所建的工程文件，选取 MDIForm1 窗体，增添"窗口"下拉菜单，并按表 7-21 设置其属性。"窗口"菜单标题的设置如图 7-23(a)所示。

(2) 在代码窗口增添 4 个菜单项的过程代码，如代码 7-22 所示。

表 7-21　设置菜单项属性

标　　题	名　　称	显示窗口列表
窗口(&W)	W	True
…水平平铺	Hw	False
…垂直平铺	Vw	False
…叠层	CW	False
…排列图标	IW	False

代码 7-22

```
Private Sub CW_Click()
    MDIForm1.Arrange 0          '重叠方式
End Sub
Private Sub Hw_Click()
    MDIForm1.Arrange 1          '水平方式
End Sub
Private Sub Vw_Click()
    MDIForm1.Arrange 2          '垂直方式
End Sub
Private Sub IW_Click()
    MDIForm1.Arrange 3          ' 最小化后以图标形式重排
End Sub
Private Sub MDIForm_Load()
    mnew_Click
End Sub
```

（3）在桌面上新建一个"例 7-12"文件夹，将工程文件、MDIForm1 的窗体文件和 Form1 的窗体文件另存到"例 7-12"文件夹中。

（4）按 F5 功能键，运行程序。其结果如图 7-23(b)所示。

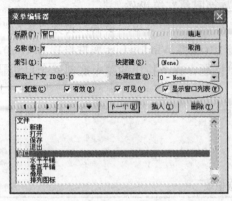

(a) 菜单编辑器窗口

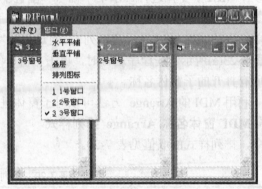

(b) 运行结果

图 7-23　例 7-12 图示

7.6　工具栏设计

在 Windows 视窗应用程序中，工具栏作为快速访问菜单命令的界面，得到了广泛的使用。工具栏是由多个图形工具按钮组成，一般位于窗体的上方，主菜单的下方。用户可根据图形按钮以及上面的提示，方便地进行操作。在多文档界面 (MDI)的应用程序中，工具栏一般放在 MDI 父窗体中。

VB 应用程序中的工具栏是通过工具栏控件 ToolBar 以及提供显示工具栏按钮图片的图像列表控件 ImageList 来制作的，一般操作步骤如下：

（1）在工具箱中添加工具栏控件和图像列表控件。

（2）在窗体上添加 ImageList 控件，通过 ImageList 控件的属性对话框添加所需的图像。

（3）再在窗体上方添加 ToolBar 控件，通过 ToolBar 控件的属性对话框创建工具按钮。

（4）最后在 ToolBar 控件的 ButtonClick 事件中用 Select Case 语句对各按钮进行相应编程。

下面通过具体的案例来详细地描述工具栏的设计方法。

【例 7-13】设计一个具有 4 个按钮的工具栏，用于改变文本框中的正文字体风格。文本框中的正文可以是粗体、斜体或下划线，也可以是任意 2 种状态的组合，也可以同时具有 3 种状态。第 4 种状态为标准体，即无任何设置。

操作步骤：

（1）添加工具栏控件和图像列表控件。

①　在桌面上新建一个文件夹，任意搜索 4 幅图片，存于该文件夹之中。

②　在 VB 环境中，单击"文件/新建工程"命令，在新建的窗体上添加一个文本框。

③　执行"工程/部件"命令，打开"部件"对话框。

④　在对话框中选择"控件"选项卡，在控件列表框中选"Microsoft Windows Common Controls 6.0"。

⑤ 单击"确定"按钮，工具栏控件和图像列表控件被加到工具箱中，如图 7-24(a)所示。

(2) 添加 ImageList 控件。

① 在窗体上，添加"ImageList 控件"，并选取"ImageList1"对象，鼠标右击，在弹出的快捷菜单中，选"属性"项，打开"属性页"对话框，如图 7-24(b)所示。

② 选取"通用"选项卡，单击"32×32"单选按钮，设置按钮的大小。

③ 选取"图像"选项卡，单击"插入图像"按钮，在打开的"选定图片"对话框中，选取新建文件夹中的第 1 副图，再按"打开"按钮，索引文本框中自动显示"1"，在关键字文本框中输入 Bold。

④ 单击"插入图像"按钮，在打开的"选定图片"对话框中，选取新建文件夹中的第 2 副图，并按"打开"按钮，索引文本框中自动显示"2"，在关键字文本框中输入 Italic。

⑤ 依此类推，按表 7-22 所示的属性，插入第 3、第 4 副图，索引号分别为 3 和 4，关键字分别为 Unline 和 None。设置完成后的属性页，如图 7-24(b)所示。单击"确定"按钮，完成所需图像的输入。

表 7-22 ImageList1 控件属性

索引(Index)	关键字(Key)	图像名(ico)
1	Bold	大自然.ico
2	Italic	旅行.ico
3	unline	水底世界.ico
4	none	太空.ico

(3) 添加 ToolBar 控件。

① 在文本框的上方，添加"Toolbar 控件"，选取"Toolbar1"对象，鼠标右击，在弹出的快捷菜单中，选"属性"项，打开"属性页"对话框。

② 选取"通用"选项卡，在"图像列表"下拉列表中，选"ImageLis1"项，如图 7-24(c)所示。

③ 选取"按钮"选项卡，单击"插入按钮"按钮，在"索引"文本框中自动显示"1"；在"图像"文本框中输入"1"；在"关键字"文本框中输入"Bold"；在"工具提示文本"文本框中，输入"粗体"，如图 7-24(d)所示。

④ 再单击"插入按钮"按钮，让"索引"框为 2；"图像"框为 2；"关键字"框为 Italic；"工具提示文本"框为斜体，依此类推设置，如表 7-23 所示。

⑤ 单击"确定"按钮，完成工具按钮的设置。

表 7-23 ToolBar 控件属性

索引 (Index)	关键字 (Key)	工具提示文本 (ToolTipText)	图 像 (Image)
1	Bold	粗体	1
2	Italic	斜体	2
3	unline	下划线	3
4	none	标准体	4

(4) 编写程序代码，如代码 7-23 所示。

(5) 按 F5 功能键，运行程序。其结果如图 7-24(e)所示。

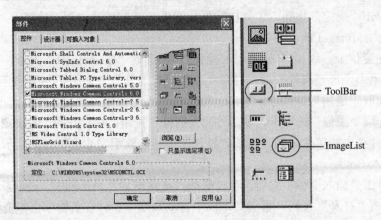

(a) 部件对话框

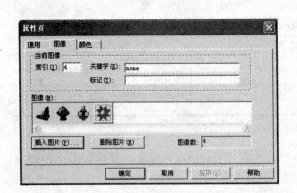

(b) 图像属性页

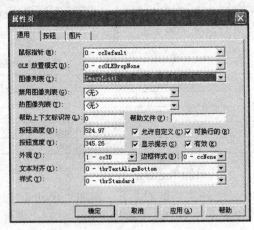

(c) 通用属性页

(d) 按钮属性页

(e) 运行结果

图 7-24　例 7-13 图示

代码 7-23

```
Private Sub Toolbar1_ButtonClick(ByVal Button As MSComctlLib.Button)
  Select Case Button.Key        '根据关键字确定按钮
    Case "Bold"
      Text1.FontBold = True
    Case "Italic"
      Text1.FontItalic = True
    Case "Unline"
      Text1.FontUnderline = True
    Case "None"
      Text1.FontBold = False
      Text1.FontItalic = False
      Text1.FontUnderline = False
  End Select
End Sub
```

说明：

(1) 对 Toolbar1 编程，可以根据索引值确定按钮，如代码 7-24 所示。

(2) 工具按钮上的图像，其文件扩展名可以是.ico、.bmp、.gif、.jpg 等。

代码 7-24

```
Private Sub Toolbar1_ButtonClick(ByVal Button As MSComctlLib.Button)
  Select Case Button.Index       '根据索引确定按钮
    Case 1
      Text1.FontBold = True
    Case 2
      Text1.FontItalic = True
    Case 3
      Text1.FontUnderline = True
    Case 4
      Text1.FontBold = False
      Text1.FontItalic = False
      Text1.FontUnderline = False
  End Select
End Sub
```

【例 7-14】在例 7-12 的基础上，添加工具栏，其上有 6 个工具按钮，分别为：新建、打开、保存、剪切、复制和粘贴，如图 7-25(a)所示。

解题分析：根据题目的要求，"新建"菜单项执行的事件过程与工具按钮"新建"执行的事件过程相同。"打开"、"保存" 2 个按钮也一样。因此，编写此案例分以下 3 步来进行：

第 1 步：首先建立一个标准模块，在该模块中建 3 个全局通用过程：newF、openF 和 saveF。将原有的"新建"菜单项的 Click 事件代码复制到 newF 过程中；将原有的"打开"菜单项的 Click 事件代码复制到 openF 过程中；将原有的"保存"菜单项的 Click 事件代码复制到 saveF 过程中。

第 2 步：将原有的"新建"菜单项的 Click 事件代码的内容改为调用 newF 过程；将原有的"打开"菜单项的 Click 事件代码的内容改为调用 openF 过程；将原有的"保存"菜单项的 Click 事件代码的内容改为调用 saveF 过程。

第 3 步：添加工具按钮，并让前 3 个工具按钮分别调用标准模块中的 3 个通用过程,即 newF、openF 和 saveF 过程。

操作步骤：

(1) 复制"例 7-12"文件夹，形成新的文件夹"例 7-14"，搜索 6 张图片放入文件夹中，其图片的文件名如表 7-24 所示。

(2) 打开"例 7-14"文件夹中的"7-12.vbp"工程文件，选择菜单"工程/添加模块"，为工程新增标准模块。打开标准模块窗口，添加 3 个子过程，名称分别为 newF、openF、saveF。其代码如代码 7-25 所示。

表 7-24 ImageListr 控件属性

索　　引	关键字	图像文件名
1	new	New.bmp
2	open	Open.bmp
3	save	Save.hmp
4	cut	Cut.bmp
5	copy	Copy.bmp
6	paste	Paste.bmp

代码 7-25

```
Public Sub newF()          '定义"新建"过程
Static no As Integer
  Dim newform As New Form1
  no = no + 1
  newform.Caption = no & "号窗口"
  Load newform
End Sub
Public Sub openF()          '定义"打开"过程
  Dim st$
    Call newF
    With MDIForm1.ActiveForm
  .CommonDialog1.Filter = "文本文件|*.txt"
  .CommonDialog1.ShowOpen
  .Text1 = ""
  Open .CommonDialog1.FileName For Input As #1
      Do While Not EOF(1)
        Line Input #1, st
       .Text1.Text = .Text1.Text + st + vbCrLf
      Loop
    Close #1
  End With
End Sub
Public Sub saveF()          '定义"保存"过程
    With MDIForm1.ActiveForm
    .CommonDialog1.Filter = "文本文件|*.txt"
    .CommonDialog1.ShowSave
   Open .CommonDialog1.FileName For Output As #2
      Print #2, .Text1.Text
   Close #2
   End With
End Sub
```

(3) 选取 MDIForm1 主窗体，打开代码窗口，修改"新建"、"打开"和"保存"3 个菜单项的单击事件代码，如代码 7-26 所示。

代码 7-26

```
Private Sub mnew_Click()
    Call newF          '调用标准模块中的"新建"过程
End Sub
Private Sub mopen_Click()
    Call openF          '调用标准模块中的"打开"过程
End Sub
Private Sub msave_Click()
    Call saveF          '调用标准模块中的"保存"过程
End Sub
```

　　(4) 选择菜单"工程/部件",打开"部件"对话框,勾选"Microsoft Windows Common Controls 6.0"项,为工具箱添加新控件。

　　(5) 在 MDIForm1 主窗体上,添加"ImageList 控件"。选取"ImageList1"对象,鼠标右击,在弹出的快捷菜单中,选"属性"项,打开"属性页"对话框,设置如图 7-25(b)所示。每个图像的属性如表 7-25 所示。

　　(6) 在 MDIForm1 主窗体上,添加"Toolbar 控件"。选取"Toolbar1"对象,鼠标右击,在弹出的快捷菜单中,选"属性"项,打开"属性页"对话框,设置如图 7-25(c)所示。每个图像的属性如表 7-25 所示。

(a) 运行结果

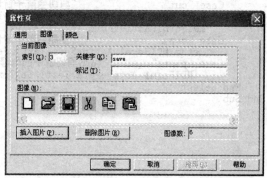

(b) 图像属性页

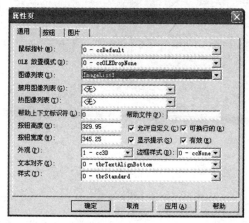

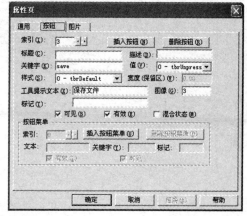

(c) 属性设置

图 7-25　例 7-14 图示

表 7-25　Toolbar 控件属性

索　　引	关键字	工具提示文本	图　　像
1	new	新建文件	1
2	open	打开文件	2
3	save	保存文件	3
4	cut	剪切	4
5	copy	复制	5
6	paste	粘贴	6

　　(7) 选取 MDIForm1 主窗体,打开代码窗口,编写 Toolbar1 的单击事件代码,如代码 7-27 所示。

(8) 按 F5 功能键，运行程序。其结果如图 7-25(a)所示。

代码 7-27

```
Dim st$
Private Sub Toolbar1_ButtonClick(ByVal Button As MSComctlLib.Button)
    Select Case Button.Key        '根据关键字确定按钮
        Case "new"
            newF         '单击"新建"按钮，调用标准模块中的"新建"过程
        Case "open"
            openF        '单击"打开"按钮，调用标准模块中的"打开"过程
        Case "save"
            saveF        '单击"保存"按钮，调用标准模块中的"保存"过程
        Case "cut"        '剪切当前子窗体的文本框中所选的内容
            st = MDIForm1.ActiveForm.Text1.SelText
            MDIForm1.ActiveForm.Text1.SelText = ""
        Case "copy"            '复制当前子窗体的文本框中所选的内容
            st = MDIForm1.ActiveForm.Text1.SelText
        Case "paste"        '粘贴剪切板中的内容到当前子窗体的文本框中
            MDIForm1.ActiveForm.Text1.SelText = st
    End Select
End Sub
```

第8章 键盘、鼠标与绘图

本章学习目标

➢ 能熟练运用键盘响应事件及相关参数完成对数据有效性输入的检验及控制
➢ 能运用鼠标事件绘制简单图形
➢ 了解坐标系统、绘图的属性和事件，掌握几种不同的绘图方法

本章将进一步深入介绍在 Windows 编程中最主要的 2 种外部事件的驱动方式——键盘事件和鼠标事件，以及如何在 VB 中用编程实现对这 2 种常用事件的响应，介绍这 2 种事件的触发条件，并结合实例讲述其编程方法和应用技巧。此外，还将详细介绍 VB 的绘图功能。

8.1 键盘和鼠标器

键盘和鼠标是人们操纵计算机的主要工具。因此对键盘和鼠标进行编程是程序设计人员必须掌握的基本技术。VB 应用程序能够响应多种键盘和鼠标事件，并能实现鼠标拖放(Drag And Drop)技术。

8.1.1 键盘

在图形界面下，用户通常只需要使用鼠标就可以操纵 Windows 的应用程序，但有时也需用键盘进行操作。键盘事件是用户敲击键盘时触发的事件，一般情况下，对于接受文本输入的控件，在键盘事件中进行编程以检测输入数据的合法性或对于不同键值的输入实现不同的操作，此外，有些使用鼠标操作的功能也可以通过键盘来实现。

1. KeyPress 事件

当用户按下和松开一个 ANSI 键时发生 KeyPress 事件(即 KeyPress 事件只对能产生 ASCII 码的按键有反应)。ASCII 字符集包含标准键盘的字母、数字和标点符号以及大多数控制键，但 KeyPress 事件只能识别一部分控制键，如 Enter、Esc、Tab、BackSpace 等，其他控制键包括功能键、编辑键和定位光标键等必须通过 KeyDown 和 KeyUp 事件检测。

KeyPress 事件常用于编写文本框的事件处理器，因为该事件发生在字符键按下后和显示在文本框之前。

格式：

Sub Form_KeyPress(KeyAscii as Integer)　　　　　　　　　　　'窗体的事件过程
Sub Object_KeyPress([Index as Integer ,] KeyPress as Integer)　　　'控件的事件过程
说明：

(1) Object 为可以产生 KeyPress 事件的对象；Index 是一个整数，用来唯一标识一个在控件数组中的控件；KeyAscii 用于返回一个标准 ANSI 键的 ASCII 码。

(2) 将 KeyAscii 改变为 0 时，可取消击键，这样对象便接收不到所按键的字符。

(3) 当该事件发生时，在默认情况下，只有窗体上具有焦点的对象能接收该事件，而窗体本身一般不会接收该事件。只有 2 种情况下窗体可接收该事件：一是当一个窗体没有可视和有效的控件时；二是虽然窗体上存在有效的控件，但窗体的 KeyPreview 属性被设置为 True 时。在第 2 种情况下，窗体接收到该事件后，控件将继续接收该事件。

(4) KeyPress 将每个字符的大、小写形式作为不同的键代码解释，即同一字母的大、小写作为 2 种不同的字符。例如，直接按大写状态的 A 和小写状态的 a 得到的 KeyAscii 参数是不同的(前者 KeyAscii 的值为 65，后者 KeyAscii 的值为 97)。在大写锁定状态下按下 Shift+A 组合键和在小写状态下按下 Shift+A 组合键时得到的参数 KeyAscii 也是不同的(前者 KeyAscii 的值为 97，后者 KeyAscii 的值为 65)。Shift+A 虽然按了 2 个物理键，但 KeyAscii 得到的参数都只有一个(即最终的 ASCii 码值)。

【例 8-1】在文本框中输入用户名和密码，并在输入时检测按键的有效性，要求用户名必须为字母构成，长度不超过 8 位，密码的长度不得少于 4 位，运行效果如图 8-1 所示。

解题分析：小写字母的 ASCii 码值为 65~90，大写字母的 ASCii 码值为 97~122，可在 Text1 文本框的 KeyPress 事件中检测接收到的 ASCii 码值是否在此区域内。用户名的长度可通过 Text1 控件的 MaxLength 属性控制，密码长度的控制可在命令按钮的 Click 事件中用 Len( )函数检测，若不满足，可将焦点重新设置到密码框中让用户重新输入密码。

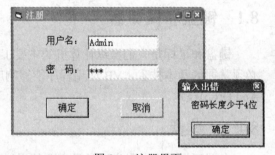

图 8-1   注册界面

操作步骤：

(1) 在 VB 环境中创建工程、窗体，在窗体上添加 2 个标签、2 个文本框和 2 个命令按钮控件。

(2) 设置各相关控件的属性，如表 8-1 所示。

表 8-1   各相关控件的属性设置

控件名称	属性名	属性值	说　　明
Form1	Caption	注册	
Text1	MaxLength	8	限定长度
	Text		清空
Text2	Text		清空
	PassWord	*	密码以*在屏幕上显示
Command1	Caption	确定	
Command2	Caption	取消	
Label1	Caption	用户名:	
Label2	Caption	密　码:	

(3) 编写各相关控件的事件程序代码，如代码 8-1 所示。

(4) 按 F5 功能键，运行程序。在 Text1 中只能输入大小写字母，其他任何字符都被取消。在 Text2 中输入不到 4 个字符便按"确定"按钮时，则弹出提示信息："密码长度少于 4 位"，如图 8-1 所示。

代码 8-1

```
Private Sub Command1_Click()
    '根据用户名和密码判断是否是合法用户
    If UCase(Trim(Text1)) = "WANGMING" And Trim(Text2) = "123456" Then
        MsgBox "合法用户，可以继续操作！！"
    Else
        MsgBox "非法用户，不能登录此系统！！"
        End                              '结束程序运行，退出系统
    End If
End Sub
Private Sub Command2_Click()
    End          '结束程序运行
End Sub
Private Sub Text1_KeyPress(KeyAscii As Integer)
    '判断文本框中键盘输入是否是大小写字母
    If KeyAscii < 65 Or KeyAscii > 122 _
       Or (KeyAscii < 97 And KeyAscii > 90) Then
        KeyAscii = 0              '如果不是大小写字母，取消字符输入
        Text1.SetFocus           '将焦点仍置于文本框控件
    End If
End Sub
    '在此事件中检测文本框中的输入是否符合要求，如不符合，可不让焦点离开此控件
Private Sub Text2_Validate(Cancel As Boolean)
    '检测Text2控件的Text内容长度是否符合要求
    If Len(Trim(Text2.Text)) < 4 Then
        MsgBox "密码长度少于4位", vbOKOnly, "输入出错"
        Text2.Text = ""              '清空
        Cancel = True        '当参数Candel值设置为True时，可防止焦点离开此控件
    End If
End Sub
```

2. KeyDown 和 KeyUp 事件

KeyDown 事件在键被按下时触发，KeyUp 事件在键被释放时触发。这 2 个事件提供了最低级的键盘响应，可以报告键盘的物理状态。

格式：

Sub Object_KeyDown (KeyCode as Integer, Shift as Integer)

Sub Object_KeyUp (KeyCode as Integer , Shift as Integer)

说明：

(1) KeyCode 是一个键的扫描码，可用 vbKeyF1(F1 键)、vbKeyA(A 键)、vbKeyShift(Shift 键)或 vbKeyHome (Home 键)等系统常量表示，也可用键码值来表示。它的值只与按键在键盘上的物理位置有关，与键盘的大小写状态无关。如果按的是 2 个以上的组合键，KeyCode 将先后得到所有这些不同物理位置键的扫描码。

(2) Shift 参数是一个 3 位二进制数的整数，标明在该事件触发时是否还同时按下了 Shift、Ctrl 和 Alt 这 3 个配合键。对应位为 1 表示相应键被按下，为 0 表示该键未被按下。最低位对应 Shift，中间位对应 Ctrl，最高位对应 Alt。Shift 参数值的表达与含义如表 8-2 所示。

表 8-2　Shift 参数值的表达与含义

十进制	二进制	常　数	按下按钮
0	000		无
1	001	vbShiftMask	Shift
2	010	vbCtrlMask	Ctrl
3	011	vbShiftMask+vbCtrlMask	Shift+Ctrl
4	100	vbAltMask	Alt
5	101	vbAltMask+vbShiftMask	Alt+Shift
6	110	vbAltMask+vbCtrlMask	Alt+Ctrl
7	111	vbAltMask+vbCtrlMask+vbShiftMask	Alt+Ctrl+Shift

(3) KeyDown 和 KeyUp 事件中的 KeyCode 是以所按键为准，对于有上档字符和下档字符的键以下档字符键的扫描码为准，故大小写字母的 KeyCode 相同，必须用 Shift 参数区分。

【例8-2】在窗体上用键盘控制小球的运动。小球用 Shape 控件表示，在窗体上有 2 个命令按钮分别为"开始"和"结束"。单击"开始"，窗体上出现红色小球，按方向键←和→，小球向左和右移动；单击 Space 键，小球向上或向下跳动，按 Enter 键结束小球操作。运行效果如图 8-2 所示。

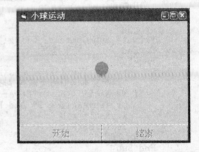

解题分析：此题目的是让一个小球控件通过 KeyDown 事件的 KeyCode 参数识别所按键来确定其运动，单击"开始"按钮后，小球可见，再将 2 个命令按钮置失效，按键触发的 KeyDown 事件将为小球控件所接收。Space、Enter 及左右方向键的 KeyCode 码值分别为 32、13、37 和 39。

图 8-2 小球运行

操作步骤：

(1) 创建工程、窗体，在窗体上添加 1 个形状控件和 2 个命令按钮控件。

(2) 设置各相关控件的属性，如表 8-3 所示。

(3) 编写相关控件的事件程序代码，如代码 8-2 所示。

表 8-3 各相关控件的属性设置

控件名称	属性名	属性值	说　　明
Form1	Caption	小球运动	
Command1	Caption	开始	
Command2	Caption	结束	
Shape1	Shape	3	设置形状为圆
	BorderColor	&HFF&	设置圆边线为红色
	FillColor	&HFF&	设置圆填充色为红色
	FillStyle	0	设置圆实心填充

代码 8-2

```
Dim c1%
Private Sub Command1_Click()
   Shape1.Visible = True          '让小球控件可见
   Command1.Enabled = False       '让此控件失效
   Command2.Enabled = False       '让此控件失效
End Sub
Private Sub Command2_Click()
   End                            '结束程序运行
End Sub
Private Sub Form_KeyDown(KeyCode As Integer, Shift As Integer)
   Select Case KeyCode
      Case 37                              '检测按←键
         Shape1.Move Shape1.Left - 100     '小球左移100
      Case 39                              '检测按→键
         Shape1.Move Shape1.Left + 100     '小球右移100
      Case 32                              '检测按Space键
         If c1 = 0 Then
            Shape1.Move Shape1.Left, Shape1.Top - 1000    '小球上跳1000
            c1 = 1                         '改变跳动方向
         Else
            Shape1.Move Shape1.Left, Shape1.Top + 1000    '小球下跳1000
            c1 = 0                         '改变跳动方向
         End If
      Case 13                              '检测按Enter键
         Command1.Enabled = True           '让此控件有效
         Command2.Enabled = True           '让此控件有效
         Shape1.Visible = False            '让小球控件不可见
   End Select
End Sub
```

(4) 按 F5 键，运行程序，点击 "开始" 按钮，2 个命令按钮失效，按 Space 键，小球上、下跳动，按左或右方向箭头键，小球向左或向右方向移动。按 "Enter" 回车键，2 个命令按钮恢复正常。系统根据所按键的 KeyCode 判断用户所按键，产生相应的动作。

8.1.2　鼠标器

窗体和大多数控件都能响应鼠标的事件，利用鼠标事件跟踪鼠标的操作，判断按下的是哪一个鼠标键及操作状态等，大大地增强了用户操作的方便性。

在程序运行时，有时需要对鼠标指针的位置和状态变化作出响应，因此，除了常用的 Click 和 DblClick 事件之外，还需要使用鼠标其他事件。重要的鼠标事件还包括 MouseDown、MouseUp 和 MouseMove，它们分别是当按下鼠标、释放鼠标和移动鼠标时被触发的。

在程序设计时，需要特别注意的是，这些事件被什么对象识别，即事件发生在什么对象上。当鼠标指针位于窗体中没有控件的区域时，窗体将识别鼠标事件。当鼠标指针位于某个控件上方时，该控件将识别鼠标事件。

MouseDown、MouseUp 和 MouseMove 鼠标事件的语法格式是统一的。

格式：

Sub Object_鼠标事件(Button as Integer , Shift as Integer, X as Single , Y as Single)

说明：

(1) Button 参数是一个 3 位二进制表示的十进制整数，表示该事件中哪个鼠标键被按下或释放。最低位、中间位和最高位分别对应于左、右、中 3 个鼠标按键。每位用 1、0 表示被按下或释放。3 个二进制位转换成十进制是 Button 的值，表 8-4 为按钮与常数值的对应关系。

表 8-4　Button 常数值

十进制	二进制	常　　　数	按下按钮
0	000		无
1	001	vbLeftButton	左按键
2	010	vbRightButton	右按键
4	100	vbMiddleButton	中按键

(2) Shift 表示当鼠标键被按下或被释放时，Shift、Ctrl、Alt 键是否同时被按下的状态。表达与含义如表 8-2 所示。

(3) X、Y 表示鼠标指针的坐标位置。如果鼠标指针在窗体或图片框中，用该对象内部的坐标系，其他控件则用控件对象所在容器的坐标系。

1．MouseDown 和 MouseUp 事件

MouseDown 和 MouseUp 事件分别是当鼠标按下和释放时被触发的。通常可以用来在运行时调整控件的位置，也可用它实现某些图形效果。

【例 8-3】编写一个在窗体中分别用鼠标画直线、方块和圆的程序。其运行界面如图 8-3 所示。

解题分析：通过单选按钮确定画图的状态或清屏，在图片框控件中用 MouseDown 事件记录下鼠标的初始坐标。为了能使画图过程中的图形轨迹呈现动态地消失和再现变化，必须将图片框的 DrawMode 属性设置为 7，这样可使得同一坐标位置第 2 次所绘的图形能擦除第 1 次所绘的图形。在图片框的 MouseMove 事件中通过检测 Button 参数返回值确定鼠标左键

按下，再根据单选按钮的判断确定绘图状态，选择画线段(Line)、矩形(Line)或圆(Circle)的方法，根据接收的当前坐标值，确定最终的图形形状。由于动态擦除前一次所绘的图形线条是采用补色原理，所以若希望在图片框中画出黑色图形，此程序中应将图片框的 ForeColor 属性值设置为&HFFFFFF&(白色)。

操作步骤:

(1) 在 VB 环境中创建工程、窗体，在窗体上添加 1 个图片框、1 个形状和 4 个单选按钮控件。

(2) 设置各相关控件的属性，如表 8-5 所示。

(3) 编写相关控件的事件程序代码，如代码 8-3 所示。

(4) 按 F5 功能键，运行程序。用户可随意在图片框中画各种图形，如图 8-3 所示。

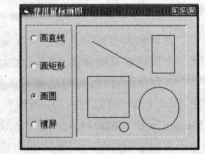

图 8-3   使用鼠标画图

表 8-5   各相关控件的属性设置

控件名称	属性名	属性值	说　明
Form1	Caption	使用鼠标画图	
Option1	Caption	画直线	
Option2	Caption	画矩形	
Option3	Caption	画圆	
Option4	Caption	清屏	
Picture	DrawMode	7	设置绘图模式
	ForeColor	&HFFFFFF&	设置图片框的前景色

代码 8-3

```
Dim c1%
Dim x1!, y1!, x2!, y2!, r1!        '设置变量
Private Sub Form_Load()
    Option4.Value = True           '设置初始状态
End Sub
Private Sub Option4_Click()
    Picture1.Cls                   '图片框清屏
End Sub
Private Sub Picture1_MouseDown(Button As Integer, Shift As Integ
    x1 = X:   y1 = Y     '当鼠标按下时，将坐标值赋于变量保存
    x2 = X:   y2 = Y
End Sub
Private Sub Picture1_MouseMove(Button As Integer, Shift As Integ
  If Button = 1 Then                '判断鼠标左键是否按下
    If Option1.Value = True Then     '判断是否画直线
      Picture1.Line (x1, y1)-(x2, y2)   '擦除旧线条
      x2 = X: y2 = Y                  '取新坐标
      Picture1.Line (x1, y1)-(x2, y2)   '绘制新线条
    End If
    If Option2.Value = True Then          '判断是否画矩形框
      Picture1.Line (x1, y1)-(x2, y2), , B   '擦除旧矩形框
      x2 = X: y2 = Y                        '取新坐标
      Picture1.Line (x1, y1)-(x2, y2), , B   '绘制新矩形框
    End If
    If Option3.Value = True Then             '判断是否画圆
      r1 = Sqr((x2 - x1) ^ 2 + (y2 - y1) ^ 2)   '计算半径
      Picture1.Circle (x1, y1), r1            '擦除旧圆线
      x2 = X: y2 = Y                          '取新坐标
      r1 = Sqr((x2 - x1) ^ 2 + (y2 - y1) ^ 2)   '计算新半径
      Picture1.Circle (x1, y1), r1            '绘制新圆
    End If
  End If
End Sub
```

2．MouseMove 事件

MouseMove 事件是鼠标在屏幕上移动时触发的，窗体和控件都能识别 MouseMove 事件，当鼠标指针位于对象的边界范围内时，该对象就能接收 MouseMove 事件，除非有另一个对象捕获了鼠标。

当移动鼠标时，MouseMove 事件不断发生，但并不是对鼠标经过的每个像素都会触发，当鼠标指针移动得越快，则在两点之间触发的 MouseMove 事件越少。应用程序能接二连三地触发大量的 MouseMove 事件。因此，MouseMove 事件不应去处理需要大量时间的工作。

【例8-4】编写一个在窗体上可用鼠标画不同线条宽度的任意曲线程序，运行界面如图 8-4 所示。

解题分析：用一个文本框控件和一个 UpDown 控件来接收线条宽度的设置。通过窗体的 MouseDown 事件设定划线状态，在 MouseMove 事件过程中用 Line 方法画线，在 MouseUp 事件中取消划线状态，增加一个清屏按钮，清屏后可以重新绘画。

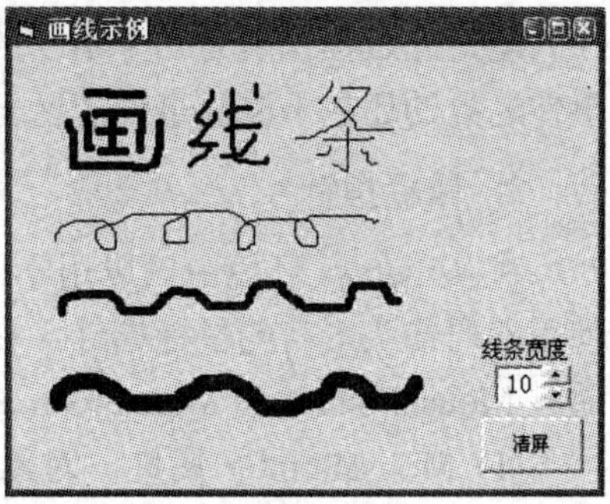

图 8-4　画线示例

操作步骤：

(1) 在 VB 中创建工程、窗体，在窗体上添加 1 个标签控件、1 个文本框控件、1 个 UpDown 控件和 1 个命令按钮控件。

(2) 设置各相关控件的属性，如表 8-6 所示。

(3) 编写相关控件的事件程序，如代码 8-4 所示。

(4) 按 F5 功能键，运行程序。

表 8-6　各相关控件的属性设置

控件名称	属性名	属性值	说　　明
Form1	Caption	画线示例	
	DrawStyle	0	Solid 实线
Command1	Caption	清屏	
Label 1	Caption	线条宽度	
Text1	Text	1	初始值
UpDown	Min	1	最小宽度
	Max	50	最大宽度
	BuddyControl	Text1	捆绑控件
	BuddyProperty	Text	关联属性

代码 8-4

```
Dim dr As Boolean              '定义画线状态变量
Private Sub Command1_Click()
    Cls                        '清屏
End Sub
Private Sub Form_MouseDown(Button As Integer, Shift As
    dr = True                  '设定画线状态
    Form1.DrawWidth = Val(Text1.Text)  '设定线条宽度
    CurrentX = X               '设定当前坐标
    CurrentY = Y               '设定当前坐标
End Sub
Private Sub Form_MouseMove(Button As Integer, Shift As
    If dr Then
        Line -(X, Y)           '画线
    End If
End Sub
```

```
Private Sub Form_MouseUp(Button As Integer, Shift As Int
    dr = False                        '取消画线状态
End Sub
'检测线条宽度在指定范围内
Private Sub Text1_Change()
 If Val(Text1.Text) < 1 Or Val(Text1.Text) > 50 Then
     MsgBox "线条宽度超出范围", vbOKOnly, "输入错误"
     Text1.Text = 1
     Text1.SetFocus
 End If
End Sub
```

需注意的是：鼠标事件被用来识别和响应各种鼠标状态，并把这些状态看作独立的事件，不应将鼠标事件与 Click 事件和 DblClick 事件混为一谈。在按下鼠标按钮并释放时，Click 事件只能把此过程识别为一个单一的操作即鼠标单击。鼠标事件不同于 Click 事件和 DblClick 事件之处的还在于鼠标事件能区分各鼠标按钮与配合键 Shift、Ctrl、Alt 之间的协调关系。

3. 鼠标指针

在 Windows 环境中可以用不同形状的鼠标指针来反映信息。例如，在调整容器的大小时，使用双向箭头形状的鼠标指针，在移动窗体时用十字线形状的鼠标指针。鼠标指针的形状可通过 MousePointer 和 MouseIcon 属性来设置。

(1) MousePointer 属性。对象的 MousePointer 属性用于设置鼠标指针的形状，运行时，当鼠标经过控件区域时就会显示 MousePointer 属性设置的形状。MousePointer 属性的设置值与形状如表 8-7 所示。

表 8-7　MousePointer 属性值

常　　数	值	说　　　　明
vbDefault	0	(默认)形状由操作系统决定
vbArrow	1	箭头
vbCrosshair	2	十字线
vbIbeam	3	I 型
vbIconPionter	4	图标(矩形内的小矩形)
vbSizePointer	5	尺寸线(指向东、南、西、北的箭头)
vbSizeNESW	6	右上-左下尺寸线(指向东北、西南的双箭头)
vbSizeNS	7	垂直尺寸线(指向南、北的双箭头)
vbSizeNWSE	8	左上-右下尺寸线(指向东南、西北的双箭头)
vbSizeWE	9	水平尺寸线(指向东、西的双箭头)
vbUpArrow	10	向上的箭头
vbHourglass	11	沙漏(表示等待状态)
vbNoDrop	12	禁止形状(不允许放下)
vbArrowHourglass	13	箭头和沙漏
vbArrowquestion	14	箭头和问号
vbSizeAll	15	四向尺寸线(表示缩放)
vbCustom	99	通过 MouseIcon 属性指定的自定义图标

例如，当程序运行需要等待时，鼠标指针的形状为沙漏型：

Form1.MousePointer=11

(2) MouseIcon 属性。当 MousePointer 属性设置为 99 时，可以使用 MouseIcon 属性来确定鼠标指针的形状。该属性既可以在设计状态下设置，也可以在程序中通过 LoadPicture()函数装载图形文件。图形文件的类型是.ico 文件或.cur 文件。

【例 8-5】窗体上有一个标签和一个时钟控件，设置标签的鼠标指针形状，使鼠标指针指向标签时显示如图 8-5(a)所示的手形指针。当单击标签时窗体中的鼠标指针变为如图 8-5(b)

所示的系统忙指针，然后每隔一秒激发一次时钟事件，当调用 5 次时钟事件过程后停止时钟事件，同时窗体的鼠标指针恢复为默认指针，编程实现上述指针形状变换功能。

解题分析：鼠标指针所需的图形文件存放在系统路径\Program Files\Microsoft Visual Studio\Common\Graphics 下的 Cursor 和 Icon 两个文件夹中。本题可通过指定控件的 MousePointer 属性改变鼠标指针形状，当单击标签、触发标签的 Click 事件、启动时钟控件的时钟事件时，同时改变鼠标指针形状为系统忙，时钟控件停止工作后，鼠标指针形状又恢复为系统默认的形状。

操作步骤：

(1) 在 VB 环境中创建工程、窗体，在窗体上添加 1 个标签和 1 个时钟控件。

(2) 设置各相关控件的属性，如表 8-8 所示。

(3) 编写相关控件的事件程序代码，如代码 8-5 所示。

(4) 按 F5 功能键，运行程序。其运行结果如图 8-5(a)、(b)所示。

表 8-8　各相关控件的属性设置

控件名称	属性名	属性值	说　　明
Form1	Caption	鼠标指针示例	
Label1	Caption	欢迎进入	
	Font	隶书、二号	
Timer1	Interval	1000	1 秒钟间隔
	Enabled	False	暂时失效

代码 8-5

```
Dim n%
Private Sub Form_Load()
    Label1.MousePointer = 99     '标签控件鼠标指针采用指定的自定义图标
    Label1.MouseIcon = LoadPicture(App.Path + "\h_point.cur")
                                 '用LoadPicture()函数加载鼠标指针图标文件
End Sub
Private Sub Label1_Click()
    n = 0                        '设置计数器初值为0
    Form1.MousePointer = 11      '窗体鼠标指针图形设置为系统忙
    Timer1.Enabled = True        '时钟控件启动
    Label1.Enabled = False       '设置标签禁操作
End Sub
Private Sub Timer1_Timer()
    n = n + 1
    If n > 5 Then
        Timer1.Enabled = False   '调协时钟控件失效
        Label1.Enabled = True    '设置标签控件有效
        Form1.MousePointer = 0   '设置窗体鼠标指针为系统默认
    End If
End Sub
```

(a) 手形指针

(b) 沙漏指针

图 8-5　例 8-5 图示

8.1.3　拖放

拖放是一种重要的鼠标操作。它是指用鼠标将对象从一个地方拖到另一个地方再放下。在整个"拖放"操作过程中，用户首先在源对象上按下鼠标左键不放，然后移动鼠标将源对象拖动到目标对象上再释放鼠标键。

拖放包括 2 个操作：拖动(Drag)和放下(Drop)。拖动是指按下鼠标并拖着控件移动，而放下是指释放鼠标键。拖放中原来位置的对象是源对象，将要放下位置处的对象为目标对象。

1．属性

(1) DragMode 属性。该属性确定拖放操作是自动方式还是手动方式。可以在设计时设定，也可以在程序中设置。

若属性设置为 0(默认)时，启用手工拖动模式，用手动方式来确定拖放操作何时开始或结束。此时，在 MouseDown 事件中，必须用 Drag 方法启动"拖"操作。当源对象的 DragMode 设置为 0 时，源对象能够接收 Click 和 MouseDown 事件。

若属性设置为 1 时，启用自动拖动模式，它就不再接收 Click 和 MouseDown 事件。此时，当用户在源对象上按下鼠标左键且移动鼠标时，源对象的图标便随鼠标指针移动；当移动到目标对象上释放鼠标时，将触发目标对象的 DragDrop 事件。

应注意的是，如果没有进行编程设计，对象本身不会移动到新的位置上或被放置到目标对象中，即用户必须在 DragDrop 事件中编写相关程序代码才能实现对源对象真正的拖放。

在源对象被拖到目标对象中的过程中，如果经过其他的对象，则在这些对象上会产生 DragOver 事件，当然在目标对象上也会产生 DragOver 事件，这个事件发生在 DragDrop 事件之前。

(2) DragIcon 属性。该属性是所有可以被拖动的对象都具有的属性，它的值是一个图标文件名(.ico 或.cur 文件)，拖动时作为控件的图标显示，可以在设计中设定，也可以在程序中用 LoadPicture()函数加载或通过其他控件的 Picture 属性赋值。

在拖动一个对象的过程中，如控件的 DragIcon 属性值为空，则在拖动控件时随鼠标指针移动的只是变成灰色的被拖动控件的边框，被拖动的对象不显示；如将控件的 DragIcon 属性装入图标文件中，则在用户拖动控件时，使图标显示出来，且随鼠标指针移动到目标位置上。

2．方法

Drag 方法用于手工拖放时，在程序编码中实现对控件的拖放操作。当控件的 DragMode 属性设置为 0，采用手工拖放时，可用该方法实现对控件的拖放操作。

格式：

[Object.] Drag [参数]

说明：

(1) Drag 方法可作用在任何可被拖动的控件上。

(2) 参数用于确定是启动、停止或取消手工拖动操作。当参数值为 0(vbCancel)时取消手工拖动；当参数值为 1(vbBeginDrag)时启动拖动；当参数值为 2(vbEndDrag)时结束拖动操作，并触发 DragDrop 事件。启动手工拖动的代码通常放在源对象的 MouseDown 事件中。

3．事件

与拖放有关的事件是 DragDrop 和 DragOver。以上所述的属性和方法都是作用在源对象上的，而 DragDrop 事件只发生在目标对象上。DragOver 事件既可作用在目标对象上，也可作用在到达目标对象之前的中间对象上。

(1) DragDrop 事件。DragDrop 事件是当一个完整的拖放动作完成时被触发的，即将一个控件拖动到一个目标对象上，并释放鼠标键或使用 Drag 方法(其参数设置为 2)时被触发。该事件可用来控制在拖动操作完成时将会发生的情况。

格式：

Sub Object_DragDrop(Source as Control , X as Single , Y as Single)

说明：

① Source：指正在被拖动的控件即源对象，可用此参数在事件过程中传递源对象，引用其属性和方法。例如，Source.Visible=False。需注意的是，Source 控件不包括 Menu、Timer、Line 和 Shape 控件。由于在程序运行过程中不知道用户操作的是哪一类源对象控件，应小心使用 Source，可以采用 TypeOf()函数判断源对象的控件类型供程序识别。

② X，Y：是松开鼠标键时鼠标指针在目标对象中的坐标值，用目标对象坐标系统表示。

(2) DragOver 事件。该事件是在拖放操作正在进行时发生的，当拖动对象越过一个控件时便触发该控件的 DragOver 事件。

格式：

Sub Object_DragOver(Source as Control , X as Single , Y as Single , State as Integer)

说明：

① Object：表示拖放操作过程中源对象所处位置下方的控件。

② Source：指正在被拖动的控件即源对象。

③ State：表示源对象被拖动的状态。在源对象被拖动过程中，该参数为 0(vbEnter)时，表示正进入该控件区域；该参数为 1(vbLeave)时，表示正离开该控件区域；该参数为 2(vbOver)时，表示跨越即源对象在该控件区域内从一个位置移到了另一个位置。

图 8-6　拖放应用示例

【例 8-6】设计一个如图 8-6 所示的应用程序。窗体上有 3 个控件，分别是图像框(笑脸)控件，命令按钮(按键)控件和图片框(回收站)控件，要求图像框和命令按钮控件可以在窗体中随意拖动到不同的位置。当把图像框拖到图片框(回收站)上释放鼠标左键时，提示是否删除该对象。若选择删除，则窗体中图像框消失，图片框中回收站图片改变；若将命令按钮拖到图片框上释放鼠标左键时，提示"不能删除此对象"信息。

解题分析：根据题目要求，设计图像框的拖动采用手工拖动模式，命令按钮的拖动采用自动拖动模式，因此可将图像框的 DragMode 属性设为 0，而命令按钮的 DragMode 属性应设为 1。当用鼠标拖动图像框或命令按钮在窗体上移动到不同位置释放鼠标左键，触发窗体的 DragDrop 事件时，可在此事件中编程。通过对 Source 对象参数及 x、y 坐标参数的引用，将源对象移动到当前位置；当把源对象拖曳到图片框上释放鼠标左键，触发图片框的 DragDrop

事件时，判断源对象是否是图像框。若是图像框，再用 Msgbox()函数对话框询问是否要删除此对象。若回答是要删除此对象，将源对象的 Visible 属性设置为 False，并将图片框中的图像切换；若不删除，则取消此次拖放。若判断的不是图像框对象，则提示"不能删除此对象"。

操作步骤：

(1) 创建工程、窗体，在窗体上添加一个命令按钮、一个图像框和一个图片框控件。

(2) 设置各相关控件的属性，如表 8-9 所示。

(3) 编写相关控件的事件程序，如代码 8-6 所示。

(4) 按 F5 功能键，运行程序，观察用鼠标分别将图像和按钮拖放到回收站中的结果。

表 8-9　例 8-6 各相关控件的属性设置

控件名称	属性名	属性值	说　　明
Form1	Caption	拖放应用示例	
Command1	Caption		清空
	Style	1	可显示图片
	Picture	Key04.ico	在按钮上显示图片
	DragMode	1	自动拖动操作
Image1	Picture	Face05.ico	在图片框中显示图片
	DragMode	0	手工拖运操作
	Stretch	False	图像框大小自动设置为图片大小
Picture1	Picture	Waste.ico	显示回收站图片
	BorderStyle	0	无边框
	BackColor	&H8000000F&	选择窗体背景色
	AutoSize	True	图片框大小自动设置为图片大小

代码 8-6

```
Private Sub Form_DragDrop(Source As Control, X As Single, Y As Single)
    Source.Move X - Source.Width / 2, Y - Source.Height / 2
                            '将拖放的源对象移动新位置
End Sub
Private Sub Image1_MouseDown(Button As Integer, Shift As Integer, X As
    If Button = 1 Then      '判断是否按下左键
        Image1.DragIcon = Image1.Picture     '设置拖动图标
        Image1.Drag 1       '手工启动拖放
    End If
End Sub
Private Sub Picture1_DragDrop(Source As Control, X As Single, Y As Sin
    If TypeOf Source Is Image Then     '判断拖动源的类型
        If MsgBox("确实要删除此图像吗？", vbYesNo, "操作提示") = vbYes Then
            Picture1.Picture = LoadPicture(App.Path + "\RECYFULL.ICO")
                                        '图片框中装入图形
            Source.Visible = False      '隐藏源控件
        Else
            Image1.Drag 0               '取消控件的拖放操作
        End If
    Else
        MsgBox "对不起，此对象不能被删除！"
    End If
End Sub
```

8.2　绘图

VB 为用户提供了简洁有效的图形图像处理能力，除了提供窗体和控件的图形图像特征以外，它还提供了一系列基本的图形函数、语句和方法，支持直接在窗体上产生图形、图像和颜色，改变控件对象的位置和外观。

8.2.1 绘图操作基础

1. 坐标系统

在图形操作中，每个对象定位于存放它的容器内。对象定位都是使用容器的坐标系。对象的 Left、Top 属性指示了该对象在容器内的位置。每个容器都有一个坐标系，坐标系用于确定容器中点的位置，任何容器的默认原点坐标都是容器的左上角(0，0)，如图 8-7 所示。坐标系包括横坐标(X 轴)和纵坐标(Y 轴)，从原点出发向右方向为 X 轴的正方向，垂直向下是 Y 轴的正方向，x 坐标值是指点与原点的水平距离，y 坐标值是指点与原点的垂直距离。

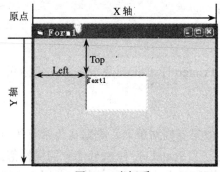

图 8-7 坐标系

VB 中的容器包括窗体(Form)、框架(Frame)和图片框(PictureBox)等。图 8-7 中文本框的位置坐标是以窗体为容器的坐标，而不是屏幕的坐标。每个容器都有一个坐标系，构成坐标系需要 3 个要素：坐标原点、坐标度量单位、坐标轴的长度与方向。

坐标系的原点、方向和刻度都可以重新设置，坐标的度量单位由容器对象的 ScaleMode 属性决定，默认时为 twip(缇)。每英寸有 1440 个 twip，20个 twip 为 1 point (磅)。用户可用 ScaleMode 属性设置坐标系统的刻度单位。ScaleMode 属性的取值及含义如表 8-10 所示。

表 8-10 ScaleMode 属性的取值及含义

内部常数	数 值	含 义
vbUser	0	指出 ScaleHeight、ScaleWidth、ScaleLeft 和 ScaleTop 属性中的一个或多个被设置为自定义的值
vbTwips	1	缇(默认单位)
vbPoints	2	磅
vbPixels	3	像素(监视器或打印机分辨率的最小单位)
vbCharacters	4	字符(水平每个单位=120twip；垂直每个单位=240twip)
vbInches	5	in
vbMillimeters	6	mm
vbCentimeters	7	cm

属性 ScaleTop、ScaleLeft 表示控件容器对象左边和顶端的坐标，根据这 2 个属性值可确定坐标原点。所有容器对象的 ScaleTop、ScaleLeft 属性的默认值均为 0，即默认坐标原点在容器对象的左上角。

属性 ScaleHeight 和 ScaleWidth 确定容器内部水平方向和垂直方向的单位数，即容器可操作区域的大小。

当设置容器对象(例如窗体或图片框)的 ScaleMode 属性值>0 时，将使容器对象的 ScaleLeft 和 ScaleTop 自动设置为 0，ScaleHeight、ScaleWidth 的度量单位也将发生改变。用 ScaleMode 属性只能改变度量单位，不能改变坐标原点及坐标轴的方向，也不会改变容器的大小或它在屏幕上的位置。

需注意，窗体的 Height 属性值包括窗体的标题栏和水平边框宽度，同样，Width 属性值包括了垂直边框宽度。实际可用操作高度和宽度是由 ScaleHeight 和 ScaleWidth 属性确定的。

2. 自定义坐标系

容器对象的坐标系允许用户自行定义，自定义坐标系可以通过对象的刻度属性定义，也可通过对象的 Scale 方法定义。

(1) 刻度属性。容器对象的 ScaleLeft、ScaleTop、ScaleHeight 和 ScaleWidth 都是设置坐标系的用户定义刻度的属性。当设置了刻度属性时，ScaleMode 属性自动为 0。

ScaleLeft 和 ScaleTop 属性指定容器对象左上角的水平和垂直坐标。ScaleHeight 和 ScaleWidth 属性是设置用户定义刻度的，即容器对象可用区域的宽度和高度(不包括边框、菜单栏和标题栏)设置。

例如，设置在窗体左上角的原点坐标值为(10，10)：

ScaleLeft=10

ScaleTop=10

(2) Scale 方法。Scale 方法可用于为窗体、图片框或 Printer(打印机)对象设置新的坐标系。

格式：

[Object .]Scale [(X$_{Left}$, Y$_{Top}$) − (X$_{Right}$, Y$_{Bottom}$)]

其中，Object 可以是窗体，也可以是图片框或打印机。如果省略对象名，则默认为带有焦点的窗体对象。(X$_{Left}$，Y$_{Top}$)表示对象左上角的坐标值，决定了 ScaleLeft 和 ScaleTop 的属性值。(X$_{Right}$，Y$_{Bottom}$)为对象右下角的坐标值。2 个 x 坐标的差值和 2 个 y 坐标的差值，分别决定了 ScaleHeight 和 ScaleWidth 的属性值。即：

ScaleLeft= X$_{Left}$

ScaleTop= Y$_{Top}$

ScaleWidth= X$_{Right}$ − X$_{Left}$

ScaleHeight= Y$_{Bottom}$ − Y$_{Top}$

任何时候在程序代码中都可使用 Scale 方法改变系统坐标，一旦使用 Scale 方法改变系统坐标，容器的 ScaleMode 属性值就自动设置为 0。当 Scale 方法不带任何参数时，则取消用户自定义的坐标系，采用系统默认坐标系。

【例8-7】在一窗体上，分别在系统默认坐标系和用户自定义坐标系中各画一条起点坐标和终点坐标都相同的线段，观察不同坐标系对窗体的大小及在屏幕上的位置是否有影响，以及同一线段图形在不同坐标系中的显示变化，并将指针的坐标值显示在文本框中，如图 8-8(a)、(b)所示。

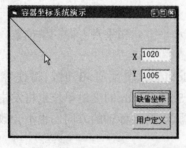
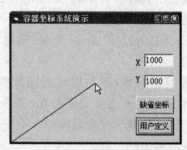

(a) 系统默认坐标系　　　　　　　　　　(b) 用户自定义坐标系

图 8-8　例8-7 图示

解题分析：根据题目要求，可在窗体上通过命令按钮，在 Click 事件中用 Scale 方法分别设置系统默认坐标系和用户自定义坐标系，再用 Line 方法画一线段；在窗体的 MouseMove 事件中将鼠标的坐标值 x, y 分别赋于 2 个文本框的 Text 属性，运行程序，观察运行效果。

操作步骤：

(1) 在 VB 环境中，单击"文件/新建工程"命令。在新建的窗体上添加 2 个标签控件、2 个文本框控件和 2 个命令按钮控件。

(2) 设置各相关控件的属性，如表 8-11 所示。

(3) 编写相关控件的事件代码，如代码 8-7 所示。

(4) 按 F5 功能键，运行程序，观察运行效果。

表 8-11　各相关控件的属性设置

控件名称	属性名	属性值	说　　明
Form1	Caption	容器坐标系统演示	
Label1	Caption	X	窗体的水平坐标
Label2	Caption	Y	窗体的垂直坐标
Command1	Caption	缺省坐标	选择系统默认坐标系
Command2	Caption	用户定义	选择用户自定义坐标系

代码 8-7

```
Option Explicit
Private Sub Command1_Click()
  Cls                         '清屏
  Scale                       '恢复系统默认坐标
  Line (0, 0)-(1000, 1000)    '画线
End Sub
Private Sub Command2_Click()
  Cls                         '清屏
  Scale (0, 2000)-(2000, 0)   '定义用户坐标系
  Line (0, 0)-(1000, 1000)    '画线
End Sub
Private Sub Form_MouseMove(Button As Integer, Shift As
  Text1.Text = X     '将指针的水平坐标赋于文本框
  Text2.Text = Y     '将指针的垂直坐标赋于文本框
End Sub
```

3．图形层

VB 在构造应用程序界面时，需在窗体上放置多个不同的对象，这些对象之间可以产生互相叠加，所处位置可以归纳到 3 个层次中，这 3 个层次是：最上层、中间层和最下层。表 8-12 列出了不同层次上能够放置的对象的类型。

表 8-12　图形层放置的对象

层　　次	对象类型
最上层	工具箱中除标签、线条、形状外的控件对象
中间层	工具箱中标签、线条、形状控件对象
最下层	由图形方法所绘制的图形

不同层次上对象相互叠加时，位于上层的对象会遮挡下层位置上的任何对象，即使下层对象是在上层对象之后创建的，这种状态也是不能改变的。

位于同一层内的对象相互之间发生层叠，它们的顺序则与操作有关，在默认情况下，后创建的对象将遮盖先创建的对象。

将同一层次内控件对象的排列顺序称为 Z 序列。在设计状态下，可以通过格式菜单中的

顺序命令或右键单击控件对象的快捷菜单中的"置前"、"置后"命令调整 Z 序列；在运行时，则可使用控件对象的 ZOrder 方法将特定的对象调整到同一图形层内的最上层或最下层。

格式：

Object . ZOrder [position]

其中，"Object"可以是除了窗体、菜单和时钟之外的任何控件。Position 指出一个控件相对另一个控件的位置参数：0 表示该控件被定位于 Z 序列的最上层，1 表示该控件被定位于 Z 序列的最下层。

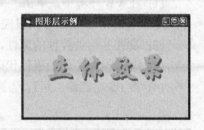

利用图形层的特点，可以实现控件对象在程序界面上的立体效果。例如，在窗体上用 2 个内容相同的标签层叠，并对标签的 ForeColor 属性设置不同色彩，就会得到立体文字的效果，如图 8-9 所示。

图 8-9   图形层示例

注意，此时处于上层的标签控件的 BackStyle 属性必须设置为 0(透明)。

8.2.2 绘图的属性与事件

1. 当前坐标

窗体或图片框或打印机对象的 CurrentX、CurrentY 属性给出这些对象在绘图时的当前坐标。这 2 个属性只能在程序代码中应用，不能在设计状态下使用。

格式：

Object . CurrentX [=x]

Object . CurrentY [=y]

在确定的坐标系中，坐标值(x，y)表示容器对象中的绝对坐标位置。如果坐标值前加上关键字 Step，即坐标值 Step(x，y)表示容器对象中的相对坐标位置，表示当前坐标分别为水平平移 x 单位，垂直平移 y 单位，其绝对坐标值为(CurrentX+x，CurrentY+y)。当使用 Cls 方法后，CurrentX、CurrentY 属性值自动为 0。

【例 8-8】在窗体上点击鼠标左键，产生 300 根爆炸射线，如图 8-10(a)所示。点击鼠标右键，清除打印图形，在窗体上输入当前坐标的属性值，如图 8-10(b)所示。

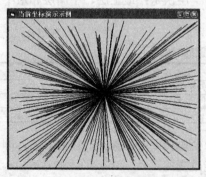

(a) 单击鼠标左键效果

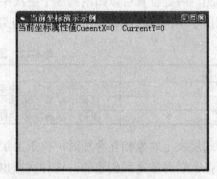

(b) 单击鼠标右键效果

图 8-10   当前坐标演示示例

解题分析： 此题目可以在窗体的 MouseDown 事件中检测用户所按之键是鼠标左键还是右键，若是左键，为了能清楚看出 300 根爆炸射线产生过程，可添加一时钟控件，调整时钟控件的 Interval 属性，可观察射线产生的过程。在每个时钟控件的 Timer 事件中随机产生一个坐标与中心坐标相连，就可产生一条射线，当触发 300 次 Timer 事件后，停止时钟控件工作。若是右键，清屏，用 Print 方法输出当前坐标属性。

操作步骤：

(1) 在 VB 环境中，单击"文件/新建工程"命令。在新建的窗体上添加 1 个时钟控件。

(2) 设置各相关控件的属性，如表 8-13 所示。

表 8-13　各相关控件的属性设置

控件名称	属性名	属性值	说　明
Form1	Caption	当前坐标演示示例	
Timer1	Interval	20	时钟控件触发 Timer 事件时间间隔
	Enabled	True	时钟控件操作有效

(3) 编写相关控件的事件代码，如代码 8-8、代码 8-9 所示。

(4) 按 F5 功能键，运行程序，并可通过改变时钟控件的 Interval 属性值观察发散射线生产生的效果。

代码 8-8

```
Dim i%                    '计数器变量
Dim x1!, y1!              '定义坐标变量
Private Sub Form_Load()
    x1 = Form1.ScaleWidth / 2    '取窗体中心横坐标
    y1 = Form1.ScaleHeight / 2   '取窗体中心纵坐标
End Sub
Private Sub Form_MouseDown(Button As Integer, Shift As
    i = 0                 '计数器清零
    If Button = 1 Then    '判断是否按鼠标左键
        Cls               '窗体清屏
        Timer1.Enabled = True    '启动时钟控件
    ElseIf Button = 2 Then       '判断是否按鼠标右键
        Cls               '清屏
        Timer1.Enabled = False   '关闭时钟控件
        Print "当前坐标属性值CueentX=" & CurrentX & _
            " CurrentY=" & CurrentY
    End If
End Sub
```

代码 8-9

```
Private Sub Timer1_Timer()
    CurrentX = Form1.ScaleWidth * Rnd
    CurrentY = Form1.ScaleHeight * Rnd
        '用随机函数以窗体的可控宽度和高度的属性值
        '为基准，产生当前坐标的属性值
    Line (x1, y1)-(CurrentX, CurrentY)    '画射线
    i = i + 1             '计数
    If i > 300 Then       '检测计数器
        Timer1.Enabled = False    '关闭时钟控件
    End If
End Sub
```

2. 线宽与线型

在窗体、图片框及打印机这些容器对象中绘制线条。线条的宽度及线型是通过 DrawWidth 属性和 DrawStyle 属性来设定的。

(1) DrawWidth 属性。该属性确定在容器对象上所画线的宽度或点的大小。

格式：

[Object .] DrawWidth [=Size]

其中，Object 为容器对象，可以是窗体或图片框或打印机等对象。Size 为数值表达式，其范围从 1 到 32 767，该值以像素为单位表示线宽。默认值为 1，即一个像素宽。

(2) DrawStyle 属性。该属性确定在容器对象上所画线的形状。有 7 种类型，属性设置含义如表 8-14 所示。

表 8-14 DrawStyle 属性设置

设置值	线 型	图 示
0	实线(默认)	————————
1	长划线	— — — — — —
2	点线	· · · · · · · · · ·
3	点划线	— · — · — · — ·
4	点点划线	— · · — · · — · ·
5	透明线	
6	内实线	━━━━━━

注意：以上线型必须是仅当 DrawWidth 属性值为 1 时才能产生。当 DrawWidth 的值大于 1 且 DrawStyle 属性值为 1~4 时，都只能产生实线效果；当 DrawWidth 的值大于 1，而 DrawStyle 属性值为 6 时，所画的内实线只能在封闭线时起作用。

对于使用的控件边框轮廓线，则通过控件的 BorderWidth 属性来定义线的宽度，通过 DrawStyle 属性来改变边框轮廓线的类型。

【例 8-9】通过改变 DrawStyle 属性值，在窗体上画出不同的线型，通过改变 DrawWidth 属性值画一系列宽度递增的直线。运行效果如图 8-11 所示。

图 8-11 线宽与线型示例

解题分析：此题要求在窗体上画出两列线条，第 1 列线条宽度 DrawWidth 属性值为 1，并保持不变，在整个窗体的可操作高度上等距地画出 7 种不同类型的线型(DrawStyle 属性值 0~6)，采用循环语句通过 7 次循环，每次循环可使用窗体的 Line 方法画线条。第 2 列线条的线型 DrawStyle 属性值为 1 且保持不变，在窗体上也可等高地画出 6 个不同宽度的线条，也可用循环语句通过 6 次循环实现。

操作步骤：

(1) 在 VB 环境中，单击"文件/新建工程"命令。

(2) 设置窗体的 Caption 属性值为"线宽与线型示例"。

(3) 编写窗体的 Click 事件代码，如代码 8-10 所示。

(4) 按 F5 功能键，运行程序。

代码 8-10

```
Private Sub Form_Click()
  Dim i%, x!, y!
    x = 0                      '设置第一列线条坐标水平位置
    DrawWidth = 1              '定义线的宽度为1
    For i = 1 To 7
      y = ScaleHeight * i / 8  '设置线条的垂直位置
      DrawStyle = i - 1        '定义线的形状
      Line (x, y)-Step(ScaleWidth / 3, 0)   '画线
    Next i
    x = ScaleWidth / 2         '设置第二列线条的水平位置
    For i = 1 To 6
      DrawWidth = i * 2        '设置线条的宽度
      y = ScaleHeight * i / 8  '设置线条的垂直位置
      Line (x, y)-Step(ScaleWidth / 3, 0)   '画线
    Next i
End Sub
```

3．图形的填充

封闭图形的填充方式由控件对象的 FillStyle、FillColor 这 2 个属性来决定。FillColor 指定填充图案的颜色，默认的颜色与对象的 ForeColor 相同。FillStyle 属性指定填充的图案，共有 8 种类型，图 8-12 为形状控件的 FillStyle 属性，设置为 0~7 时的填充效果。

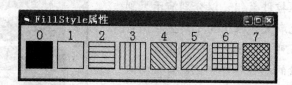

图 8-12　FillStyle 属性设置为 0~7 时的填充效果

说明：

(1) FillStyle 为 0 是实填充，1 为透明方式。

(2) 对于窗体和图片框对象，FillSytle 属性设置后并不能看到其填充效果，而只能在使用控件的 Circle 和 Line 图形方法生成封闭的图形(如圆、方框)时，在封闭图形中显示填充效果。

4．图形颜色

在 VB 系统中，所有的颜色属性都由一个 Long 整数表示，在代码中可使用 4 种方式给颜色赋值。

(1) 使用 RGB()函数。RGB()函数是一个 Long 整数，用来表示一个 RGB 颜色值。

格式：

RGB(red , green , blue)

其中，red，green 和 blue 是 3 种颜色参数，表示从 0~255 之间的一个亮度值(0 表示亮度最低，255 表示亮度最高)。例如，设置窗体的背景色为红色：

Form1.BackColor=RGB(255,0,0)

(2) 使用 QBColor()函数。QBColor()函数采用的是 QuickBasic 所使用的 16 种颜色，返回一个 Long 值，用来表示所对应颜色值的 RGB 颜色码。

格式:

QBColor(color)

其中, color 参数是一个界于 0~15 的整型数, 分别代表 16 种颜色, 如表 8-15 所示。

表 8-15　颜色码与颜色对应表

颜色码	颜色	颜色码	颜色	颜色码	颜色	颜色码	颜色
0	黑	4	红	8	灰	12	亮红
1	蓝	5	品红	9	亮蓝	13	亮品红
2	绿	6	黄	10	亮绿	14	亮黄
3	青	7	白	11	亮青	15	亮白

(3) 使用系统定义的颜色常数。在 VB 系统中已经定义了常用颜色的颜色常数, 如常数 vbRed 就代表红色, vbGreen 代表绿色等。可在"对象浏览器"中查询常数列表, 详细信息参看系统帮助。

(4) Long 型颜色值。用十六进制数指定颜色的格式为:

&HBBGGRR

说明: BB 指定蓝颜色的值, GG 指定绿颜色的值, RR 指定红颜色的值。每个数段都是 2 位十六进制数, 即从 00 到 FF。

【例 8-10】如图 8-13 所示演示颜色的渐变过程。

解题分析: 根据题目要求, 可先在窗体上建立包含 4 个元素的图片框控件数组, 以分别演示黑到红、绿、蓝和白的颜色渐变过程。为了产生在图片框中颜色渐变的效果, 可多次调用 RGB() 函数, 每次调用都对 RGB() 函数的参数稍作变化, 自左向右用不同色彩的线段填充图片框区域。

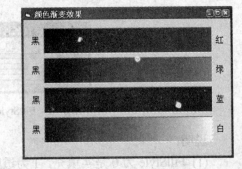

图 8-13　颜色渐变效果

操作步骤:

(1) 在 VB 环境中, 单击"文件/新建工程"命令。在新建的窗体上添加一个包含 4 个元素的图片框控件数组和一个包含 8 个元素的标签控件数组。

(2) 设置相关控件的属性, 如表 8-16 所示。

(3) 编写相关控件的事件代码, 如代码 8-11 所示。

(4) 按 F5 功能键, 运行程序。

表 8-16　各相关控件的属性设置

控件名称	属性名	属性值
Form1	Caption	颜色渐变效果
Label1(0)	Caption	黑
Label1(1)	Caption	黑
Label1(2)	Caption	黑
Label1(3)	Caption	黑
Label1(4)	Caption	红
Label1(5)	Caption	绿
Label1(6)	Caption	蓝
Label1(7)	Caption	白

代码 8-11

```
Private Sub Form_Click()
  Dim i%, x!, y!, sp!
  y = Picture1(0).ScaleHeight
        '将图片框可用区域的高度赋于变量
  x = Picture1(0).ScaleWidth
        '将图片框可用区域的宽度赋于变量
  sp = 255 / x
  For i = 0 To x
    Picture1(0).Line (i, 0)-(i, y), RGB(i * sp, 0, 0)
    Picture1(1).Line (i, 0)-(i, y), RGB(0, i * sp, 0)
    Picture1(2).Line (i, 0)-(i, y), RGB(0, 0, i * sp)
    Picture1(3).Line (i, 0)-(i, y), RGB(i * sp, i * sp, i * sp)
        '分别在4个图片框控件中画出颜色渐变的竖线段
  Next i
End Sub
```

5. AutoRedraw 属性

AutoRedraw 属性用于设置返回对象或控件是否能自动重绘。若值为 True，则窗体 Form 对象或图片框 PictureBox 控件的自动重绘有效。

重绘：当改变对象大小或被隐藏的对象又重新显示时，将对象上以前使用 Print 方法输出的文本信息和绘图方法绘制的图形重新显示出来。

8.2.3 绘图方法

1. Line 方法

格式：

[Object .]Line [[step](x1 , y1)] – [step](x2 , y2) [, [color] , B[F]]

功能：Line 方法用于画线，可以画单独线段，也可以画矩形。

说明：

(1) Object 表示 Line 产生结果所处的容器对象，它可以是窗体或图片框，默认时为当前窗体。

(2) (x1，y1)为起点坐标，如果省略则为当前坐标。带 Step 关键字时表示与当前坐标的相对位置。

(3) (x2，y2)为终点坐标。带 Step 关键字时表示与起点坐标的相对位置。

(4) B 表示此时以对角坐标画矩形。

(5) F 表示当使用 B 选项时，用边框颜色填充矩形。

注意：各参数可根据实际要求来取舍，但如舍去的是中间参数,参数的位置分隔符逗号不能舍去。

【例 8-11】用 Line 方法在图片框中画出指定长度和宽度构成的矩形及矩形块。要求矩形由 4 条不同颜色的线段连接而成。如图 8-14 所示。

解题分析：根据题目要求，首先要建立图片框的坐标系，使得所画图形显示在图片框中，再用文本框输入矩形指定的长和宽数值，用图片框的 Line 方法通过绝对坐标与相对坐标的连接，绘制出矩形

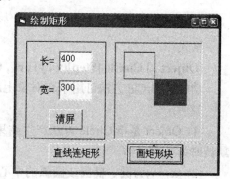

图 8-14 绘制矩形及矩形块

的 4 条线段及用对角坐标画出矩形块。

操作步骤：

(1) 在 VB 环境中，单击"文件/新建工程"命令，在新建的窗体上添加 1 个图片框、2 个文本框、2 个标签、3 个命令按钮和 1 个图形控件。

(2) 设置各相关控件的属性，如表 8-17 所示。

(3) 编写相关控件的事件代码，如代码 8-12 所示。

(4) 按 F5 功能键，运行程序。

表 8-17   各相关控件的属性设置

控件名称	属性名	属性值
Form1	Caption	绘制椭圆
Label1	Caption	长=
Label2	Caption	宽=
Command1	Caption	直线连矩形
Command2	Caption	画矩形块
Command3	Caption	清屏

代码 8-12

```
Dim w%, h%              '设置矩形长和宽的变量
Private Sub Command1_Click()
    w = Val(Text1.Text)
    h = Val(Text2.Text)
    If w <> 0 And h <> 0 Then   '判断矩形的长和宽不能为0
        Picture1.Line (0, 0)-Step(w, 0), QBColor(0)
        Picture1.Line -Step(0, h), QBColor(10)
        Picture1.Line -Step(-w, 0), QBColor(9)
        Picture1.Line -Step(0, -h), QBColor(12)
        '通过相对坐标用Line方法画出矩形的四条不同颜色边线
    End If
End Sub
Private Sub Command2_Click()
    Picture1.Line (w, h)-Step(w, h), QBColor(13), BF
        '用Line方法画出矩形块
End Sub
Private Sub Command3_Click()
    Picture1.Cls             '图片框清屏
End Sub
Private Sub Form_Load()
    '设置图片框坐标系有效绘图区域
    Picture1.Scale (-100, -100)-(990, 990)
    Text1 = ""              '文本框内容初始化
    Text2 = ""
End Sub
```

2．CirCle 方法

格式：

[Object .] CirCle [Step](x , y) , r[, Color [, a , b[, k]]]

功能：CirCle 方法可用于在对象上画圆、椭圆或圆弧。

说明：

(1) Object 是指 Circle 方法产生结果所处的容器对象，它可以是窗体、图片框或打印机，默认时为当前窗体。

(2) (x，y)为圆、椭圆或圆弧的中心坐标。带 Step 关键字时表示与当前坐标的相对位置。

(3) Color 为所画图形轮廓线的颜色。

(4) a 和 b 分别代表起点和终点，表示以弧度为单位的圆弧的起点和终点位置，取值在 $-2\pi \sim 2\pi$ 之间。当起点或终点加负号时，画圆弧后再画一条连接圆心到端点的线。

(5) k 为纵横比，用于决定是画圆还是画椭圆，可以是整数，也可以是小数，但不能是负数。当 k 大于 1 时，沿垂直轴线拉长，而小于 1 时则沿水平轴线拉长。

(6) r 代表半径，是圆、椭圆或圆弧的半径，如果画椭圆则对应其长轴，即 k 小于 1，r 是水平方向的，而大于等于 1，则是垂直方向的。

当执行完 Circle 方法后，当前坐标为中心点坐标。

【例 8-12】在窗体的 4 个文本框中输出班级里优、良、及格和不及格的人数，计算所占的百分比，然后分别用不同的颜色绘制出椭圆的饼图，运行界面如图 8-15 所示。

解题分析：根据题目要求，在窗体上添加一个图片框，在图片框中用 Circle 方法绘制椭圆饼图。椭圆饼图由 4 块扇形组成，扇形的中心点坐标为同一个坐标，可取图片框的中心点坐标。扇形的每一部分所占的比例即为各成绩段人数占总人数的比例，因此可将各成绩段人数所占比例作为扇形弧度所占比例，画出对应各扇形图，在画每一块扇形图之前，用 FillColor 属性设置扇形填充的颜色，注意扇形的起点和终点坐标前都要加上负号。

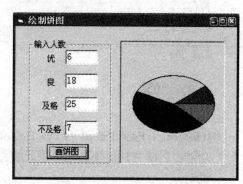

图 8-15　绘制饼图程序界面显示

操作步骤：

(1) 在 VB 环境中单击"文件/新建工程"命令。在新建的窗体上添加 1 个图片框控件、一个包含 4 个元素的文本框控件数组、一个包含 4 个元素的标签控件数组、1 个命令按钮控件和 1 个框架控件。

(2) 设置各相关控件的属性，如表 8-18 所示。

表 8-18　各相关控件的属性设置

控件名称	属性名	属性值
Form1	Caption	绘制椭圆
Frame1	Caption	输入人数
Command1	Caption	画饼图
Label(0)	Caption	优
Label(1)	Caption	良
Label(2)	Caption	及格
Label(3)	Caption	不及格

(3) 编写相关控件的事件代码，如代码 8-13 所示。

(4) 按 F5 功能键，运行程序。

代码 8-13

```
Private Sub Command1_Click()
  Const PI! = 3.1415926                '定义圆周率常量
  Dim x1!, y1!, z1!, w1!
  Dim x!, y!, z!, w!
  Dim r!, midx!, midy!, sum!
  Picture1.FillStyle = 0               '设置填充方式为实体填充
  x1 = Val(Text1(0)): y1 = Val(Text1(1))   '将各成绩段人数赋于变量
```

```
        z1 = Val(Text1(2)):  w1 = Val(Text1(3))
        sum = x1 + y1 + z1 + w1                    '求总人数
        x =x1/sum: y=y1/sum: z=z1/sum:  w=w1/sum   '求各成绩段人数占总人数比例
        midx = Picture1.Width / 2                  '取图片框中心点水平坐标
        midy = Picture1.Height / 2                 '取图片框中心点垂直坐标
        r = Picture1.Width / 2 - 300               '取椭圆半径
        If x <> 0 And y <> 0 And z <> 0 Then
           Picture1.FillColor = vbRed              '设置填充色为红色
           Picture1.Circle (midx, midy),r, ,-2*PI, -2*PI*x, 2/3  '绘制扇形
           Picture1.FillColor = vbYellow
           Picture1.Circle (midx, midy),r, ,-2*PI*x, -2*PI*(x+y), 2/3
           Picture1.FillColor = vbBlue
           Picture1.Circle (midx, midy),r, ,-2*PI*(x+y), -2*PI*(x+y+z), 2/3
           Picture1.FillColor = vbGreen
           Picture1.Circle (midx, midy),r, ,-2*PI*(x+y+z), -2*PI, 2/3
        End If
End Sub
Private Sub Form_Load()
   For i = 0 To 3
      Text1(i) = ""                 '对文本框控件数组元素赋初值
   Next i
End Sub
```

3. Pset 方法

格式：

[Object .] Pset [Step] (x , y) [, Color]

功能：Pset 方法用于画点，即设置指定点处像素的颜色。

说明：

(1) Object 是指绘图的容器对象，如果省略则指当前窗体。在 VB 中绘制点的运行轨迹都可以用此方法实现。

(2) (x，y)是画点处的坐标，为 Single 型。

(3) Step 表示当前坐标的相对位置。

(4) Color 用来设置画点的颜色，如果省略，则为前景色。采用背景色可清除某个位置上的点。如将例 8-4 题中窗体的 MouseMove 事件中的用 Line 方法画线的代码，换成用 Pset 方法画点，也可以手绘各种曲线。

【例 8-13】用 Pset 方法绘制阿基米德螺线，运行结果如图 8-16 所示。

解题分析：首先在窗体上用 Scale 方法建立坐标系，原点(0，0)设在窗体的中心位置，再用 Line 方法分别在水平和垂直中心位置上绘制 X 轴线和 Y 轴线，再通过CurrentX、CurrentY 当前坐标的设定，在指定位置用 Print 方法输出数轴箭头符号、数轴符号及原点 O。再通过阿基米德方程在指定的坐标点(x，y)处用 Pset 方法输出点就可绘制出阿基米德螺线。

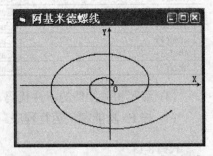

图 8-16　Pset 方法绘制阿基米德螺线

操作步骤：

(1) 在 VB 环境中，单击"文件/新建工程"命令。

(2) 设置窗体的 Caption 属性值为：阿基米德螺线。

(3) 编写窗体的 Click 事件代码，如代码 8-14 所示。

(4) 按 F5 功能键，运行程序。

代码 8-14

```
Private Sub Form_Click()
    Dim x As Single, y As Single, I As Single
    Scale (-15, 15)-(15, -15)      '设定用户坐标系
    Line (0, 14)-(0, -14)          '画坐标轴
    Line (14.5, 0)-(-14.5, 0)      '画坐标轴
    CurrentX = 0.5: CurrentY = 0   '设定当前坐标
    Print "0"
    CurrentX = 13.5: CurrentY = 1
    Print "→"                      '画X轴箭头
    CurrentX = 13.5: CurrentY = 2.5
    Print "X"                      '画X轴符号X
    CurrentX = -0.6: CurrentY = 14.5
    Print "↑"                      '画Y轴箭头
    CurrentX = -1: CurrentY = 14.5
    Print "Y"                      '画Y轴符号Y
    For I = 0 To 12 Step 0.01
        y = I * Sin(I)             '阿基米德螺线参数方程
        x = I * Cos(I)             '阿基米德螺线参数方程
        PSet (x, y)                '在指定坐标位置画点
    Next I
End Sub
```

4．PrintPicture 方法

格式：

[Object .] PaintPicture　图片 , x1 , y1 [, 宽度 1 , [高度 1 , x2[, y2[, 宽度 2[, 高度 2]]]]]

功能：PrintPicture 方法用于在窗体、图片框和打印机上绘制出图形文件的内容，图形文件类型包括.bmp、.wmf、.emf、.cur 和.ico 等。

说明：

(1) Object 指目标对象，可以是窗体、图片框或打印机，若省略，则默认为当前窗体。

(2) 图片指源图文件，可以是窗体或图片框的 Picture 属性指定的图形文件。

(3) x1、y1 指在目标对象上绘制图片的左上角坐标(x，y)，由对象的 ScaleMode 属性决定度量单位。

(4) 宽度 1、高度 1 是目标对象绘图的宽度和高度，由对象的 ScaleMode 属性决定度量单位。如果省略，则指整个图片的宽度或高度。

(5) x2、y2 指源图片内剪贴区的左上角坐标，默认为(0，0)。

(6) 宽度 2、高度 2 指源图片内剪贴区的宽度和高度，默认为整个图片的宽度或高度。如果宽度 1、高度 1 比宽度 2、高度 2 大或小，将适当地拉伸或压缩图片。

(7) 位操作常数，用来定义在将图片绘制到对象上时执行的位操作。

【例 8-14】如图 8-17 所示，用鼠标在 Picture1 中拖放选择部分区域，再点击放大按钮，在 Picture2 中将选择的部分放大显示。

解题分析：此题是根据鼠标在 Picture1 中选定的区域，通过 Picture2 控件的 PrintPicture 方法在 Picture2 中放大显示，源图片对象就是鼠标在 Picture1 中拖放选定的区域，可在 Picture1 的 MouseDown 事件中获取区域的左上角坐标，在 Picture1 的 MouseMove 事件中获取区域最终的右

图 8-17　局部放大效果显示

下角坐标,通过对 Picture1 的 DrawMode 属性设置为 7,可以在 MouseMove 事件中不断地擦除原有线框,再画新线框以使显示选择区域的线框大小能动态地变化。

操作步骤:

(1) 在 VB 环境中,单击"文件/新建工程"命令,在新建的窗体上添加 2 个图片框控件和 1 个命令按钮控件。

(2) 设置相关控件的属性,如表 8-19 所示。

(3) 编写相关控件的事件代码,如代码 8-15 所示。

(4) 按 F5 功能键,运行程序,用鼠标拖放操作,在左边图片框中选定图像区域,再点击"放大"按钮,在右边图片框中将显示出被放大的选定区域图像。

表 8-19   各相关控件的属性设置

控件名称	属性名	属性值
Form1	Caption	局部放大演示
Picture1	AutoSize	True
	Picture	Mikey.ico
	DrawMode	7
	Forecolor	&HFFFFFF
Command1	Caption	放大

代码 8-15

```
Dim x1!, y1!, x2!, y2!
Private Sub Command1_Click()
    Picture2.Cls        '图片框2清屏
    Picture2.PaintPicture Picture1, 0, 0, Picture2.Width, _
            Picture2.Height, x1, y1, x2 - x1, y2 - y1
            '图片框2中绘制放大图片
End Sub
Private Sub Picture1_MouseDown(Button As Integer, Shift As Integer, |
    Picture1.Cls        '图片框1清屏
    x1 = X: y1 = Y      '存贮当前坐标值
    x2 = X: y2 = Y      '存贮当前坐标值
End Sub
Private Sub Picture1_MouseMove(Button As Integer, Shift As Integer, |
    If Button = 1 Then              '如果按下鼠标左键
        Picture1.Line (x1, y1)-(x2, y2), , B    '擦除原有线框
        x2 = X: y2 = Y              '保存本次新线框右下角坐标
        Picture1.Line (x1, y1)-(x2, y2), , B    '画新线框
    End If
End Sub
```

5. Point 方法

格式:

[Object .] Point (x , y)

功能:Point 方法用于获取窗体上或图片框中指定点的 RGB 颜色。

说明:Object 指获取颜色点所在的目标对象,(x, y)为对象中某像素的位置坐标。Point 方法返回值为长整型,如由(x, y)坐标指定的点在 Object 对象外,则 Point 方法返回值为-1。

【例 8-15】如图 8-18 所示,将图片框的图像进行反转显示。

解题分析: 根据题目要求,首先定义一个三维数组,使用 Point 方法通过双重循环把图片框 1 中每个像素的色彩读出来,再通过颜色值的分解,获得每个像素的 3 种基色,连同像素点的坐标一起存放在一个包括色彩、横坐标、纵坐标的三维数组中,再通过运算获取对应

基色的补色,在图片框 2 中使用双重循环将每个像素的 3 种基色的补色用 Pset 方法画到图片框 2 中,就可完成反转图片制作。

操作步骤:

(1) 在 VB 环境中,单击"文件/新建工程"命令。在新建的窗体上添加 2 个大小相同的图片框控件和 2 个命令按钮控件。

(2) 设置相关控件的属性,如表 8-20 所示。

(3) 编写相关控件的事件代码,如代码 8-16、代码 8-17 所示。

(4) 按 F5 功能键,运行程序,观察运行效果。

图 8-18　反转图片显示

表 8-20　各相关控件的属性设置

控件名称	属性名	属性值
Form1	Caption	反转图片显示
Command1	Caption	扫描图片
Command2	Caption	反转图片
Picture1	Picture	汽车.bmp
Picture1	ScaleMode	3
Picture2	ScaleMode	3

代码 8-16

```
Option Explicit
Dim ImageP() As Integer        '定义动态数组
Dim i%, j%, red%, green%, blue%, col&, x%, y%      '定义变量
Private Sub Command1_Click()
  Form1.MousePointer = 11       '设置鼠标指针为沙漏
  x = Picture1.Width            '取图片框1的宽度
  y = Picture1.Height           '取图片框1的高度
  ReDim ImageP(2, x, y)         '重新定义动态数组
  Picture1.AutoRedraw = True       '设置图片框1的重画属性
  For j = 0 To Picture1.Height - 1   '通过两重循环扫描图片框1中
    For i = 0 To Picture1.Width - 1  '每一个像素点
        col = Picture1.Point(i, j)    '获取像素点的颜色
        red = col& And &HFF             '分解成红色
        green = ((col& And &HFF00) \ 256) Mod 256   '分解成绿色
        blue = (col& And &HFF0000) \ 65536      '分解成蓝色
        ImageP(0, i, j) = red      '赋于三维数组对应像素点红色分量
        ImageP(1, i, j) = green    '赋于三维数组对应像素点绿色分量
        ImageP(2, i, j) = blue     '赋于三维数组对应像素点蓝色分量
    Next i
  Next j
  Form1.MousePointer = 0    '设置鼠标指针为系统默认
End Sub
```

代码 8-17

```
Private Sub Command2_Click()
  Form1.MousePointer = 11              '设置鼠标指针为沙漏
  For j = 0 To Picture2.Height - 1
    For i = 0 To Picture2.Width - 1
                '通过两重循环扫描图片框2的每个像素点
        red = 255 - ImageP(0, i, j)      '求解对应红色的补色
        green = 255 - ImageP(1, i, j)     '求解对应绿色的补色
        blue = 255 - ImageP(2, i, j)      '求解对应蓝色的补色
        Picture2.PSet (i, j), RGB(red, green, blue)
                '在对应坐标点上画颜色
    Next i
  Next j
  Form1.MousePointer = 0    '设置鼠标指针为系统默认
End Sub
```

8.3　应用程序举例

【例 8-16】编写一个程序，当按下键盘上的某个键时，输出该键的符号及 KeyCode 码(十六进制和十进制)。

解题分析： 在实际应用中，KeyCode 码有着重要的作用，利用它可以根据按下的键采取相应的操作。可在窗体的 MouseDown 事件中检测 KeyCode 码，并用 Print 方法在窗体上输出。

操作步骤：

(1) 在 VB 环境中，单击"文件/新建工程"命令。

(2) 设置窗体的 Caption 属性值为：按键 KeyCode 码测试。

(3) 编写窗体的 KeyDown 事件代码，如代码 8-18 所示。

代码 8-18

```
Private Sub Form_KeyDown(KeyCode As Integer, Shift As Integer)
    Static i                    '定义静态变量
    i = i + 1                   '计数器累加
    If i Mod 5 = 0 Then         '设置每行输出5个序列
        Print Chr$(KeyCode); "-"; Hex$(KeyCode); "H -" & KeyCode & "D    ";
                                '每条序列包括符号、十六进制数、十进制数
        Print                   '换行
    ElseIf KeyCode = 13 Then    '判断是否按回车键
        i = 0                   '计数器复原
        Print: Print            '连续换行
    Else
        Print Chr$(KeyCode); "-"; Hex$(KeyCode); "H -" & KeyCode & "D    ";
    End If
End Sub
```

程序运行后，每按一个键，将输出该键及其 KeyCode 码(十六进制和十进制)，对于键盘基本键区的字母键和数字键可以正常输出，对于功能键区、编辑键区及小键盘区的其他键，输出的 KeyCode 码是正确的，但输出的键符是小写字母或上档字符，如图 8-19 所示。

图 8-19 中前 6 行为基本键区的 26 个字母键，8、9 行为基本键区的数字键，随后两行是小键盘区的数字键，最后 4 行分别是 F1~F10 功能键以及编辑键。

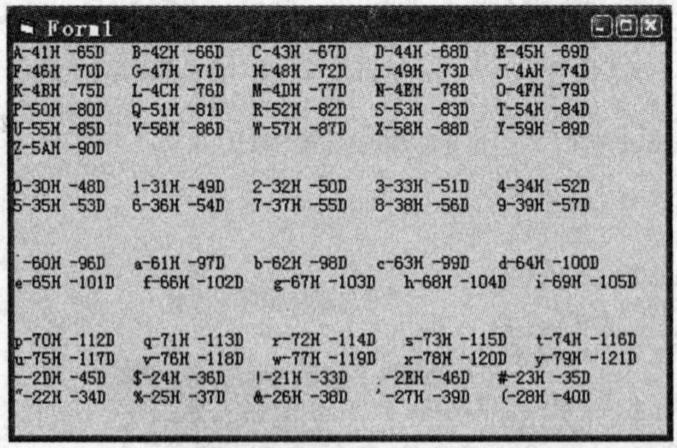

图 8-19　部分键的 KeyCode 码

【例 8-17】动态数学曲线。利用 VB 中的 Line 和 Pset 绘图方法来绘制正弦曲线，如图 8-20 所示。

解题分析: 在窗体上可添加一个图片框，图片框中可以自定义用户坐标系，设定刻度单位，绘制坐标轴，再通过循环取点，用图片框的 Pset 方法在指定点绘色，将步长值取很小，绘制过程形成动画效果。

操作步骤:

(1) 在 **VB** 环境中单击"文件/新建工程"命令。在新建的窗体上添加 1 个图片框控件和 2 个命令按钮控件。

(2) 设置相关控件的属性，如表 8-21 所示。

(3) 编写相关控件的事件代码，如代码 8-19 所示。

(4) 按 **F5** 功能键，运行程序，观察程序运行效果。

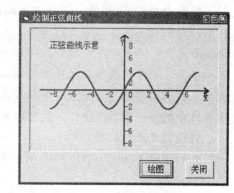

图 8-20 绘制正弦曲线

表 8-21 各相关控件的属性设置

控件名称	属性名	属性值
Form1	Caption	绘制正弦曲线
Command1	Caption	绘图
Command2	Caption	关闭

代码 8-19

```
Option Explicit
Const pi# = 3.1415926
Dim i%, a#
Private Sub Command1_Click()
  Picture1.Cls
  Picture1.ScaleMode = 3                  '设置坐标的单位为像素
  Picture1.Scale (-10, 10)-(10, -10)
                   '定义用户坐标系，坐标原点为Picture1中心
  Picture1.DrawWidth = 2                    '设置绘线宽度
  Picture1.Line (-9, 0)-(9, 0), vbBlue      '绘坐标系X轴及箭头线
  Picture1.Line (8.5, 0.5)-(9, 0), vbBlue
  Picture1.Line -(8.5, -0.5), vbBlue
  Picture1.ForeColor = vbBlue
  Picture1.Print "X"
  Picture1.Line (0, 9)-(0, -9), vbBlue      '绘坐标系Y轴及箭头线
  Picture1.Line (0.4, 8.5)-(0, 9), vbBlue
  Picture1.Line -(-0.4, 8.5), vbBlue
  Picture1.Print "Y"
  For i = -8 To 8 Step 2       'Y轴上刻度
    Picture1.CurrentX = 0:    Picture1.CurrentY = i
    Picture1.PSet (0.02, i)
    Picture1.Print i
  Next i
  For i = -8 To 8 Step 2       'X轴上刻度
    Picture1.CurrentX = i:    Picture1.CurrentY = 0
    Picture1.PSet (i, 0.02)
    Picture1.Print i
  Next i
  Picture1.CurrentX = -8:    Picture1.CurrentY = 8
  Picture1.ForeColor = vbBlue
  Picture1.Print "正弦曲线示意"
  '用循环语句绘点，使其按正弦规律变化，步长值很小，形成动画效果
  For a = -2.5 * pi To 2.5 * pi Step 3 / 6000
    Picture1.PSet (a, Sin(a) * 3), vbRed
  Next a
End Sub
Private Sub Command2_Click()
  End
End Sub
```

【例 8-18】 编写程序，模拟汽车上的"雨刮器"，运行效果如图 8-21(a)所示。

解题分析："雨刮器"是汽车上的设备，一般安装在前挡风玻璃上，在雨天行驶时左右摆动，用来刮去落在玻璃上的雨水，并根据雨水的大小调整"雨刮器"摆动的速度。因此，根据题意，用 Line 方法在时钟控件控制下在窗体上围绕一定点坐标从左到右或从右到左沿圆弧画半径，相邻两条线之间可采用圆心角递增或递减，也可采用使水平 x 轴方向等距增加或减少，本例采用水平 x 轴方向等距增减。经过同一个顶点，画出多条等长的线条，关键是求出该线条的另一个顶点坐标，就可以用 Line 方法画出该线条。

假设固定点的坐标为 $O(x_0, y_0)$，本题解中为(2 900，3 900)，当该线条位于最左边时，另一顶点的坐标为 $A(x_1, y_1)$，本题为(100, 3 200)，如图 8-21(b)所示，因此线条的长度应为：

$$L = \sqrt{(x_0 - x_1)^2 + (y_0 - y_1)^2}$$

当线条向右摆动，顶点 A 坐标 x_1 增加一段距离(在本题中为 100 堤)到达 $B(x_2, y_2)$，由于线条长度不变，因此：

$$\sqrt{(x_0 - x_1)^2 + (y_0 - y_1)^2} = \sqrt{(x_0 - x_2)^2 + (y_0 - y_2)^2}$$

由 $x_2 = x_1 + 100$，可求出 $y_2 = y_0 - \sqrt{L^2 - (x_0 - x_2)^2}$。

求出 B 点的坐标后，由此可以用 Line 方法画出 BO 线条。

在切换线条摆动方向时，先清除窗体上所画的线条，重新画线。此外，还可以添加一个 Slider 控件设置时钟控件的 Interval 属性值，以改变模拟"雨刮器"摆动的速度。用一个命令按钮启动或停止"雨刮器"的摆动。

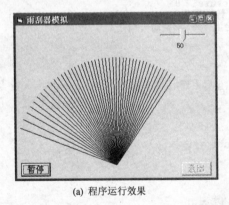

(a) 程序运行效果　　　　　　　(b) 线段坐标位置示意图

图 8-21　例 8-18 图示

操作步骤：

(1) 在 VB 环境中，单击"文件/新建工程"命令。选择菜单"工程/部分"命令，在弹出的"部件"对话框中选取"Microsoft Windows common Controls 6.0"，点击"确定"按钮，在工具箱中添加 Slider 控件，双击工具箱中 Slider 控件，在窗体上创建 Slider 控件。

(2) 在窗体上添加 1 个时钟控件和 2 个命令按钮控件。

(3) 设置相关控件的属性，如表 8-22 所示。

表 8-22 各相关控件的属性设置

控件名称	属性名	属性值	说 明
Form1	Caption	雨刮器模拟	标题
Command1	Caption	开始	标题
Command2	Caption	退出	标题
Timer1	Interval	50	设置触发时间间隔为 0.05s
	Enabled	False	暂禁使用
Slider1	Min	1	设置变化范围最小值
	Max	100	设置变化范围最大值
	SmallChange	1	设置微调值
	LargeChange	10	设置大幅调整值

(4) 编写相关控件的事件代码，如代码 8-20 所示。

(5) 按 F5 功能键，运行程序。点击"开始"按钮，"雨刮器"开始摆动，用鼠标可以拖曳 Slider 控件的滑块，观察"雨刮器"摆动速度的变化。

代码 8-20

```
Dim i%, s%, Y!
Private Sub Command1_Click()
    If Command1.Caption = "开始" Then
        Command1.Caption = "暂停"        '点击"开始"按钮后重新设置标题
        Timer1.Enabled = True            '启动时钟控件工作
        Command2.Enabled = False         '禁用此按钮
    Else
        Timer1.Enabled = False           '关闭时钟控件
        Command1.Caption = "开始"        '更改控件标题
        Command2.Enabled = True          '允许操作此按钮
    End If
End Sub
Private Sub Command2_Click()
    End                                  '结束程序运行
End Sub
Private Sub Form_Load()
    s = 1:  i = 100                      '设置初值
    Label1.Caption = 50                  '赋标签标题
    Slider1.Value = 50                   '置Slider控件的Value属性值
    Timer1.Interval = 50                 '设置时钟控件触发时间间隔
End Sub
Private Sub Slider1_Change()
                '用Slider的Value属性值控件时钟控件触发的时间间隔
    Timer1.Interval = Slider1.Value
    Label1.Caption = Slider1.Value       '用标签显示Slider控件的Value值
End Sub
Private Sub Slider1_Scroll()
    Timer1.Interval = Slider1.Value
    Label1.Caption = Slider1.Value
End Sub
Private Sub Timer1_Timer()
    If i > 5700 Then s = -1: Cls
        '判断变量i大于指定值时，改变i值的变化方向并清屏
    If i < 100 Then s = 1: Cls
        '判断变量i小于指定值时，改变i值的变化方向并清屏
    i = i + 100 * s                      '改变变量i值
    Y = 3900 - Sqr(Abs(2900 ^ 2 + (3900 - 3200) ^ 2 - (2900 - i) ^ 2))
        '根据勾股定理求出垂直坐标随水平坐标的变化关系
    Line (i, Y)-(2900, 3900)   '画定长线段
End Sub
```

第 9 章　文　件

本章学习目标

➢ 掌握文件系统控件的使用
➢ 了解文件的结构和分类
➢ 掌握文件操作语句和函数
➢ 掌握顺序文件、随机文件及二进制文件的特点和读写操作
➢ 在编写应用程序中熟练使用文件

在前面介绍的内容中，应用程序所处理的数据都存储在变量或数组中，即数据只能保存在内存中，当退出应用程序时，数据不能保存下来。为了长期有效地使用数据，在程序设计中引入了文件的概念，使用文件可以将应用程序所需要的原始数据、处理的中间结果以及程序执行的最后结果以文件的形式保存下来，以便继续使用或者打印输出。

VB 具有较强的对文件进行处理的能力，而且提供了多种访问文件的方法，既可以直接读写文件，又提供了大量与文件管理有关的语句和函数，同时还提供了文件系统控件，可以实现选择驱动器、遍历浏览文件夹或文件等操作。

本章主要介绍文件系统控件、文件访问方法等内容。

9.1　文件系统控件

在程序设计中，许多应用程序必须显示关于磁盘驱动器、目录和文件的信息。为使用户能够利用文件系统，VB 提供了 2 种选择。其一可以使用由 CommonDialog 控件提供的通用对话框，前面有具体的介绍；其二可以使用驱动器列表框(DriveListBox)、目录列表框(DirListBox)、文件列表框(FileListBox)这 3 个文件系统控件的组合创建自定义对话框。文件系统控件使用户能在应用程序中检查可用的磁盘文件并从中选择，下面分别加以介绍。

图 9-1　驱动器列表框

9.1.1　驱动器列表框

驱动器列表框(DriveListBox)，是下拉式列表框，是一种能显示系统中所有有效磁盘驱动器的列表框，用户可以单击列表框右侧的箭头从列出的驱动器列表中选择驱动器。其默认控件名是 Drive1，如图 9-1 所示。

1．重要属性

Drive 属性：用于返回或设置驱动器的名称，默认为当前驱动器。它可以是任何一个有效的字符串表达式，该字符串的第一个字母必须是一个有效的磁盘驱动器符号，如"C:\"或"D:\"。Drive 属性在设计时不可用，只能在程序运行时被设置。

格式：

[对象.]Drive[=驱动器名]

说明：

(1) 其中"对象"为驱动器列表框对象的名称。例如：

Drive1.Drive ="C:\ "　　　　　　　'设置驱动器为 C 盘

(2) 从列表框中选择驱动器并不能自动改变系统当前的工作驱动器，必须通过 ChDrive 语句来实现。例如：

ChDrive Drive1.Drive　　　　　　'将选择的驱动器变成当前工作驱动器

2. 重要事件

Change 事件：程序运行时，从列表框中选择一个新驱动器或通过代码改变 Drive 属性的设置时会触发驱动器列表框的 Change 事件。

例如，将在驱动器列表框中选择的驱动器设置为当前驱动器，可在该事件中编写代码：

```
Private Sub Drive1_Change()
    ChDrive Drive1.Drive
End Sub
```

9.1.2　目录列表框

目录列表框(DirListBox)，通过显示一个树型的目录结构来列出当前驱动器下的分层目录，其中每一行代表一个目录，当用鼠标双击某一目录时，将打开该目录并显示其子目录。其默认控件名是 Dir1，如图 9-2 所示。

图 9-2　目录列表框

1. 重要属性

Path 属性：返回或设置当前工作目录的完整路径(包括驱动器盘符)。在设计阶段，该属性不可用。设置 Path 属性就相当于改变了目录列表框的当前目录。

格式：

[对象 .]Path [=字符串表达式]

说明：

(1)"对象"为目录列表框对象的名称；"字符串表达式"用来表示路径名的字符串表达式，默认为当前路径。例如：

Dir1.Path ="C:\hp"　　　　　　　'设置当前工作目录为 C:\hp

(2) 从目录列表框中选择目录并不能自动改变系统当前的工作目录，必须通过 ChDir 语句来实现。例如：

ChDir Dir1.Path　　　　　　　'将当前目录变成目录列表框中显示的一个目录

(3) Path 属性也可以直接设置限定的网络路径。例如：

\\网络计算机名\共享目录名\ Path。

2. 重要事件

Change 事件：程序运行时，双击一个目录项或通过代码改变 Path 属性的设置时触发目

录列表框的 Change 事件。事件过程为:

```
Private Sub Dir1_Change()
End Sub
```

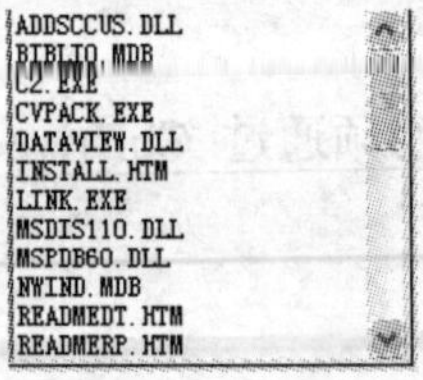

9.1.3 文件列表框

文件列表框(FileListBox)📄, 是一个带滚动条的列表框, 用来显示特定目录下的文件。其默认控件名是 File1, 如图 9-3 所示。

1. 重要属性

与文件列表框相关的属性有很多, 其中重要的属性如表 9-1 所示。

图 9-3 文件列表框

表 9-1   FileListBox 控件的重要属性

属性名	属性值	说　明
Path	字符串	设置或返回当前目录的路径名, 其值为一个表示路径名的字符串表达式。编写程序时, 文件列表框的 Path 属性值一般由目录列表框的 Path 属性获得。当 Path 属性被设置后, 文件列表框将显示目录下的文件。Path 属性只能在运行阶段设置
Pattern	字符串	设置或返回要显示的文件类型, 即按该属性的设置对文件进行过滤, 显示满足条件的文件。可在设计阶段设置或在程序运行时设置。其值是一个带通配符的文件名字符串, 代表要显示的文件名类型。默认时表示所有文件。改变该属性值将会触发 PatternChange 事件
FileName	字符串	返回或设置所选文件的路径和文件名, 该属性在设计状态下不可用。读取该属性值时, 返回当前从列表中选择的不含路径的文件名或空值
ListCount	数值	返回文件列表框控件的当前目录中匹配 Pattern 属性设置的文件个数。该属性在设计状态下不可用
ListIndex	数值	返回或设置控件中当前选择项目的索引号, 其值范围为 0~ListCount-1。该属性只能在运行阶段引用
List(i)	字符串	返回或设置文件列表框控件的列表部分的列表项目的内容。列表是一个字符串数组, 数组的每一项都是一个列表项目, i 是列表中某一具体列表项目的索引号

说明:

(1) Pattern 属性。

格式:

[对象.]Pattern[=值]

其中, "对象"为文件列表框名, "值"用来指定文件类型的字符串表达式。例如:

File1.Pattern="*.TXT"   '只显示所有文本文件

File1.Pattern= "*.*"   '显示所有文件

(2) 如果过滤的类型不只是一种, 可以用分号分隔。例如:

File1.Pattern="*.EXE; *.COM"   '表示显示以.EXE 和.COM 为后缀的文件

(3) 在程序中对文件列表框中的所有文件进行操作时要用到 List、ListCount 属性。

例如, 下面程序是将文件列表框中所有文件名显示在窗体上。

```
For i = 0 To File1.ListCount −1
    Print File1.List(i)
Next i
```

2．重要事件

(1) PathChange 事件。当路径被代码中的 FileName 或 Path 属性的设置所改变时，此事件就发生。即可使用 PathChange 事件来响应文件列表框中路径的改变。

(2) PatternChange 事件。当文件的列表样式，如 "*.*" 被代码中对 FileName 或 Path 属性的设置所改变时，此事件就发生。即可使用 PatternChange 事件过程来响应文件列表框中样式的改变。

(3) Click 事件。在文件列表框中单击，选中所单击的文件，将改变 ListIndex 属性值，并将 FileName 的值设置为所单击的文件名字符串。

例如，单击输出文件名。

```
Private Sub File1_Click()
    MsgBox File1.FileName
End Sub
```

(4) DbClick 事件。文件列表框能识别双击事件，常常用于对所双击的文件进行处理。

例如，下面的程序段用来执行双击的应用程序。

```
Private Sub File1_DblClick()
    Dim fname As String
    If Right(File1.Path, 1) = "\" Then
        fname = File1.Path & File1.FileName
    Else
        fname = File1.Path & "\" & File1.FileName
    End If
    retval = Shell(fname, 1)              '执行所选择的程序
End Sub
```

9.1.4　文件系统控件的同步操作

在类似文件管理器的目录文件窗口中，要使驱动器列表框中当前驱动器的变动引发目录列表框中当前目录的变化，并进一步引发文件列表框目录的变化，则必须在驱动器列表框和目录列表框的 Change 事件过程中编写程序代码，以实现文件系统的同步操作。

【例 9-1】在窗体上分别放一个"驱动器列表框"、一个"目录列表框"、一个"文件列表框"、一个"标签"，一个"文本框"。单击驱动器列表框可变更当前驱动器，同时引发目录列表框内信息和文件列表框信息的同步变更，单击文件列表框某一文件，该文件名将在文本框中显示，如图 9-4(a)所示。

操作步骤：

(1) 设计用户界面。

① 在 VB 环境中，单击"文件/新建工程"命令。

② 在新建的窗体上添加 1 个标签，1 个文本框。

③ 分别单击工具箱中的"驱动器列表框"按钮、"目录列表框"按钮和"文件列表框"按钮，在窗体上画 1 个"Drive1"，1 个"Dir1"，1 个"File1"。

(2) 设置相关控件的属性，如表 9-2 所示。

(3) 编写程序代码，如代码 9-1 所示。

表 9-2　相关控件属性的设置

控件名称	属　　性	属性值	说　　明
Label1	Caption	文件名	标签的标题
Text1	Text	空	文本框清空
Drive1	Name	Drive1	系统设定
Dir1	Name	Dir1	系统设定
File1	Name	File1	系统设定

代码 9-1

```
Private Sub Dir1_Change()
    File1.Path = Dir1.Path      '使目录列表框和文件列表框同步
End Sub
Private Sub Drive1_Change()
    Dir1.Path = Drive1.Drive    '使驱动器列表框与目录列表框同步
End Sub

Private Sub File1_Click()
    Text1.Text = File1.FileName  '在文本框中显示文件名
End Sub
Private Sub Form_Load()
    Text1.Text = ""
    Drive1.Drive = "c:\"          '初始化驱动器列表
End Sub
```

(4) 分别保存窗体文件和工程文件。

(5) 按 F5 功能键运行程序。初始状态如图 9-4(b)所示。选择不同的磁盘及磁盘上的目录，在文件列表框中单击某一文件，文本框显示该文件，如图 9-4(a)所示。

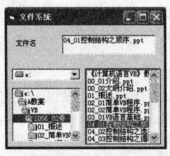

(a) 运行结果

(b) 运行初态

图 9-4　例 9-1 图示

9.2　文件结构及分类

在程序设计中，文件是十分有用而且是不可缺少的。这是因为：其一，文件是使一个程序可以对不同的输入数据进行加工处理、产生相应的输出结果的常用手段；其二使用文件可以方便用户，提高上机效率；其三使用文件可以不受内存大小限制。因此文件的使用是十分重要的，在有些情况下，不使用文件很难解决所遇到的实际问题。在利用 VB 语言编程时，也经常要使用文件。

9.2.1 文件结构

为了有效地存取数据，数据必须以特定的方式存放，这种特定的方式称为文件结构。VB 的文件由记录组成，记录由字段组成，字段由字符组成。

1．字符(Character)

字符是构成文件的最基本单位。字符可以是数字、字母、特殊符号或单一字节。VB 中支持双字节，当计算字符串长度时，一个西文字符和一个汉字都作为一个字符计算。

2．字段(Field)

字段也称域。字段由若干个字符组成，用来表示一项数据，如学号("2005121201")是一个字段，姓名("张百宜")也是一个字段。

3．记录(Record)

记录由一组相关的字段组成。如在学生基本信息表示中，每个学生的学号、姓名、性别、出生日期等构成一个记录，如表 9-3 所示。

表 9-3　记录

学　　号	姓　　名	性　　别	出生日期
2005121501	李白宜	男	1987 年 12 月
2005121502	张长江	女	1988 年 1 月
...	...	...	...

4．文件(File)

文件由记录构成，一个文件由一个以上的记录组成。如在学生基本信息文件中有 1000 个学生，每一个学生的信息是一条记录，1000 个记录构成了一个文件。VB 通常以记录为单位访问数据文件中的数据。

9.2.2 文件的分类

可从不同的角度对文件进行分类。

1．按文件存储介质分类

按文件存储介质分，可分为磁盘文件、磁带文件、打印文件等，在此不详细叙述。

2．按文件存储数据性质分类

按文件存储数据性质分，可分为程序文件和数据文件。

(1) 程序文件(Program File)。这类文件存放的是可以由计算机执行的程序，包括源文件和可执行文件。在 VB 中，扩展名为.exe、.frm、.vbp、.vbg、.bas、.cls 的文件都是程序文件。

(2) 数据文件(Data File)。数据文件用来存放普通的数据，如学生的考试成绩，职工的工资。这类数据必须通过程序来存取和管理。

3．按文件的存取方式和结构分类

按文件的存取方式和结构分，可分为顺序文件和随机存取文件。

(1) 顺序文件(Sequential File)。顺序文件结构比较简单，文件中的记录一个接一个按顺序存放。在这种文件中，只知道第 1 个记录存放的位置，其他记录无从知道。当要查找某一个数据时，只能从文件头开始，一个记录一个记录按顺序读取，直到找到要查找的记录为止。例如要读取文件中的第 100 个记录，就必须先读出前 99 条记录，写入操作也如此。同样，当要修改某一个记录时，也必须把整个文件读入内存，修改完后重新写入磁盘。顺序文件中的每一行字符串就是一条记录，每条记录可长可短。由于顺序文件不能灵活存取和增减数据，因此，适用于存放有一定规律且不经常修改的数据。其占用空间少，容易使用。

(2) 随机存取文件(Random Access File)。随机存取文件又称直接存取文件，简称随机文件或直接文件。与顺序文件不同，在访问随机文件中的数据时，不必考虑各个记录排列顺序或位置，可以根据需要访问文件中的任意一个记录。在随机文件中，每个记录的长度是固定的，记录中的每个字段的长度也是固定的。随机文件的每个记录都有一个记录号，在写入数据时，只要指定记录号，就可以把数据直接存入指定位置；在读取数据时，只要给出记录号，就能直接读取该记录，不必为修改某个记录而对整个文件进行读写操作。随机文件存取较灵活、方便、速度快。但所占空间较大，数据组织较复杂。

4. 按数据的编码方式分类

(1) ASCII 文件。又称文本文件，它以 ASCII 方式保存文件，这种文件可以用字处理软件建立和修改，保存文件时，按纯文本文件保存。

(2) 二进制文件(Binary File)。是字节的集合，它直接把二进制码存放在文件中。除了没有数据类型或者记录长度的含义外，它与随机访问很相似。二进制访问模式以字节来定位数据，在程序中可以按任何方式组织和访问数据，对文件中各字节数据直接进行存取，因此这类文件的灵活性最大，所占空间小。但此类文件不能用字处理软件编辑。

9.2.3   数据文件的操作步骤

在 VB 中，数据文件的操作步骤为：

(1) 打开(或建立)文件。一个文件必须先打开或建立后才能使用，如果一个文件已经存在，则打开该文件；如果一个文件不存在，则建立该文件。

(2) 文件的读写操作。在一个文件被打开后，才能对文件进行读写操作。在对文件的操作中，把内存中的数据传输到相关的外部设备(如磁盘)并作为文件存放的操作叫写数据(或称为输出操作)。而把数据文件中的数据传输到内存中的操作叫读数据(或称为输入操作)。

(3) 关闭文件。文件的读写操作结束后，必须关闭文件。

9.2.4   文件指针

文件被打开后，自动生成一个文件指针(隐含的)，文件的读写从指针所指的位置开始。

9.3   文件操作的语句和函数

文件的主要操作是读和写，这些内容在后面介绍。这里介绍的是通用的文件操作语句和函数，VB 提供了许多与文件操作有关的语句和函数，用户可以很方便地将这些语句和函数应用到文件的读写操作和对文件、目录进行复制、删除等维护工作中。

9.3.1　文件操作语句

1. Seek 语句

格式：

Seek #文件号，位置

功能：将文件的读写位置定位到指定"位置"处。

说明：参数"文件号"是一个整型表达式，其值在 1~511 范围内，它是打开文件时给文件的编号，与具体文件相关联；参数"位置"是一个数值表达式，用来指定下一个要读写的位置。其值在 $1~(2^{31}-1)$ 范围内。

2. ChDrive 语句

格式：

ChDrive 驱动器

功能：改变当前驱动器。

说明：参数"驱动器"是一个字符串表达式，它指一个存在的驱动器。如果使用零长度的字符串("")，则当前驱动器不会改变；如果"驱动器"参数有多个字符，则 ChDrive 只使用首字母作为当前驱动器的盘符。

例如，使用 ChDrive 语句将当前的驱动器改变为"D"。

ChDrive "D"或 ChDrive "D:\ "或 ChDrive "Defg"

3. ChDir 语句

格式：

ChDir 路径名

功能：改变当前目录。

说明：参数"路径名"是一个字符串表达式，表示将成为新的缺省目录的名称。<路径名>可以包含驱动器。如果没有指定驱动器，则 ChDir 在当前驱动器上改变缺省目录。

例如，将当前目录改变为 MyDir。

ChDir "MyDir"

注意：ChDir 语句改变默认目录位置，但不会改变驱动器位置。如果默认驱动器是 C 盘，则语句 ChDir "D:\MyDir"将会改变驱动器 D 盘上的默认目录，但 C 盘仍然是默认驱动器。

4. MkDir 语句

格式：

MkDir 路径名

功能：创建一个新的目录。

说明：参数"路径名"为一个字符串表达式，表示要创建的目录的名称。"路径名"可包含驱动器名。如果没有指定驱动器名，则 MkDir 在当前驱动器上创建新的目录。

例如：

(1) 在当前驱动器上建立一个目录 MyDir。

MkDir "MyDir"

(2) 在 D 盘上建立一个目录 MyDir。

MkDir "D:\MyDir"

(3) 在 D 盘上目录 MyDir 下再建立一个目录 MyDirsub。

MkDir "D:\MyDir\MyDirsub"

5. RmDir 语句

格式：

RmDir 路径名

功能：删除一个存在的目录。

说明：参数"路径名"为一个字符串表达式，用来指定要删除的目录。"路径名"可包含驱动器名。如果没有指定驱动器名，则 RmDir 在当前驱动器上删除目录。RmDir 只能删除空目录，如果想使用 RmDir 删除一个含有文件的目录，则会发生错误，所以，在试图删除该目录前，要先用 Kill 语句删除该目录下所有文件。

例如，删除 D 盘上 MyDir 下的目录 MyDirsub。

RmDir "D:\MyDir\MyDirsub"

6. Kill 语句

格式：

Kill 文件名

功能：删除文件。

说明：参数"文件名"是一个字符串表达式，用来指定被删除的文件，可以包含目录及驱动器。Kill 支持多字符"*"和单字符"?"两通配符，用以一次删除多个文件。另外，删除文件一定要小心，以免删除重要的文件。

例如，删除 D 盘 MyDir 目录下所有扩展名为.txt 的文件。

Kill "D:\MyDir *.txt"

7. FileCopy 语句

格式：

FileCopy 源文件名 ，目标文件名

功能：复制文件。

说明：参数"源文件名"是一个字符串表达式，用来表示被复制的源文件，可以包含目录及驱动器；"目标文件名"是一个字符串表达式，用来指定要复制的目标文件名，可以包含目录及驱动器。如果对于一个已打开的文件使用 FileCopy 语句，则会产生错误。

例如，将 D 盘 MyDir 目录下文件 Myfile.txt 复制到 E 盘，且目标文件名为 Newfile.txt。

FileCopy "D:\MyDir\Myfile.txt", "E:\Newfile.txt"

8. Name 语句

格式：

Name 原文件名 AS 新文件名

功能：文件改名。

说明:

(1) 参数"原文件名"是一个字符串表达式,表示已存在的文件名,可以包含目录及驱动器;"新文件名"是一个字符串表达式,表示新的文件名,可以包含目录及驱动器,新文件名不能是已有的文件,否则将出错。

(2) 如果对于一个已打开的文件使用 Name 语句,则会产生错误。在改文件名前,要先关闭文件。

(3) Name 不支持多字符"*"和单字符"?"两通配符。

(4) Name 语句能重新命名文件,并可将其移动到一个不同的目录中;Name 语句也可在不同的驱动器间移动文件。

例如:

(1) 将当前目录中的文件 oldfile.txt 更名为 newfile.txt。

Name "oldfile.txt" AS "newfile.txt"

(2) 将 D 盘中 MyDir 目录下的文件 Myfile.txt 更名为 Newfile.txt,并放在 D 盘 NewDir 目录下。

Name "D:\MyDir \Myfile.txt" AS "D:\NewDir \Newfile.txt"　　'改文件名,并移动文件

9. SetAttr 语句

格式:

SetAttr 文件名 , 属性

功能:设置文件属性。

说明:参数"文件名"是一个字符串表达式,用来指定文件名,可以包含目录及驱动器;参数"属性"是一个常量或数值表达式,表示文件的属性。文件属性如表 9-4 所示。

表 9-4　文件属性

内部常数	数　值	描　述
VbNormal	0	常规(默认值)
VbReadonly	1	只读
VbHidden	2	隐藏
VbSystem	4	系统文件
VbArchive	32	上次备份后,文件已经改变

例如,将 D 盘 NewDir 目录下文件 Newfile.txt 属性设置为只读属性。

SetAttr　"D:\ NewDir \Newfile.txt",VbReadonly

注意:对于一个已打开的文件设置属性,则会产生错误。

9.3.2　文件操作函数

1. Seek 函数

格式:

Seek (文件号)

功能:返回文件指针的当前位置。

说明:对于用 Input、Output 或 Append 方式打开的文件,Seek 函数返回文件中的字节位

置(产生下一个操作的位置)；对于用 Random 方式打开的文件，Seek 函数返回下一个要读或写的记录号。

2．FreeFile 函数

格式：

FreeFile

功能：得到一个在程序中没有使用的文件号。

说明：当程序打开的文件较多时，这个函数很有用。特别是当在通用过程中使用文件时，用这个函数可以避免使用其他过程中正在使用的文件号。利用这个函数，把未使用的文件号赋给一个变量，就可用这个变量作文件号。

例如，用 FreeFile 获得一个文件号。打开、关闭该文件。

```
filenum = FreeFile
Open "d:\Mydir\Myfile.dat" For Output As filenum          '打开文件
Close filenum                                              '关闭文件
```

3．Loc 函数

格式：

Loc(文件号)

功能：返回由"文件号"指定的文件的当前读/写位置。

说明：

(1) 格式中的"文件号"是在 Open 语句中使用的文件号。

(2) 对于随机文件，Loc 返回一个记录号，它是对随机文件读或写的最后一个记录的记录号，即当前读写位置的上一个记录；对于顺序文件，Loc 返回的是从该文件被打开以来读或写的记录个数，一个记录是一个数据块；对于二进制文件，Loc 返回读或写的最后一个字节的位置，即当前要读写的上一个字节的位置。

4．LOF 函数

格式：

LOF(文件号)

功能：表示打开文件号所对应的文件的大小，该大小以字节为单位。

说明："文件号"含义同前；在 VB 中文件的基本单位是记录，每个记录默认长度是 128 字节，因此，对于 VB 建立的数据文件，LOF 函数返回的将是 128 的倍数，不一定是实际的字节数。对于用其他编辑软件或字处理软件建立的文件，LOF 返回的是实际分配的字节数。

例如，LOF(1)   '返回 1 号文件的长度，如果值为 0，则文件是一个空文件

5．EOF 函数

格式：

EOF(文件号)

功能：用来测试文件的指针是否到达文件末尾。

说明："文件号"同前。如果文件指针到了文件末尾，EOF 函数返回的值是 True，否则返回的是 False。EOF 常用来在循环中测试是否到达文件尾，它是一个很有用的函数。一般结

构如下：

Do While Not Eof(文件号)
  …… 读/写操作
Loop

6. CurDir 函数

格式：

CurDir [(驱动器)]

功能：返回一个字符串值，表示某驱动器的当前路径。

说明：参数"驱动器"是一个字符串表达式，它指定一个存在的驱动器。如果没有指定驱动器或其值是零长度的字符串("")，则函数 CurDir 返回的是当前驱动器的工作路径。

例如，假设 C 为当前驱动器，当前路径为"C:\Windows"，使用下面语句均可返回当前路径。

Dim Mypath As String
Mypath = CurDir
或 Mypath = CurDir("C")

7. GetAttr 函数

格式：

GetAttr(路径名)

功能：获得文件及目录的属性。

说明：

(1) 参数"路径名"是一个字符串表达式，用来指定文件或目录，"路径名"可包含驱动器及目录。

(2) 文件及目录的属性值如表 9-5 所示。

表 9-5　文件及目录属性

内部常数	数　值	说　明
vbNormal	0	常规
vbReadonly	1	只读
vbHidden	2	隐藏
vbSystem	4	系统文件
vbDirectory	16	目录
vbArchive	32	上次备份后，文件已经改变
vbAlias	64	指定的文件名是别名

(3) 若要判断文件或目录是否具有某个属性，需要将 GetAttr 函数的返回值与表中所列的属性值按位进行 And 运算，如果所得结果不为零，则表示设置了这个属性值。

例如：

(1) 如果 D:\Myfile.txt 文件具有隐藏属性，则下面语句返回值为 2。

Print GetAttr("D:\Myfile.txt")

(2) 如果 D:\Myfile.txt 文件具有隐藏和只读属性，则下面语句返回非零值。

Print GetAttr("D:\Myfile.txt") And (vbHidden +vbReadOnly)

(3) 如果 Mydir 为一目录，则下面语句返回 16。

Print GetAttr("Mydir")

8．FileDateTime 函数

格式：

FileDateTime(文件名)

功能：获得文件的日期和时间。

说明：参数"文件名"是一个用来指定文件名的字符串表达式，可以包含驱动器及目录。其返回一个 Variant(Date)值，此值为一个文件被创建或最后修改的日期和时间。

9．FileLen 函数

格式：

FileLen(文件名)

功能：获得文件的长度。

说明：参数"文件名"是一个用来指定文件名的字符串表达式，可以包含驱动器及目录。其返回值是 Long，代表一个文件的长度，单位是字节。当调用 FileLen 函数时，如果所指定的文件已经打开，则返回的值是这个文件在打开前的大小。

9.4　顺序文件的访问

在顺序文件中，记录的逻辑顺序与存储顺序相一致，对文件的操作只能按顺序进行。顺序文件的操作也分三步进行，即打开文件、读或写文件、关闭文件。

9.4.1　打开文件

在 VB 中，使用 Open 语句打开要操作的文件。

格式：

Open 文件名 For 方式 [Access 存取类型][锁定] As [#]文件号 [Len=缓冲区大小]

功能：按指定的方式打开一个文件，并为文件指定一个文件号。

说明：

(1) "文件名"：为一个字符串表达式，可以包含驱动器及目录。此参数不可省。

(2) "方式"：指定文件的输入输出方式，可以是下述操作之一：

① Input：表示以读方式打开文件。当要读的文件不存在时会出错。

② Output：表示以写方式打开文件。如果文件不存在，就创建一个新文件；如果文件存在，则删除文件中的原数据，从头开始写入数据。

③ Append：表示以添加的方式打开文件。如果文件不存在，就创建一个新文件；如果文件存在，打开文件并保留原有的数据，写数据时从文件尾开始进行添加。

(3) [存取类型]：放在关键字 Access 之后，用来指定访问文件的类型。可以是下列类型之一：

① Read：打开只读文件。

② Write：打开只写文件。

③ Read Write：打开读写文件，在顺序文件中，只对用 Append 方式打开的文件有效。
"存取类型"指出了在打开的文件中所进行的操作。

(4) [锁定]：该子句只在多用户或多进程环境中使用，用来设定要打开文件的共享权限，可为下列关键字之一：

① Shared：其他文件可以读写此文件。

② Locked Read: 其他文件不能读此文件。

③ Locked Write: 其他文件不能写此文件。

④ Locked Read Write: 其他文件不能读也不能写此文件。

(5) "文件号"：介绍 Seek 语句时已介绍。其前面#可省略不写。

(6) "缓冲区大小"：表示可使用的缓冲区的字节数。

例如：

(1) 打开当前目录下名为 client1 的顺序文件，以便从中读取数据。

Open "\client1" For Input As # 1

(2) 在 C 盘 Mydir 目录下建立并打开一个新的数据文件 client2，使数据可写入该文件，且任何过程都可以读写该文件。

Open "c:\ Mydir\client2" For Output Shared As # 1

9.4.2　写操作

要向顺序文件写入数据，应以 Output 和 Append 方式打开文件，然后才能写入数据。 VB 中提供了 2 个向文件写入数据的语句，即 Print 语句和 Write 语句。

1．Print 语句

格式：

Print #文件号 , [输出列表]

功能：将"输出列表"的内容写入指定的文件。

说明：参数"文件号"为以写出方式打开的文件号；[输出列表]中各项要用逗号或分号间隔，每一项可以是常量、变量或表达式。具体的使用与 Print 方法相同。

例如：把变量 a,b,c 的值写入 1 号文件。

Print #1, a, b, c

2．Write 语句

格式：

Write #文件号 , [输出列表]

功能：将"输出列表"的内容写入指定的文件。

说明："文件号"和[输出列表]使用同前。Write 语句将各项的值按列表顺序写入文件并在各值之间自动加入逗号，将字符串加上双引号。所有变量写完后，将在最后加入一个回车换行符

【例 9-2】Print 语句和 Write 语句输出数据结果的比较。

操作步骤：

(1) 编写程序代码(窗体单击事件过程)，如代码 9-2 所示。

(2) 分别保存窗体文件和工程文件。

(3) 运行程序。单击窗体，数据会写入文件 myfile01.dat 中。

(4) 在桌面上单击"开始"菜单，打开"所有程序/附件/记事本"，单击菜单"文件/打开"命令，打开 D 盘文件"myfile01.dat"，观察结果，如图 9-5 所示。

代码 9-2

```
Private Sub Form_Click()
    Dim name As String
    Dim age As Integer
    Dim sex As String
    Open "d:\myfile01.dat" For Output As #1
    name = "lili"
    age = 18
    sex = "男"
    Print #1, name, age, sex
    Write #1, name, age, sex
End Sub
```

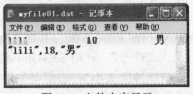

图 9-5　文件内容显示

【例 9-3】在窗体上添加 1 个文本框、2 个命令按钮，要求给文本框输入内容，如图 9-6(a) 所示。分别单击命令按钮，将文本框内容以文件的形式写入磁盘。

操作步骤：

(1) 在 VB 环境中，单击"文件/新建工程"命令，在新建的窗体上添加 1 个文本框，2 个命令按钮。

(2) 设置相关控件的属性，如表 9-6 所示。

表 9-6　相关控件属性的设置

控件名称	属　　性	属性值	说　　明
Text1	Text	空	文本框清空
	Name	mytxt	
Command1	Caption	数据一次性写入文件	按钮的标题
	Name	Command1	系统设定
Command2	Caption	数据逐字符写入文件	按钮的标题
	Name	Command2	系统设定

(3) 编写程序代码，分 2 种情况写数据。

① 把整个文本框的内容一次性地写入文件：Command1_Click()事件过程的程序代码如代码 9-3 所示。

② 把整个文本框的内容一个字符一个字符地写入文件：Command2_Click()事件过程的程序代码如代码 9-3 所示。

(4) 分别保存窗体文件和工程文件。

(5) 运行程序。初始状态如图 9-6(b)所示。输入数据状态如图 9-6(a)所示。分别单击 2 个命令按钮，数据会分别写入文件 myfile02.dat 和 myfile03.dat 中。

(6) 在桌面上单击"开始"菜单，打开"所有程序/附件/记事本"，单击菜单"文件/打开"命令，打开 D 盘文件"myfile02.dat"或"myfile03.dat"，观察结果。结果均如图 9-6(c)所示。

代码 9-3

```
Private Sub Command1_Click()
    Open "d:\myfile02.dat" For Output As #1
    Print #1, mytxt.Text
    Close #1
End Sub

Private Sub Command2_Click()
    Open "d:\myfile03.dat" For Output As #2
    For i = 1 To Len(mytxt.Text)
        Print #2, Mid(mytxt.Text, i, 1);
    Next i
    Close #2
End Sub
```

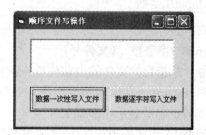

(a) 运行时输入数据   (b) 运行初态

(c) 文件内容

图 9-6 例 9-3 图示

9.4.3 读操作

在程序中，要使用一现存文件中的数据，必须先把它的内容读入到程序的变量中，然后操作这些变量。要从现存文件中读入数据，应先以 Input 方式打开该文件，然后用 Input 语句或者函数。InputB 函数，Line Input 语句将文件内容读入到程序变量中。

1. Input 语句

格式：

Input #文件号，变量列表

功能：从文件中依次读出数据，并放在变量列表对应的变量中。

说明：读出的数据类型要与变量列表中变量的数据类型相匹配。为了能够用 Input 语句将文件中的数据正确读入到变量中，要求文件中各数据项用分隔符分开，所以 Input 语句常与 Write 语句配合使用。

2. Line Input 语句

格式：

Line Input #文件号，字符串变量名

功能：从指定的文件中读取一行数据，并放在"字符串变量名"中。

说明：Line Input 语句是十分有用的，它可读取顺序文件中一行的全部字符，直到遇到回车符为止。常与 Print 语句配合使用。

3．Input 函数

格式：

Input $(读取字符数 ，#文件号)

功能：从指定的文件的当前位置一次读取指定个数的字符。

4．InputB 函数

格式：

InputB (字节数 ，#文件号)

功能：从指定的文件的当前位置一次读取指定字节数的数据。

说明：InputB 函数读出的数据是 ANSI 格式的字符，必须使用 StrConv 函数转换成 Unicode 字符才能被正确地显示在屏幕上。

【例 9-4】用字处理程序(如"记事本")在 D 盘建立一个名为 xecd.txt 的文件，将该文件的内容在文本框中显示出来。

操作步骤：

(1) 在 VB 环境中，单击"文件/新建工程"命令，在新建的窗体上添加 1 个文本框，3 个命令按钮。

(2) 设置相关控件的属性，如表 9-7 所示。

表 9-7　相关控件属性的设置

控件名称	属　性	属性值	说　明
Text1	Text	空	文本框内容清空
	Name	mytxt	
	MultiLine	True	多行输入
	ScrollBars	2	出现垂直滚动条
	Font	楷体、小四、粗体	设置字体、字号及加粗
Command1	Caption	一行一行读数据	按钮的标题
	Name	Command1	系统设定
Command2	Caption	一次性读数据	按钮的标题
	Name	Command2	系统设定
Command3	Caption	一个字符一个字符读数据	按钮的标题
	Name	Command3	系统设定

(3) 编写程序代码。分 3 种情况读数据：

① 每一行读数据到文本框：Command1_Click()事件过程的程序代码如代码 9-4 所示。

② 一次性读数据到文本框：Command2_Click()事件过程的程序代码如代码 9-4 所示。

③ 每一个字符读数据到文本框：Command3_Click()事件过程程序代码如代码 9-4 所示。

(4) 分别保存窗体文件和工程文件。

(5) 运行程序：初始状态如图 9-7(a)所示，显示结果如图 9-7(b)所示。

代码 9-4

```
Private Sub Command1_Click()
    mytxt.Text = ""
    Open "d:\xecd.txt" For Input As #1
        Do While Not EOF(1)
            Line Input #1, InputData
            mytxt.Text = mytxt.Text + InputData + vbCrLf
        Loop
    Close #1
End Sub
Private Sub Command2_Click()
    mytxt.Text = ""
    Open "d:\xecd.txt" For Input As #2
        mytxt.Text = StrConv(InputB(LOF(2), #2), vbUnicode)
    Close #2
End Sub
Private Sub Command3_Click()
    Dim st As String * 1
    mytxt.Text = ""
    Open "d:\xecd.txt" For Input As #3
        Do While Not EOF(3)
            st = Input(1, #3)
            mytxt.Text = mytxt.Text + st
        Loop
    Close #3
End Sub
```

(a) 运行初态

(b) 显示结果

图 9-7 例 9-4 图示

9.4.4 关闭文件

完成文件操作后，要使用 Close 语句关闭打开的文件。

格式：

Close [[#]文件号列表]

说明：可一次关闭多个文件，文件号之间用逗号间隔。

例如：

(1) 关闭 1 号文件：

Close #1

(2) 关闭 1、2、6 号文件：

Close #1, 2, 6

9.5　随机文件的访问

随机文件中的数据是以记录的形式存放的。通过指定的记录号就可以快速地访问相应的记录。打开随机文件后，在读出数据的同时允许对数据进行修改、写入操作。VB 对随机文件的访问具有严格的限制：随机文件的每条记录的长度是相同的；每条记录对应的字段的数据类型必须相同。所以，为了能准确地读写数据，在对随机文件操作前常先定义一种数据结构来存放写入或读出的数据，然后再打开文件进行读写操作，操作完成后也要关闭文件。

9.5.1　打开文件

和顺序文件一样，使用随机文件的第 1 步也是用 Open 语句来打开文件。

格式：

Open　文件名　[For　Random]　AS　[#]文件号　[Len＝记录长度]

功能：打开一个随机文件。

说明：

(1) [For Random]：表示打开随机文件，可省略。

(2) "记录长度"：等于各字段长度之和，以字节为单位，其值是一个整型数值。如果要写入的实际记录比定义的记录长，则会产生错误；反之，虽然可以写入，但会浪费存储空间。它通常是自定义类型的大小，可用 Len( )函数获得。

9.5.2　写操作

向随机文件中写入记录的语句是 Put 语句。

格式：

Put　[#]文件号 , [记录号] , 变量名

功能：将"变量名"中的数据写入随机文件指定的记录位置处。

说明：

(1) "记录号"：若文件中已有此记录，该记录被新数据覆盖；若文件中无此记录，则在文件中添加一条新记录；若省略记录号，则其数据应写在上一次读写记录的下一个记录上。

(2) "变量名"：通常是一个自定义类型的变量，也可是其他类型的变量。

9.5.3　读操作

在随机文件中读取记录的语句是 Get 语句。

格式：

Get　[#]文件号 , [记录号] , 变量名

功能：将一个已打开的随机文件指定的记录的内容存放到一个变量中。

说明：省略"记录号"，则表示读出当前记录后的那一条记录，或表示由最近的 Seek 函数指定的记录。记录号可省略，但逗号不能省略。

【例 9-5】编写学生信息管理程序。实现添加学生信息和显示指定学生信息。程序运行时初始状态如图 9-8(a)所示，显示指定记录状态如图 9-8(b)所示。

(a) 运行初态 (b) 显示记录

图 9-8　例 9-5 图示

操作步骤：

(1) 在 VB 环境中，单击"文件/新建工程"命令，在新建的窗体上添加 1 个框架，在该框架中画 3 个标签，3 个文本框；再添加第 2 个框架，在该框架中画一个标签，一个命令按钮；再添加第 3 个框架，在该框架中画 1 个标签，1 个文本框，1 个命令按钮。

(2) 设置相关控件的属性，如表 9-8 所示。

表 9-8　相关控件属性的设置

控件名称	属　性	属性值	说　　明
Frame1	Caption	添加或显示记录	框架的标题
Frame2	Caption	添加记录	框架的标题
Frame3	Caption	显示记录	框架的标题
Label1	Caption	学号:	标签的标题
Label2	Caption	姓名:	标签的标题
Label3	Caption	年龄:	标签的标题
Label4	Caption	空	
Label5	Caption	输入记录号	标签的标题
Text1/ Text2/ Text3/ Text4	Text	空	文本框清空
Command1	Caption	添加	按钮的标题
Command2	Caption	显示	按钮的标题

(3) 编写程序代码。

① 添加学生信息，即随机文件的写数据。Command1_Click()事件过程的程序代码如代码 9-5 所示。

② 显示指定学生信息，即随机文件的读数据。Command2_Click()事件过程的程序代码如代码 9-5 所示。

(4) 分别保存窗体文件和工程文件。

(5) 运行程序。在文本框中输入学生信息，单击"添加"按钮，将记录写入文件中；在文本框 4 中输入要显示的记录号，将信息显示在 3 个文本框中，如图 9-8(b)所示。

代码 9-5

```
Private Type sturec
    stuno As String * 10
    stuname As String * 8
    stuage As Integer
End Type
Dim record_no As Integer
Dim student As sturec
Private Sub Command1_Click()
```

```
        With student
            .stuno = Text1.Text
            .stuname = Text2.Text
            .stuage = Val(Text3.Text)
        End With
        Open "d:\student.dat" For Random As #1 Len = Len(student)
            record_no = LOF(1) / Len(student) + 1
            Label4.Caption = record_no
            Put #1, record_no, student
        Close #1
        Text1.Text = ""
        Text2.Text = ""
        Text3.Text = ""
End Sub
Private Sub Command2_Click()
        Open "d:\student.dat" For Random As #1 Len = Len(student)
        record_no = Val(Text4.Text)
        Get #1, record_no, student
        Text1.Text = student.stuno
        Text2.Text = student.stuname
        Text3.Text = student.stuage
        record_no = LOF(1) / Len(student)
        Label4.Caption = record_no
        Close #1

End Sub
Private Sub Form_Load()
        Open "d:\student.dat" For Random As #1 Len = Len(student)
        Label4.Caption = "一共有" & LOF(1) / Len(student) & "个学生"
        Close #1
End Sub
```

9.5.4　关闭文件

随机文件的关闭同样要使用 Close 语句，使用方法与顺序语句相同。

9.6　二进制文件的访问

二进制文件是指以字节为单位进行访问的文件。由于二进制文件没有特别的结构，整个文件都可以当作一个长的字节序列来处理，所以可用二进制文件来存放非记录形式的数据或变长记录形式的数据。

9.6.1　打开文件

格式：

Open 文件名 For Binary AS [#]文件号

说明："For Binary"表示打开二进制文件，不可省略。

9.6.2　写文件

向二进制文件中写入数据的语句是 Put 语句。

格式：

Put [#]文件号 ,[字节数] , 变量名

功能：将"变量名"中的数据写入二进制文件中。

说明："字节数"表示从文件开头的字节数，文件中的第 1 个字节位于位置 1，第 2 个字节位于位置 2，依次类推，文件从"字节数"指定的位置开始写入数据；如果省略"字节数"，则数据从上次读或写的位置数加 1 字节处开始写入。

9.6.3　读文件

在二进制文件中读取数据的语句是 Get 语句。

格式：

Get [#]文件号 ,[字节数]，变量名

功能：将一个已打开的二进制文件读入到一个变量中。

说明："变量名"通常可以是任何数据类型，用于接收从二进制文件中读取的数据。

9.6.4　关闭文件

二进制文件的关闭同样要使用 Close 语句，使用方法与前面的介绍同。

【例 9-6】编写一个复制文件的程序。

程序代码如代码 9-6 所示。

代码 9-6

```
Dim char As Byte
Dim filenum1, filenum2 As Integer
Private Sub Form_Click()
    filenum1 = FreeFile
    Open "d:\student.dat" For Binary As #filenum1 '打开源文件
    filenum2 = FreeFile
    Open "d:\student.bak" For Binary As #filenum2 '打开目标文件
    Do While Not EOF(filenum1)
        Get #filenum1, , char   '从源文件读出一个字节
        Put #filenum2, , char   '将一个字节写入文件
    Loop
    Close #filenum1
    Close #filenum2
End Sub
```

9.7　应用程序举例

本章介绍了 3 个文件系统控件、文件的读写操作以及与文件操作有关的常用语句和函数。使用文件系统控件可以非常容易地制作文件管理程序，让用户选取驱动器、目录和文件。根据文件访问模式，文件可分为 3 种：顺序文件、随机文件和二进制文件。

顺序文件是最简单的文件结构。在 VB 中，顺序文件是指文本文件，一行一条记录。其写操作语句是 Print 和 Write 语句，读操作语句是 Input 和 Line Input 以及 Input$()和 InputB()函数。

随机文件的每条记录长度必须相同，可以按任意次序读写。需要定义记录类型，其读写语句为 Get 和 Put。

二进制文件可以看成是记录长度为 1 的随机文件，与随机文件一样，其读写语句也为 Get 和 Put。

【例 9-7】编写一个图形和文本文件浏览器。在文件列表框中单击一个文本文件后，文本

框中显示该文件的内容，如图 9-9 (a)所示；单击某个图像文件后，图像框中显示该图片，如图 9-9 (b)所示。

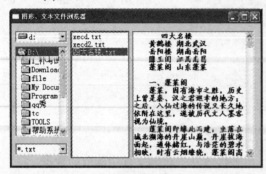

(a) 显示文本文件

(b) 显示图片

图 9-9　例 9-7 图示

解题分析：为了显示文本文件和图形，在窗体上放一个文本框和一个图像框。这两个控件放在同一个位置，显示图形时，文本框不可见，显示文本文件时，图像框不可见。

操作步骤：

(1) 在 VB 环境中，单击"文件/新建工程"命令，在新建的窗体上创建 1 个"驱动器列表框"、1 个"目录列表框"、1 个"文件列表框"，1 个"组合框"、1 个"图像框"和 1 个"文本框"。

(2) 设置相关控件的属性，如表 9-9 所示。

(3) 编写程序代码，如代码 9-7 所示。

(4) 分别保存窗体文件和工程文件。

(5) 运行程序，结果如图 9-9(a)、(b)所示。

表 9-9　相关控件属性的设置

控件名称	属　性	属性值	说　明
Text1	Text	空	文本框清空
	Name	Text1	
	MultiLine	True	多行输入
	ScrollBars	2	出现垂直滚动条
	Font	楷体、小四、粗体	设置字体、字号及加粗
Drive1	Name	Drive1	系统设定
Dir1	Name	Dir1	系统设定
File1	Name	File1	系统设定
Image1	Stretch	True	图形自动调整大小
	Name	Image1	系统设定
Combo1	Name	Combo1	系统设定

代码 9-7

```
Private Sub Combo1_Click()
    Select Case Combo1.Text
        Case "*.txt"
            File1.Pattern = "*.txt"
        Case "*.dat"
            File1.Pattern = "*.dat"
        Case "*.bmp;*.jpg;*.gif"
```

```
                    File1.Pattern = "*.bmp;*.jpg;*.gif"
        End Select
End Sub
Private Sub Dir1_Change()
        File1.Path = Dir1.Path
End Sub
Private Sub Drive1_Change()
        Dir1.Path = Drive1.Drive
End Sub
Private Sub File1_Click()
    Text1.Text = ""
    If Right(File1.Path, 1) = "\" Then    '当前选定的目录是根目录
        fname = File1.Path + File1.FileName
    Else
        '当前选定的目录是子目录,子目录与文件名之间加"\"
        fname = File1.Path + "\" + File1.FileName
    End If
    If Right(Combo1.Text, 3) = "txt" Or Right(Combo1.Text, 3) = "dat" Then
        Image1.Visible = False
        Text1.Visible = True
        Open fname For Input As #1
        Do While Not EOF(1)
            Line Input #1, s
            Text1.Text = Text1.Text + s + vbCrLf
        Loop
        Close #1
    Else
        Image1.Visible = True
        Text1.Visible = False
        Image1.Picture = LoadPicture(fname)
    End If
End Sub
Private Sub Form_Load()
        Combo1.AddItem "*.txt"
        Combo1.AddItem "*.dat"
        Combo1.AddItem "*.bmp;*.jpg;*.gif"
        Combo1.Text = "*.txt"
        File1.Pattern = "*.txt"
End Sub
```

第 10 章 数据库的简单操作

本章学习目标

➢ 了解数据库的概念
➢ 掌握 Access 数据库的基本操作
➢ 熟练掌握用 Data 控件管理数据库
➢ 掌握用 Ado 控件管理数据库
➢ 掌握结构化查询语句 SQL 的使用

数据库技术是计算机应用技术中的一个重要组成部分，VB 向用户提供了一个优秀的数据库开发平台，它能方便地通过 ODBC、Jet 和 ADO 等中间连接件，获得对数据库的前端连接，设计出界面友好、简单实用的数据库应用程序。本章将介绍关系数据库设计的基本概念，VB 提供的数据库管理的基本方案及 SQL 语句的使用。

10.1 Access 数据库

10.1.1 数据库的概念

1．数据库

数据库(DataBase)是长期保存在计算机外存上的、有结构的、可共享的数据集合。是存储数据或信息的"仓库"，是计算机系统中存储和处理数据的重要工具。

2．数据库管理系统

数据库管理系统(DataBase Management Syatem，简称 DBSM)是指数据库系统中对数据进行管理的软件系统，它是数据库系统的核心组成部分。数据库的一切操作，如查询、更新、插入、删除以及各种控制，都是通过 DBMS 进行的。

DBMS 是位于用户和操作系统之间的软件，是在操作系统支持下运行的。

3．数据库系统

数据库系统(DataBase System)是由数据库、数据库管理系统、应用程序、计算机硬件设备、数据库管理员和用户构成的人-机系统。

4．数据模型

数据模型是数据库中数据的存储方式，是数据库系统的核心和基础。数据库模型有 3 种：层次模型、网状模型和关系模型。本章主要研究应用最普遍的关系模型。

10.1.2　关系模型及基本知识

1. 二维表

关系模型将数据组织成二维表格的形式，这种二维表在数学上称为关系。表 10-1 和表 10-2 是两个关系，即 Students(学生基本信息表)和 Scores(学生成绩表)组成的关系模型。

表 10-1　学生基本信息表

学　号	姓　名	性　别	专　业	出生日期	助学金
2006001	王涛	男	物理	1982-10-10	160
2006002	刘黎	女	物理	1982-9-21	200
2006101	李洪钢	男	数学	1981-4-18	180
2006102	刘长利	女	数学	1982-12-24	200
2006103	张智忠	男	数学	1982-10-10	240
2006201	程小凡	女	计算机	1983-11-15	160
2006202	陈慧兰	女	计算机	1982-10-24	220
2006203	徐浩	男	计算机	1981-2-27	260
2006204	杨梦选	女	计算机	1982-5-5	200

表 10-2　学生成绩表

学　号	课　程	成　绩
2006001	计算机文化基础	82
2006001	高等数学	76
2006002	计算机文化基础	68
2006101	高等数学	56
2006102	计算机文化基础	90
2006102	C++程序设计	82
2006102	大学英语	79
2006201	计算机导论	66
2006201	大学英语	68
2006202	计算机导论	75
2006203	高等数学	77
2006204	计算机导论	86
2006204	大学英语	92
2006204	高等数学	65

2. 关系模型的基本术语

(1) 关系：一个关系对应一张二维表。

(2) 关系模式：关系模式是对关系的描述，一般形式为：

关系名(属性 1，属性 2，…，属性 n)

(3) 记录：表中的一行称为一条记录，记录也称为元组。

(4) 属性：表中的一列称为一个属性，属性也称为字段。

(5) 关键字：表中的某一个属性或某几个属性的组合，可以唯一确定一条记录。

(6) 主键：一个表可能有多个关键字，但在实际的应用中只能选择一个，被选用的关键字称为主键。

(7) 值域：属性的取值范围。

(8) 关联：描述数据库中的数据表之间的相互联系。例如，学生基本信息表和学生成绩表，可以通过学号字段建立联系。建立了联系的 2 个表，一个为主表，另一个为从表。数据表之间可以建立"一对一"、"一对多"和"多对多"的关联关系。

"一对一"关联只能建立在 2 个表的主键之间。

"一对多"关联则可建立在一个表(主表)的主键和另一个表(从表)相关字段集之间。

10.1.3　Access 数据库

Microsoft Access 是关系型数据库管理系统，属于中小型数据库系统，它充分体现了面向对象的思想，并提供了可视化的编程手段，充分利用了 Windows 操作平台的优越性，是 office 套件中用途最广泛的组件之一。

Microsoft Access 主要是通过数据库的方式管理和处理数据。数据库由表、查询、窗体、报表和数据访问页等数据项组成。数据库就是这些数据项有组织的集合。

1. Access 数据库的基本操作

(1) 启动 Access 数据库。在桌面上单击"开始/程序/Microsoft Access"，弹出如图 10-1 所示的窗口。

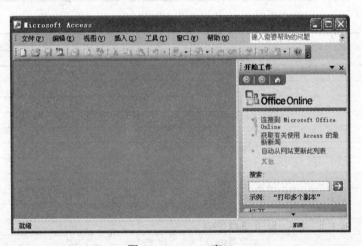

图 10-1　Access 窗口

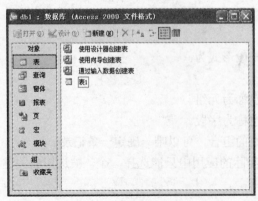

图 10-2　创建数据库窗口

(2) 创建数据库。在图 10-1 窗口中选择"文件/新建/空数据库"，在弹出的"文件新建数据库"对话框中输入名字，按"确定"按钮，则弹出数据库设计窗口，如图 10-2 所示。

(3) Access 窗口简介。

① 表：表是 Access 数据库最基本的对象，是存储数据的仓库。其他 6 个对象的操作都将以表为基础。在表中可以定义一个主关键字或一个及多个索引，以便快速访问表中的数据。还可以定义表间的关联，将多个表连接成一个有机的整体。

②　查询：查询是 Access 最主要的作用之一。Access 为用户提供了强大的数据检索功能，让用户根据既定的条件对表或者查询进行检索，筛选出符合条件的记录，构成一个新的数据集合，从而方便地对数据进行查看、更改和分析。

③　窗体：窗体是主要用于在数据库中输入和显示数据的数据库对象。一个优秀的数据库系统需要美观的用户操作界面，而使用窗体正好达到了这个要求。还可以将窗体用做切换面板来打开数据库中的其他窗体和报表，或者用做自定义对话框来接受用户的输入及根据输入执行操作。

④　报表：报表用于获取数据库内容，并能美观地显示之，同时提供对字段计算、对数据汇总的计算功能。报表是以打印格式展示数据的一种有效方式。因为能够控制报表上所有内容的大小和外观，所以可以按照所需的方式显示要查看的信息。

⑤　页：即数据访问页，是特殊类型的 Web 页，用于查看和处理来自 Internet 或 Intranet 的数据。数据访问页是直接连接到数据库中数据上的一种 Web 页。在 IE5 或更高版本中，使用这些页可以对 Access 数据库或 Microsoft SQL Server 数据库中的实时数据进行查看、编辑、更新、删除、筛选、分组以及排序。页还可以包含电子表格、数据透视表列表或图表之类的组件。

⑥　宏：宏是由一个或多个操作组成的集合，类似于 DOS 中批处理文件。其中每个操作都实现特定的功能，例如打开某个窗体或打印某个报表。宏可以自动完成常规任务。创建宏操作可帮助用户自动完成常规任务而减少工作的重复性。例如，可执行一个宏，用于在用户单击某个命令按钮时打印报表。通过使用宏组，还可以同时执行多个任务。

⑦　模块：模块是由 VBA 代码编制的一个数据库对象。模块基本上是由声明、语句和过程组成的集合，它们作为一个已命名的单元存储在一起，对 VBA 代码进行组织。模块的主要作用是建立复杂的 VBA 程序以完成宏等不能完成的任务。

Microsoft Access 包含 2 种类型的模块：标准模块和类模块。

2．表的创建

(1) 表的概念。表是数据库中最基本的组件。表的作用是存储原始数据，它是数据库的基础。数据库中其他对象的操作都将建立在表的基础之上。

一个普通的二维表是由行和列构成，其中首行称为表头。在设计表格时，最重要的是确定列的内容和列的个数。同一般二维表类似，数据库的表中数据也是按"行"和"列"的形式被存放，Access 称表中的"行"为记录(除首行外)，称"列"为字段，首行的列名称为该字段的字段名，创建一个数据库的表最重要的是确定表的结构，即表的各个字段的名称、数据类型、属性等。

(2) 打开、编辑已存在的表。

打开表的操作如下：

①　打开相应的数据库。

②　单击"数据库"对话框左侧的"表"项，在右侧选择一个表，双击，例如图 10-2 的"表 1"。

编辑表的操作如下：

①　添加记录：选择菜单"插入/新记录"，在表的尾部可实现添加新记录。

② 编辑记录：与 Word 和 Excel 的操作相同，另外按 Ctrl+'(单引号)将复制前一条记录的同一字段内容到当前字段。

③ 删除记录：鼠标右击表的最左侧，侧选定该记录，在弹出的快捷菜单中选"删除记录"。

④ 按某一列排序：鼠标右击表的最左侧，在弹出的快捷菜单中选 "排序(升序或降序)" 按钮。

⑤ 预览、打印数据表：和 Word 操作相同。

⑥ 展开关联的表：单击左端的 "+" 号，可展开相应的表。

(3) 表的结构。表的结构包括：字段名称、字段数据类型、字段属性(大小、格式、小数位数、输入掩码、标题、默认值、有效性规则和有效性文本、必填字段、索引)。

① 查看表的结构。打开数据库及相应的表。

② 数据类型。在 Access 中允许定义 10 种数据类型，作为字段内容。常用的数据类型有：

a. 文本(Text)数据类型：由汉字、字母、数字、空格以及其他可显示的字符(ASCII 码)组成，用于存储文本数据，例如姓名、地址等字符串形式的数据类型，其最大长度为 255 个字符。设置"字段大小"属性可控制可输入文本数据的最大字符长度。

b. 备注(Memo)数据类型：由汉字、字母、数字、空格以及其他可显示的字符(ASCII 码)组成。最多可包含 65535 个字符，并且不能指定备注数据类型的字段大小。

c. 数字(Number)数据类型：由正、负号、小数点和数字组成，是用于数学计算的数值。可以设置为不同的字段大小，不同的字段大小有不同的取值范围。

d. 日期/时间(Date/Time) 数据类型：用来存储日期或时间数据，合法的日期从 100 年 1 月 1 日~9999 年 12 月 31 日。其长度固定为 8 个字节。

e. 货币(Currency)：用于存储关于"金额"的数值数据，允许是整数位为 15 位，小数位为 4 位的数值，通常将负值显示在圆括号内，其长度固定 8 个字节。

f. 自动编号(AutoNumber)数据类型：自动给每一条记录分配一个唯一的递增或随机的数值。字段大小可以指定为长整型或同步复制 ID，不允许更新。常常用于某个表的主关键字字段，这个表中有一个字段的值能保证是唯一的，通常为 4 个字节。

g. 是/否(Yes/No)：只允许有两个值，不是"是"，就是"否"。字节数为 1 个字节。

③ 字段属性。

a. 字段大小。

b. 格式：规定文本、数字、日期/时间、是/否等类型的数据在屏幕上显示或打印的方式。不同的数据类型可以定义不同的格式。

c. 索引：允许设置"无"(无索引)、"有(有重复)"(索引字段允许有重复值)或"有(无重复)"(索引字段不允许有重复值)3 种方式。

d. 输入掩码：掩码是掩藏的输入格式。使用掩码不仅能让输入格式统一，还能在用户输入错误时给出提示。例如，设置日期时需要用长日期输入，可以将输入的掩码设为"1999/10/1"，这样，当用户输入"99/10/1"时，系统会提示输入不正确。

设置掩码的方法是，单击与"输入掩码"单元格相邻的掩码生成器按钮，启动"输入掩码向导"对话框，选择一个掩码格式，然后单击"下一步"按钮，并按向导对话框中的命令继续执行。

(4) 使用表设计器创建数据表。操作步骤如下：

① 输入字段名称(最长 64 个字节)。

② 指定数据类型(10 种数据类型之一)。

③ 设置字段常规属性(不同的数据类型具有不同的属性)。

④ 重复前三步设置其他的字段信息。

【例 10-1】 用 Access 创建学生数据库 student1.mdb，其中包含 2 个表 stuin 和 score，表结构如表 10-3 和表 10-4 所示。

表 10-3 stuin 表结构

字段名	类　型	宽　度	字段名	类　型	宽　度
学号	文本	8	专业	文本	20
姓名	文本	8	出生日期	日期	8
性别	文本	2	助学金	整型	

表 10-4 score 表结构

字段名	类　型	宽　度
学号	文本	8
课程	文本	20
成绩	整型	

操作步骤：

(1) 启动 Access，选择菜单"文件/新建"命令。

(2) 在"新建文件"任务窗格中，选"空数据库"，弹出如图 10-3(a)所示对话框，在对话框中，选择保存文件的位置及输入数据库文件名：student.mdb，单击"创建"按钮。

(3) 在弹出的如图 10-3(b)所示窗口中，双击"使用表设计器创建表"。

(4) 在弹出的窗口中，按表 10-3 的信息输入表的结构，并为表命名为 stuin。

(5) 再按表 10-4 的信息输入表的结构，并将表命名为 score。

(6) 表结构建立后，按表 10-1 和表 10-2 的内容分别输入数据。

(7) 在图 10-3(c)所示的窗口中，选择菜单"工具/数据库实用工具/转换数据库/转为 Access 97 文件格式"。在弹出的"将数据库转换为"对话框中，保存数据库文件名为 student1.mdb。

说明：在 VB 6.0 环境，只能对 Access 97 文件格式的数据库进行操作。

(a) 创建数据库对话框

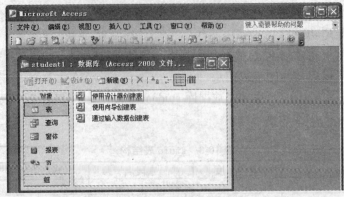

(b) 创建表窗口

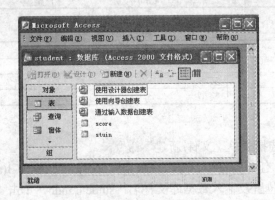

(c) 创建表窗口

图 10-3　例 10-1 图示

10.2　用 Data 控件管理数据库

在 VB 中，Data 控件是用得最早的数据连接控件，它通过 Microsoft Jet 数据库引擎实现数据访问，Data 控件可以无缝地访问很多标准格式的数据库，如 Access、FoxPor 等，同时还可以访问 Excel、Lotus1-2-3 等文件。

10.2.1　Data 控件的属性及数据绑定

1. Data 控件的属性

(1) Connect 属性。Connect 属性指定数据控件所要连接的数据库类型。VB 可识别的数据库有：

① Microsoft Access 的 MDB 文件。

② Microsoft Excel 的 XLS 文件。

③ Microsoft FoxPro 的 DBF 文件(文件内只包含一张表)。

④ Open DataBase Connectivity(ODBC)数据库等。

(2) DatabaseName 属性。用来确定具体使用的数据库文件，包括所有的路径名。如果连接的是单表数据库，则 DatabaseName 属性应设置为数据库文件所在的子目录名，而具体文件名放在 RectordSource 属性中。例如，连接一个 Microsoft Access 的数据库"C:\student1.mdb"有 2 种引用方式：绝对引用(如 DatabaseName=" C:\student1.mdb")和相对引用(如 Data1.DatabaseName=App.Path & "\student1.mdb")。Access 数据库中的所有表都包含在一个扩展名为 .mdb 的文件中。

(3) RecordSource 属性。用于确定需要访问的数据库中数据表的名称，这些数据构成记录集对象 Recordset。该属性值可以是数据库中的单个表名，一个存储查询，也可以是使用 SQL 查询语言的一个查询字符串。例如，要指定"student1.mdb"数据库中的"student"表，则 RecordSource="student"。而 RecordSource="Select * From student Where 专业='物理'"则表示要访问基本情况表中所有物理系学生的数据。

(4) RecordType 属性。用于确定记录集类型，可以选择的类型是表(Table)、动态集(DynaSet)和快照(SnapShot)。如果恰好在使用 Microsoft Access 的 MDB 数据库，则 RecordType 属性应选择 Table 类型；如果正在使用其他任何一种类型的数据库，那么应选择 Dynaset 类型；如果只需要读数据而不是更新它，可选择 Snapshot 类型。

(5) ReadOnly 属性。用于返回或者设置一个逻辑值，用于指定数据库的打开方式，控制能否对记录集进行写操作。当 ReadOnly 设置为 True 时，不能对记录集进行写操作。

(6) Exclusive 属性。用于控制被打开的数据库是否允许被其他应用程序共享。如果 Exclusive 设置为 True，表示该数据库被独占，其他应用程序将不能再打开该数据库。

(7) EofAction 和 BofAction 属性。当记录指针指向 Recordset 对象的开始(第一个记录前)或结束(最后一个记录后)时，数据控件的 EofAction 和 BofAction 属性的设置或返回值决定了数据控件要采取的操作。属性的取值如表 10-5 所示。

表 10-5　EofAction 和 BofAction 属性设置

属　　性	属性值	操　　作
BofAction	0	控件重定位到第 1 个记录
	1	移过记录集开始位，定位到 1 个无效记录，触发数据控件对第 1 个记录的无效事件 Validate
EofAction	0	控件重定位到最后 1 个记录
	1	移过记录集结束位，定位到 1 个无效记录，触发数据控件对最后 1 个记录的无效事件 Validate
	2	向记录集加入新的空记录，可以对新记录进行编辑，移动记录指针新记录写入数据库

2. 数据与控件绑定

在 VB 中，数据控件本身不能显示记录集中的数据，必须通过与它绑定的控件来实现。可与数据控件绑定的控件对象有文本框、标签、图像框、图形框、列表框、组合框、复选框、网格、DB 列表框、DB 组合框、DB 网格、DataReport 控件和 OLE 容器等控件。

要使绑定控件能被数据库约束，必须在设计或运行时对这些控件的 DataSource 属性和 DataField 属性进行设置，如表 10-6 所示。

表 10-6　绑定控件的属性设置

属　　性	说　　明
DataSource	指定一个有效的数据库控件连接到一个数据库上
DataField	设置数据库有效字段与绑定控件建立联系

当上述控件与数据控件绑定后，VB 可将当前记录的字段值赋给上述与数据控件绑定的控件。如果修改了绑定控件内的数据，只要移动指针，修改后的数据会自动写入数据库。数据控件在连接数据库时，它把记录集的一个记录作为当前记录。若将数据控件的 EofAction 属性值设置为 2 时，当记录指针移过记录集结束位，数据控件会在缓冲区加入新的空记录。若对新记录作出改变并移动当前记录的指针，该记录将自动追加到记录集中，否则新记录被放弃。

【例 10-2】设计一个窗体显示"student1.mdb"数据库中基本情况表的内容。

基本情况表有 6 个字段，所以要用 6 个绑定控件与之相对应，用 6 个文本框显示学号、姓名等数据。

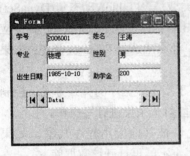

图 10-4　例 10-2 图示

操作步骤：

(1) 在 VB 环境中，单击"文件/新建工程"命令。在新建的窗体上添加 1 个"数据控件"，6 个"文本框"和 6 个"标签按钮"，如图 10-4 所示。

(2) 设置 6 个标签的相关提示。

(3) 用数据控件 Data1 的 Connect 属性指定 Access 数据库类型。DatabaseName 属性连接数据库"student1.mdb"。RecordSource 属性指定"student.mdb"的"stuint"表。

(4) 6 个文本框控件的 DataSource 属性都设成 Data1。通过单击这些绑定控件的 DataField 属性上的"…"按钮，将下拉出基本情况表所含的全部字段，分别选择与其对应的字段：学号、姓名、性别、专业、出生日期和助学金。

(5) 编写程序代码，如代码 10-1 所示。

(6) 将工程文件与"student1.mdb"数据库保存在同一个文件夹中。

代码 10-1

```
Private Sub Form_Load()
    Data1.DatabaseName = App.Path & "\student1.mdb"
    Data1.RecordSource = "stuin"
End Sub
```

10.2.2　Data 控件的常用方法

1. Refresh 方法

Refresh 方法可用于在 Data 控件上打开或重新打开数据库。如果在设计状态没有为打开数据控件的有关属性全部赋值，或当 RecordSource 在运行时被改变后，必须使用激活数据控件的 Refresh 方法激活这些变化。如可将例 10-2 中的数据控件的设计参数改用代码实现：

```
Private Sub Form_Load()
    Data1.DatabaseName = "F:\student1.mdb"      '连接数据库
    Data1.recordsource = "studin"          '构成记录集对象
    Data1.Refresh     '激活数据控件
End Sub
```

2．UpdateControls 方法

从一个 Data 控件的 Recordset 对象中取得当前记录，并且在与该 Data 控件绑定的控件中显示适当的数据。用此方法可以终止任何挂起的 Data 控件的记录集对象的 Edit 或 AddNew 方法，等效于用户更改了数据之后决定取消更改。

例如将代码 Data1.UpdateControls 放在一个命令按钮的 Click 事件中，就可以实现放弃对记录修改的功能。

3．Update Record 方法

当对绑定控件内的数据修改后，数据控件需要移动记录集的指针才能保存修改。如果使用 Update Record 方法可强制数据控件将绑定控件内的数据写入到数据库中。在代码中可以用该方法来确认修改。

10.2.3　Data 控件的事件

1．Reposition 事件

当一条记录成为当前记录时触发该事件。通常，可以在这个事件中显示当前记录指针的位置。

2．Validate 事件

当要移动记录指针、修改与删除记录前或卸载含有数据控件的窗体时触发 Validate 事件。Validate 事件检查被数据控件绑定的控件内的数据是否发生变化。

该事件过程的基本语法格式如下：

Private Sub Data1_Validate(Action As Integer , Save As Integer)

其中，Action 参数判断哪一种操作触发了 Validate 事件，Save 参数(True 或 False)判断是否有数据发生变化。Action 参数的具体设置如表 10-7 所示。

表 10-7　Validate 事件的 Action 参数

Action 值	描　　述	Action 值	描　　述
0	取消对数据控件的操作	6	Update
1	MoveFirst	7	Delete
2	MovePrevious	8	Find
3	MoveNext	9	设置 Bookmark
4	MoveLast	10	Close
5	AddNew	11	卸载窗体

一般可用 Validate 事件来检查数据的有效性。例如在例 10-2 中如果不允许用户在数据浏览时清空"性别"数据，可使用下列代码：

```
Private Sub Data1_Validate(Action As Integer, Save As Integer)
    If Save And Len(Trim(Text3)) = 0 Then Action = 0
End Sub
```

10.2.4　记录集的属性与方法

如前所述，由 Data 控件的 DatabaseName 属性确定了可以访问的数据库，由该控件的

RecordSource 属性确定数据库中具体可以访问的记录。记录构成一个记录集对象，所以它也具有属性和方法。

1．记录集的属性

记录集的主要属性如表 10-8 所示。

表 10-8　记录集的属性

属　　性	属性值	说　　明
AbsoloutPostion	数值	返回当前指针值，如果是第 1 条记录，其值为 0，该属性为只读属性
Bof	逻辑值	判定是否是首记录之前，若 Bof 为 True，则当前位置位于记录集的第 1 条记录之前
Eof	逻辑值	判定是否在未记录之后，若 Eof 为 True，则当前位置位于记录集的最后一条记录之后
Bookmark	字符串	用于设置或返回当前记录的指针。在程序中可以使用 Bookmark 属性重定位指针到所指的记录上
Nomatch	逻辑值	在记录集中进行查找时，如果找到相匹配的记录，则 Recordset 的 NoMatch 属性为 False，否则为 True
RecordCount	数值	返回当前记录集的记录总数。该属性为只读属性

关于 Bof 和 Eof 属性的几点说明：

(1) 如果记录集中没有记录，则 Bof 和 Eof 的值都是 True。

(2) 当 Bof 或 Eof 的值成为 True 之后，只有将记录指针移动到实际存在的记录上，Bof 或 Eof 属性值才会变为 False。

(3) 若 Bof 或 Eof 为 False，而且记录集中唯一的记录被删除掉，那么属性将保持 False，直到试图移到另一个记录上为止，这时 Bof 和 Eof 属性都将变为 True。

(4) 当创建或打开至少含有一个记录的记录集时，第 1 条记录将成为当前记录，而且 Bof 和 Eof 均为 False.

2．记录集的方法

(1) Move 方法。使用 Move 方法可代替对数据控件对象的 4 个箭头的操作遍历整个记录集中的记录。5 种 Move 方法是：

① MoveFirst 方法移至第 1 条记录处。

② MoveLast 方法移至最后 1 条记录处。

③ MoveNext 方法移至下 1 条记录处。

④ MovePrevious 方法移至上 1 条记录。

⑤ Move[n]方法向前或向后移 n 条记录，n 为指定的数值。

【例 10-3】在窗体上用 4 个命令按钮代替例 10-2 数据控件对象的 4 箭头的操作。

操作步骤：

① 打开例 10-2 的工程文件，在窗体上增加 4 个"命令按钮"，将数据控件的 Visible 属性设置为 False。

② 通过对 4 个按钮的编程代替对数据控件对象 4 个箭头的操作。程序如代码 10-2 所示。

③ 按 F5 功能键，运行程序。其运行效果如图 10-5 所示。

(2) Find 方法。使用 Find 方法可在指定的 Dynaset 或

图 10-5　运行界面

Snapshot 类型的 Recordset 对象中查找与指定条件相符的第 1 条记录，并使之成为当前记录。

代码 10-2

```
Private Sub Command1_Click()
   Data1.Recordset.MoveFirst
End Sub
Private Sub Command2_Click()
   Data1.Recordset.MovePrevious
   If Data1.Recordset.BOF Then Data1.Recordset.MoveFirst
End Sub
Private Sub Command3_Click()
   Data1.Recordset.MoveNext
   If Data1.Recordset.EOF Then Data1.Recordset.MoveLast
End Sub
Private Sub Command4_Click()
   Data1.Recordset.MoveLast
End Sub
Private Sub Form_Load()
   Data1.DatabaseName = App.Path & "\student1.mdb"
   Data1.RecordSource = "stuin"
End Sub
```

Find 方法有 4 种：

① FindFirst 方法：从记录集中查找满足条件的第 1 条记录。

② FindLast 方法：从记录集中查找满足条件的最后一条记录。

③ Findnext 方法：从当前记录开始查找满足条件的下一条记。

④ Findprevious 方法：从当前记录开始查找满足条件的上一条记录。

4 种 Find 方法的语法格式如下：

数据集合.Find 方法　条件

搜索条件是指定字段值与常量关系的字符串表达式，除了可以用普通的关系运算符构成外，还可以用 Like 运算符构成。例如有如下语句：

Data1.Recordset.FindFirst　"专业='物理'"

表示在由 Data1 数据控件所连接的数据库 Student.mdb 的记录集内查找专业为"物理"的第 1 条记录。要想查找下一条符合条件的记录，可用下面的语句：

Data1.Recordset.FindNext　"专业='物理'"

以上语句中的条件部分也可以改用已赋值的字符串型变量，写成如下形式：

MyCriteria="专业='物理'"

Data1.Recordset.FindNext　MyCriteria

如果条件部分的常数来自变量，如 mt="物理"，则条件表达式必须按以下格式构成：

MyCriteria="专业=" &"'" & mt & "'"

如果要在数据库 Student1 的记录集内查找专业名称带有"建"字专业，可用下面的语句：

Data1.Recordset.FindFirst　"专业 Like '*建*'"

字符串"*建*"匹配字段专业中带有"建"字字样的所有专业名称字符串。

如果 Find 方法找到相匹配的记录，则记录定位到该记录，Recordset 的 NoMatch 属性为 False；如果 Find 方法找不到相匹配的记录，NoMatch 属性为 True，并且当前记录还保持在 Find 方法使用前的那条记录上。若 Recordset 包括多条与条件相匹配的记录，FindFirst 就定位于满足条件记录中的第 1 条记录上，FindNext 定位于下一条满足条件的记录上。

(3) Seek 方法。使用 Seek 方法必须打开表的索引，在 Table 表中查找与指定索引规则相符的第 1 条记录，并使之成为当前记录。其语法格式为：

数据表对象.Seek Comparison , key1 , key2…

Seek 允许接受多个参数，第 1 个比较运算符 comparison，该字符串确定比较的类型。当比较运算符为=、>=、>、<>时，Seek 方法从索引开始出发向后查找。当运算符为<、<=时，Seek 方法从索引尾部出发向前查找。

keyn 参数可以是一个或多个值，分别对应于记录集当前索引中的字段值。Microsoft Jet 用这些值与 Recordset 对象的记录进行比较。在使用 Seek 方法定位记录时，必须通过 Index 属性设置索引。

例如，假设数据库 Student1 内基本情况表的索引字段为学号，索引名称 No，则查找表中满足学号字段值大于 991102 的第 1 条记录可使用以下代码：

```
Data1.RecordsetType=0              '设置记录集类型为 Table
Data1.RecordSource="stuin"         '打开 stuin 表单
Data1.Refresh                      '激活数据控件
Data1.Recordset.Index="No"         '打开名称为 No 的索引
Data1.Recordset.Seek   ">","991102"
```

10.2.5 数据库记录的增删改操作

数据库记录的增删改操作通过 AddNew、Delete、Edit、Update、Refresh 方法。它们的语法格式为：

数据控件.记录集.方法

1．增加记录

AddNew 方法将记录增加到表格中，分如下 3 步：

(1) 调用 AddNew 方法。

(2) 给各字段赋值。给字段赋值格式为：

Recordset.fileds("字段名")=值

(3) 调用 Update 方法，确定所做的添加，将缓冲区内的数据写入数据库。没有使用 Update 方法而移动到其他记录上，或者关闭了记录集，则所做的输入将全部丢失，且没有任何警告。

2．删除记录

要从记录集中删除记录，分如下 3 步：

(1) 定位被删除的记录使之成为当前记录。

(2) 调用 Delete 方法。

(3) 移动记录指针。

3．编辑记录

使用程序代码来修改记录集中的当前记录的操作分为 4 步：

(1) 定位要修改的记录使之成为当前记录。

(2) 调用 Edit 方法。

(3) 给各字段赋值。

(4) 调用 Update 方法，确定所做的修改。

如果要放弃对数据的所有修改，可用 Refresh 方法，重读数据库，刷新记录集。

【例 10-4】在例 10-2 的基础上增加 5 个按钮：新增、删除、修改、放弃和查找，如图 10-6 所示。5 个命令按钮的属性设置如表 10-9 所示。

通过对 5 个按钮的编程建立增、删、改、查功能。命令按钮及 Data1_Validate 事件的程序代码分别如代码 10-3(新增命令按钮的 click 事件)、代码 10-4(删除命令按钮的 click 事件)、代码 10-5(修改按钮的 click 事件)、代码 10-6(放弃按钮的 Click 事件)、代码 10-7(查找按钮的 Click 事件)和代码 10-8 所示(Data1_Validate 事件)。

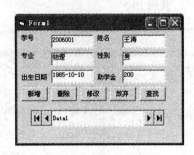

图 10-6 增加的按钮

表 10-9 控件属性

控件名	属 性	属性值
Command1	Caption	新增
Command2	Caption	删除
Command3	Caption	修改
Command4	Caption	放弃
	Enabled	false
Command5	Caption	查找

代码 10-3

```
Private Sub Command1_Click()
    On Error Resume Next      '错误捕获语句
    Command2.Enabled = Not Command2.Enabled
    Command3.Enabled = Not Command3.Enabled
    Command4.Enabled = Not Command4.Enabled
    Command5.Enabled = Not Command5.Enabled
    If Command1.Caption = "新增" Then
        Command1.Caption = "确认"
        Data1.Recordset.AddNew
        Text1.SetFocus      '把光标定位于文本框
    Else
        Command1.Caption = "新增"
        Data1.Recordset.Update    '把修改添加到data1中
        Data1.Recordset.MoveLast  '指针移至最后一条记录
    End If
End Sub
```

代码 10-4

```
Private Sub Command2_Click()
    '命令按钮command2_click事件调用Delete方法删除当前记录。
    '当前记录集中的记录全部被删除后，再执行move语句将发生错误，这里由
    'on error resume next语句处理错误。
    On Error Resume Next
    Data1.Recordset.Delete    '删除当前记录
    Data1.Recordset.MoveNext  '指针移至下一条记录
    If Data1.Recordset.EOF Then Data1.Recordset.MoveLast
    '如果到文件尾，则移至最后一条记录
End Sub
```

代码 10-5

```
Private Sub Command3_Click()
  On Error Resume Next
  Command1.Enabled = Not Command1.Enabled
  Command2.Enabled = Not Command2.Enabled
  Command4.Enabled = Not Command4.Enabled
  Command5.Enabled = Not Command5.Enabled
  If Command3.Caption = "修改" Then
    Command1.Caption = "确认"
    Data1.Recordset.Edit   '编辑当前记录
    Text1.SetFocus        '把光标定位于文本框
  Else
    Command3.Caption = "修改"
    Data1.Recordset.Update  '把修改添加到data1中
  End If
End Sub
```

代码 10-6

```
Private Sub Command4_Click()
  On Error Resume Next
  Command1.Caption = "新增": Command3.Caption = "修改"
  Command1.Enabled = True: Command2.Enabled = True
  Command3.Enabled = True: Command4.Enabled = False
  Command5.Enabled = True
  Data1.UpdateControls  '终止数据修改
  Data1.Recordset.MoveLast  '移至最后记录
End Sub
```

代码 10-7

```
Private Sub Command5_Click()
  Dim mno As String
  mno = InputBox$("请输入学号", "查找窗")
  Data1.Recordset.FindFirst "学号=" & "'" & Trim(mno) & "'"
  '查找满足条件的第一条记录
  If Data1.Recordset.NoMatch Then MsgBox "无此学号!", , "提示"
  '没找到此值(Recordset.NoMatch)为真
End Sub
```

代码 10-8

```
Private Sub Data1_Validate(Action As Integer, Save As Integer)
  If Text1.Text = "" And (Action = 6 Or Text1.DataChanged) Then
    MsgBox "数据不完整, 必须要有学号!"
    Data1.UpdateControls
  End If
  If Action >= 1 And Action <= 4 Then
    Command1.Caption = "新增"
    Command3.Caption = "修改"
    Command1.Enabled = True
    Command2.Enabled = True
    Command3.Enabled = True
    Command4.Enabled = True
  End If
End Sub
```

说明:

(1) 如果查找与循环相结合时,要遍历整个记录集,记录集的循环控制应采用 NoMatch 属性,而不能用 Eof 属性,否则进入死循环。

(2) 对于一条新记录或编辑过的记录必须要保证数据的完整性,这可通过 Data1_Validate 事件过滤无效记录。

(3) 用 Text1.DataChanged 检测 Text1 控件所对应的当前记录的字段值的内容是否发生了

变化，Action=6 表示 Update 操作(确定所做的操作)。

(4) 使用数据控件对象的任一箭头来改变当前记录，也可确定所做的新记录或对已有记录的修改，Action 取值 1~4 分别对应单击其中一个箭头的操作。

本例对学号字段进行测试，如果学号为空则输入无效。

10.3　用 ADO 控件管理数据库

ADO 是 ActiveX 外部控件，其用法及外形和 Data 控件相似。它是通过 Microsoft ActiveX 数据对象(ADO)来建立对数据源的连接，凡是符合 OLEDB 规范的数据源都能连接。

ADO 对象模型定义了一个可编程的分层对象集合，主要由 3 个对象成员 Connection、Command 的 Recordset 对象，以及几个集合对象 Errors、Parameters 和 Fields 等所组成。

在使用 ADO 数据控件前，必须先通过"工程/部件"菜单命令选择"Microsoft ADO Data Control 6.0(OLE DB)"选项，将 ADO 数据控件添加到工具箱中。

10.3.1　ADO 数据控件的属性

ADO 数据控件与 VB 的内部数据控件相似，允许使用 ADO 数据控件的基本属性快速地创建与数据库的连接。

1. ConnectionString 属性

用于连接字符串。通过连接字符串可以包含进行连接时所需要的所有设置值，ConnectionString 属性包含了用于与数据源建立连接的相关信息。ConnectionString 属性有 4 个参数，如表 10-10 所示。

表 10-10　ConnectionString 属性参数

参　　数	说　　明
Provide	指定数据源的名称
FileName	指定数据源所对应的文件名
RemoteProvide	在远程数据服务器打开一个客户端时所用的数据源名称
RemoteServer	在远程数据服务器打开一个主机端时所用的数据源名称

2. UserName 属性

用户名。当数据库受密码保护时，决定允许访问数据库的用户。

3. Password 属性

在访问一个受保护的数据库时，与用户名一同验证用户的身份是否真实合法。

4. RecordSource 属性

RecordSource 确定具体可访问的数据，这些数据构成记录集对象 Recodset。该属性值可以是数据库中的单个表名，一个存储查询，也可以是使用 SQL 查询语言的一个查询字符串。

5. ConnectionTimeout 属性

用于数据连接的超时设定，若在指定时间内连接不成功，则显示超时信息。

6. MaxRecords 属性

定义从一个查询中最多能返回的记录数。

10.3.2　数据绑定控件

数据绑定控件的作用是能够感应数据连接控件，并能够对数据连接控件获取的记录集进行显示和编辑。常用的绑定控件有：文本框、列表框、标签、组合框、复选框、图片框、OLE控件，以及 DataCombo 控件、DataList 控件和 DataGrid 控件等。

在通过数据绑定控件感应数据时，需要设置数据绑定控件的属性，如表 10-11 所示。

表 10-11　绑定控件的属性设置

属　　性	说　　明
DataSource	用于设置数据绑定控件和数据连接控件之间的联系
DataField	用于确定数据绑定控件将要显示或编辑的字段

10.3.3　通过 ADO 对象访问数据库

在 VB 环境中使用 ADO 对象访问数据时，最简便的方法就是通过 ADOData 控件。下面通过使用 ADO 数据控件连接 student1.mdb 来说明 ADO 数据控件的使用。

第 1 步：在窗体上放置 ADO 数据控件，控件名使用默认名"Adodc1"。

第 2 步：单击属性窗口中的 ConnectionString 属性右边的"…"按钮，弹出属性页对话框，如图 10-7 所示。

在该对话框中允许通过 3 种不同的方式连接资源。

(1)"使用 Data Link 文件"表示通过一个连接文件来完成。当选择该单选按钮并单击"浏览"按钮时，弹出"选择数据链接文件"对话框，如图 10-8 所示。在文件名列表框中输入链接文件名，单击"确定"按钮，连接完成。

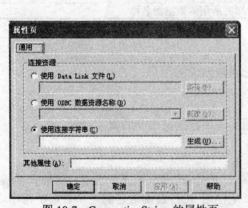

图 10-7　ConnectionString 的属性页

图 10-8　选择数据链接文件对话框

(2)"使用 ODBC 数据资源名称"可以从下拉菜单选择某个创建好的数据源名称(DSN)作为数据来源。

(3)"使用链接字符串"只需要单击"生成"按钮,通过选项设置自动产生链接字符串,使用链接字符串的内容。

第 3 步:采用"使用链接字符串"方式连接数据源。单击"生成"按钮,打开如图 10-9 所示的数据链接属性对话框。在属性对话框的"提供程序"选项卡内选择一个合适的 OLE DB 数据源,由于 Sutdent1.mdb 是 Access 数据库,所以选择 Microsoft Jet 3.51 OLE DB Provider。然后单击"下一步"或选择"连接"选项卡,弹出图 10-10 所示的对话框。在对话框内指定数据库文件名,即 Student1.mdb。为保证连接有效,可单击右下方的"测试连接"按钮,如果测试成功则关闭 ConnectionString 属性页。

　　图 10-9　数据链接属性对话框　　　　　　　　图 10-10　连接数据库选项

第 4 步:单击属性窗口中的 RecordSource 属性右边的"…"按钮,弹出记录源属性框,如图 10-11 所示。在"命令类型"下拉列表中选择"2-adCmdTable"选项,在"表或存储过程名称"下拉列表中选择 student1.mdb 数据库中的"stuin"表,关闭记录源属性页。此时,完成了 ADO 数据控件的连接工作。

【例 10-5】用 ADO 对象完成例 10-2 的工作。

把 Text1~Text6 的 DataSource 属性设置成 Adodc1,按照上述操作进行连接,运行后的界面如图 10-12 所示。

　　图 10-11　属性页对话框　　　　　　　　图 10-12　ADO 绑定数据运行界面

10.4　结构化查询语句(SQL)

10.4.1　结构化查询语言

　　结构化查询语言(Structured Query Language, SQL)是集数据定义、数据查询、数据操纵和数据控制功能于一体的关系数据库语言。在 SQL 语言中，指定要做什么而不是怎么做。不需要告诉 SQL 如何访问数据库，只告诉 SQL 需要数据库做什么。利用 SQL 可以确切指定想要检索的记录以及按什么顺序检索。表 10-12 列出了常用的 SQL 命令。

　　SQL 命令中的子句是用来修改条件的，这些条件被用来定义要选定或要操作的数据。表 10-13 列出了可用的子句。

表 10-12　SQL 常用命令

命　　　令	说　　　明
CREATE	该命令用来创建新表、字段和索引
DELETE	该命令用来从数据库表中删除记录
INSERT	该命令用来在数据库中用单一的操作加载一批数据
SELECT	该命令用来在数据库中查找满足特定条件的记录
UPDATE	该命令用来改变特定记录和字段的值

表 10-13　常用 SQL 命令子句

子　　　句	说　　　明
FROM	用来指定待查询的一个或多个表名
WHERE	用来指定所选记录必须满足的条件
GROUP　BY	用来把选定的记录分成特定的组
HAVING	用来说明每个组需要满足的条件
ORDER　BY	用来按特定的次序将记录排序

　　SQL 语句最主要的功能就是查询功能，SQL 语句提供了 Select 语句用于检索和显示一个或多个数据库表中的数据。从数据库中获取数据称为查询数据库，查询数据库通过使用 SELECT 语句。常见的 SELECT 语句包含 6 部分，其语法形式为：

Select [All | Distinct] 字段表 | 目标列表达式 | 函数
From　表名或视图名
[Where　查询条件]
[Group　By　列名 1 [Having 条件表达式]]
[Order　By 列名 2 [ASC | DESC]]
说明：

　　(1) All：查询结果是表的全部记录。

　　(2) Distinct：查询结果是不包含重复行的记录集。

　　(3) From 表名或视图名：查询的数据来源，用于指定一个或多个表，如果所选的字段来自不同的表，则字段名前应加表名前缀。

　　(4) Group By 列名 1：查询结果是按"列名 1"分组的记录集。

　　(5) Having 条件表达式：是使指定表满足条件表达式，并且按"列名 1"进行计算的结果组成的记录集。

(6) Order By 列名 2：查询结果是否按某一字段值排序。

(7) ASC：查询结果按某一字段值升序排列。

(8) DESC：查询结果按某一字段值降序排列。

(9) 函数：进行查询计算的函数。查询计算函数的格式及功能如表 10-14 所示。

表 10-14　合计函数

合计函数	说　　明
AVG	用来获得特定字段的值的平均值
COUNT	用来返回选定记录的个数
SUM	用来返回选定字段中所有值的总和
MAX	用来返回指定字段中的最大值
MIN	用来返回指定字段中的最小值

(10) 字段表：包含了查询结果要显示的字段清单，字段之间用逗号分开。要选择表中所有字段，可用星号*代替具体字段表。如果所选定的字段要更名，可在该字段后用 AS［新名］实现。如果所选定的字段或表名中含有空格，则要将名称用方括号括起来。

(11) Where 查询条件：用于限制记录的选择，及下列 SQL 特有的运算符构成的表达式。

① fieldname Between value1 AND value2：返回 fieldname 的值在 value1 和 value2 之间的记录。

② fieldname IN (value1, value2…)：返回 fieldname 的值为括号所列的数值之一的记录。

③ #date#：指定一个日期表达式。

④ Like：通过样式字符选择记录。用 Like 进行匹配时，可使用表 10-15 所示的字符。

表 10-15　Like 可用的匹配字符

字　　符	匹配模式	式　　样	匹配实例	不匹配实例
*	多字符	"a*" "*ab*"	"aa","aBa","aBBBa" "abc","AABB","Xab"	"aBC" "aZb","bac","aacb"
?	单个字符	"a?a"	"aaa"."a3a","aBa"	"aBBBa"
#	单个数字	"a#a" "[a~z]"	"a0a","a1a","a2a" "f","p","j"	"aaa","A10a" "2","&"
[]	指定范围 特殊字符组合	"[!a~z]" "[!0~9]" "a[*]a" "a[!b~m]#"	"9","&","%" "A","a"."&"," – " "a*a" "An9","az0","a99"	"b","a" "0","1","9" "aaa" "abc","aj0"

表 10-15 中"?"代表一个字符；"*"代表零或多个字符位；"#"代表一个位。

格式"[字符 1~字符 2]"表示介于指定连续排列的字符之间。

"[!字符 1~字符 2]"表示不介于指定连续排列的字符之间。

在上述 SQL 语句中，Select 和 From 子句的存在是必须的，它告诉 VB 从何处来找想要的数据。通过使用 Select 语句可返回一个记录集。

10.4.2　使用 SQL

1. 使用 SELECT 语句查询

数据控件和数据对象都可以使用 Select 语句查询数据。Select 语句基本是记录集的定义语句。Data 控件的 RecordSource 属性不一定是表格名，可以是表格中的某些行或多个表格中的数据组合。可以直接在 Data 控件的 RecordSource 属性栏中输入 SQL，也可以在代码中通过 SQL 语句将选择的记录集赋给数据控件的 RecordSource 属性，也可以赋予对象变量。

在选定、排序或者筛选数据时，如果需要通过变量构造条件，则需要在应用程序中将变量连接到 Select 语句上。例如，在人机对话中输入某一专业到控件 Text1 中，用于从基本情况表中筛选数据。该 SQL 查询语句要写成：

"Select *From stuin Where 专业 =' "& Text1 &" '"

注意，字符类型的变量要用单引号引住变量值。

【例 10-6】将例 10-4 中的查询功能改用 SQL 语句处理，显示某专业的学生记录。

解题分析: 在程序中用 "Select*" 选择表中所有字段(也可以选择表部分字段); 用 "From stuin" 短语指定数据来源; 用 "Where 专业='" & mzy & "'"" 短语构成查询条件，用于过滤表中的记录; 用 Data1.Refresh 方法激活这些变化。此时，若 Data1.Recordset.EOF 为 True，表示记录过滤后无数据，重新打开原来的基本情况表。

将例 10-4 中命令按钮 Command5_Click 事件改为如代码 10-9 所示的代码:

代码 10-9

```
Private Sub Command5_Click()
  Dim mzy As String
  mzy = InputBox$("请输入专业", "查找窗")
  Data1.RecordSource =
  "Select * From stuin Where 专业 ='" & mzy & "' "
  Data1.Refresh                        '激活控件
  If Data1.Recordset.EOF Then
    MsgBox "无此专业!", , "提示"
    Data1.RecordSource = "stuin"
    Data1.Refresh
  End If
End Sub
```

说明: 代码中的两处 Refresh 语句不能合用为一句，因为在执行了 Select 命令后，必须激活这些变量，然后才能判断记录集内有无数据。

图 10-13　用数据控件浏览记录集

【例 10-7】用 SQL 语句从 Student1 数据库的 2 个数据表中把数据构成记录集，并通过数据控件浏览记录集。要求用基本情况表中学生的姓名数据，学生成绩表中与该学生相关的课程和成绩数据构成记录集,并通过绑定控件显示数据。

解题分析: 设计窗体如图 10-13 所示，用 Data 控件中的 DatebaseName 属性指定数据库 Student1.mdb 中 RecordSource 的属性为空缺，在各个文本框的 DataSource=Data1、DataField 属性中可分别输入学号、姓名、课程、成绩。

编写程序代码，如代码 10-10 所示。

代码 10-10

```
Private Sub Form_Load()
Data1.DatabaseName = App.Path & "\student1.mdb"
Data1.RecordSource =
"Select score.*,stuin.姓名 " & " From score,stuin Where score.学号=stuin.学号"
End Sub
```

【例 10-8】用 SQL 指令按专业统计 Student1.mdb 数据库各专业的人数，要求按图 10-14 所示的形式输出。

解题分析：在窗体上放置一个 Data 数据控件和一个网格控件 MsFlexGrid，此控件可在"工程"菜单的"部件"→Microsoft FlexGrid control 6.0 下添加。用 Data1 的 DatabaseName 属性来指定数据库 Student1.mdb。网格控件的 DataSource=Data1。

图 10-14　统计结果

为了统计各专业的人数，需要对基本情况表内的记录按专业分组。"Group By 专业"可将同一专业的记录合并成一条新记录。要显示统计结果，需要构造一个输出字段，此时可使用 SQL 的统计函数 Count( )作为输出字段，按专业分组创建摘要值。若希望按用户要求的标题统计摘要值，可用 As 短语命名一个别名。

编写 SQL 指令代码如代码 10-11 所示。

代码 10-11
```
Private Sub Form_Load()
    Data1.DatabaseName = App.Path & "\student1.mdb"
    Data1.RecordSource = "Select 专业,count(*) As 人数" _
    & " From stuin Group By 专业"
End Sub
```

SQL 语句还提供了许多可选的关键谓词和子句，用来帮助进一步优化查询和对查询结果集排序。常见的谓词有：

(1) Distinct 谓词。用 Distinct 关键字来省略那些在选定列中含有重复数据的记录。在查询结果中包括的记录，它们在 Select 语句中列出的每一列或列的组合值必须是唯一的。例如 2 条记录在姓名字段中都包含了"丁一"，那么下面的 SQL 语句只返回其中一条记录：

Select Distinct 姓名 From stuin

(2) Top。若要只返回一定数量的记录，且这些记录位于 Order By 子句指定的范围的前面或后面，可使用 Top 谓词。例如，要在学生成绩表中获取平均成绩最好的前 5 名学生的姓名，可用下面的查询语句：

Data1.RecordSource="Select Top 5 学号 , Avg(成绩) As 平均成绩" _

& "From 学生成绩表 Group by 学号 Order By Avg(成绩)Desc"

这里"Group By 学号"短语将同一学生的各门课程的记录合并成一条记录，由 Avg(成绩)计算出该学生的平均成绩，"Order By Avg(成绩)Desc"短语按平均成绩的降序排列数据，"Top 5 "短语返回最前面的 5 条记录。如果没有 Order By 子句，查询将从学生成绩表中返回 5 条随机记录。

还可以用 Precent 关键字来返回一定百分比的记录，且这些记录位于 Order By 子句指定的范围的前面或后面。假定想取得平均成绩最好的前 10%的学生名单，则可改用下面的查询语句：

Data1.RecordSource="Select Top 10 Percent 学号 , Avg(学号) As 平均成绩" _

& "From 学生成绩表 Group By 学号 Order By Avg(成绩) Desc"

如果在 Select 语句中添加了 INTO 子句，将创建带有返回记录的新表，而不是 Recordset 对象。例如，"Select * Into [New Table] From 学生成绩表"，通过查询学生成绩表，创建一个名叫 New Table 的新表。

根据 SQL 指令的组合，用 SQL 进行查询操作可能返回记录集，也可能不返回记录集。VB 提供了 Execute 和 ExecuteSQL 方法用来执行不返回记录集的查询操作。其中，Execute 方法能返回 SQL 语句作用的行数。它们的语法形式如下：

Database 对象. Execute sql 语句

变量= Database 对象. ExecuteSQL(sql 语句)

【例 10-9】从 Student1 数据库的 2 个数据表中选择数据，获取平均值最好的前 5 名学生的名单。名单要求包括学号、姓名、性别和平均成绩等数据。

解题分析：在窗体上放置 Data 数据控件和一个网格控件。Data1 的 DatabaseName 属性指定数据库 Student1.mdb，网格控件的 DataSource=data1。

由于 Student1 数据库的 2 个数据表中没有现成的平均成绩字段，故需通过成绩字段产生。可在 Select 语句中选用 Top 谓词从学生表返回一定数量的记录，并使用 Into 子句将记录复制到一个临时表中。然后再使用第 2 个 Select 语句从临时表和基本情况表中选择所需的字段。

统计结果如图 10-15 所示，程序代码如代码 10-12 所示。

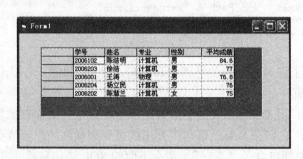

图 10-15　多表组合统计结果

代码 10-12
```
Private Sub Form_Load()
    Dim db As Database, sql As String
    Data1.DatabaseName = App.Path & "\student1.mdb"
    Set db = OpenDatabase(App.Path & "\student1.mdb")
    On Error Resume Next
    sql = "Select Top 5 学号,Avg(成绩) as 平均成绩 into temp"
    sql = sql & " From score Group By 学号 Order By Avg(成绩) Desc"
    db.Execute "Drop Table temp;"          '删除上次的临时表
    db.Execute sql                         '产生临时表temp
    Data1.RecordSource = "Select stuin.学号,stuin.姓名," _
    & "stuin.专业,stuin.性别,temp.平均成绩" _
    & " From stuin,temp Where stuin.学号=temp.学号"
    db.Close
End Sub
```

2. 使用 Delete 删除语句

Delete 删除语句可以用来删除 From 子句中列出的、满足 Where 子句的一个或多个表中的记录，其语法格式如下：

Delete [表字段] From [表集合] Where [条件]

删除查询删除的是整个记录，而不只是选定字段中的数据。如果想要删除某个特定字段的值，可以创建更新查询来把这个值改成 Null。

【例 10-10】从例 10-9 所产生 temp 表中删除平均成绩<76 的全部记录，并刷新网格。

在例 10-9 的基础上加入命令按钮，编写程序代码，如代码 10-13 所示。

代码 10-13

```
Private Sub Command1_Click()
  Dim db As Database, sql As String
   Set db = OpenDatabase(App.Path & "\student1.mdb")
  sql = "delete * From temp Where 平均成绩<76"
  db.Execute sql
  Data1.Refresh
  db.Close
End Sub
```

3. 使用 UPDATE 语句修改记录

UPDATE 用以按照某个条件修改指定表中符合条件记录的特定字段值。其语法如下：

UPDATE [表集合] SET [表达式] WHERE [条件]

当要修改多个记录，或者要修改的记录在多个表中时，UPDATE 语句是非常有用的。

【例 10-11】将例 10-10 所产生的 temp 表中平均成绩的值增加 10%，并刷新网格。

在命令按钮 Command1_Click 事件中加入如代码 10-14 所示的代码：

代码 10-14

```
Private Sub Command1_Click()
  Dim db As Database, sql As String
   Set db = OpenDatabase(App.Path & "\student1.mdb")
  sql = "update temp SET 平均成绩=平均成绩 *1.1"
  db.Execute sql
  Data1.Refresh
End Sub
```

一般情况下，UPDATE 语句是和 Execute 方法一起使用的，且可同时修改几个字段的值。

10.5　报表制作

一个数据库管理系统一般都有数据打印输出的要求，制作打印报表是不可缺少的工作。VB 中的数据报表设计器是专门用于设计数据报表的可视化工具，它是一个多功能的报表生成器，当需要数据报表设计器绑定数据时，其数据源可以由数据环境设计器提供。

1. 报表设计器中的对象

DataReport 对象：该对象相当于 VB 的窗体，它同时具有一个设计环境和一个代码模块。

将报表设计器添加到工程中的方法是：选择"工程"下拉菜单项"添加 DataReport"即可，如图 10-16 所示。

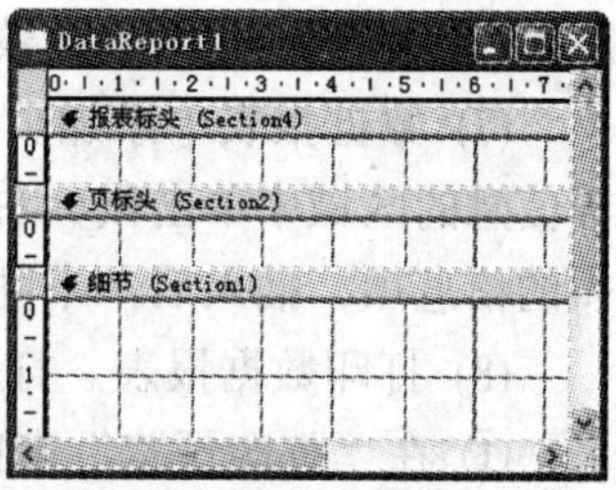

说明：

(1) 报表标头：报表开始显示的信息，一般为报表标题。

(2) 页标头：每页开始显示的信息。

(3) 细节：报表的数据内容。

(4) 页脚注：每页结束时显示的信息。

(5) 报表脚注：整个报表结束时显示的信息。

图 10-16　报表设计器窗口

(6) Section 对象：数据报表设计器由几个区域组成，其中的每个区域都由 Sections 集合中的 Section 对象表示，可拖动边界改变其大小，可在其中放置各种控件。

2．报表设计器中的控件

(1) TextBox：设置文本输入信息。可绑定到数据字段。

(2) Label：用于放置标签等，可用作报表标题，但不能绑定到数据字段上。

(3) Image：用于放置图形，但不能绑定到数据字段上。

(4) Shape：用户能在报表上放置矩形、三角形等图形。

(5) Function：用于计算数值，常用于报表汇总。

3．报表设计器的数据来源

当用户需要报表时，可以将数据报表设计器与数据环境对象进行数据绑定。此时要设置数据报表设计器的 DataSource 属性为某个数据环境对象，并设置数据报表设计器的 DataMember 属性为数据环境对象中的某个命令对象。之后，就可以将数据报表设计器中的可绑定的数据控件绑定到某个命令对象上。

4．设计报表

先创建数据环境，然后向工程中添加数据报表设计器。

(1) 设置 DataReport 对象属性。DataSource 为某一数据环境，DataMember 为某一 Command 命令。2 个属性必须进行设置，否则报表运行将出错。

(2) 检索结构。在报表设计器上单击右键，在弹出的菜单中选择"检索结构"，则弹出一个对话框，若单击"确定"，当前全部控件将被删除，并且全部自定义的区域和布局将被删除。

(3) 添加控件。在工具箱中选择控件在报表设计器中绘制所需控件。从数据环境中拖动 Command 或将其下的字段拖移到报表设计器中。

(4) 设置布局。设置字体大小，绘制线条，调整细节部分的高度使报表内容紧凑。

(5) 运行显示数据报表。一般有 2 种方法：

① 选择"工程"的下拉菜单项"工程属性"，然后在弹出的"通用"对话框中的"启动对象"组合框中选择要显示的数据报表名，然后运行显示。

② 使用程序代码显示数据报表：

```
Private Sub Command_Click()
    DataReport1.Show
End Sub
```

(6) 向报表中添加 Function 控件。Function 控件使用各种内置函数产生计算结果，一般放置在脚注部分。内置函数如表 10-16 所示。Function 控件的常用属性如表 10-17 所示。

(7) 数据报表中添加页数、日期等信息。在数据报表设计器中，在需要添加页数、日期等信息的区域中单击鼠标右键，即可弹出如图 10-17 所示的菜单，选择所需的项即可插入所需的信息项。插入后，不同的信息项具有不同的代号符号。

(8) 打印数据报表。打印数据报表可以采用下述方法：

① 在"打印预览"窗口中，单击"打印"按钮。

② 使用 PrintReport 方法打印数据报表。

语法格式：

对象. PrintReport(是否显示"打印"对话框 ，页面范围 ，起始页 ，终止页)

表 10-16　Function 控件包含的内置函数

函数名	功　　能
Sum	合计一个字段的值
Min	显示一个字段的最小值
Max	显示一个字段的最大值
Average	显示一个字段的平均值
Standard Deviation	显示一列数字的标准偏差
Standard Error	显示一列数字的标准错误
Value Count	显示包含非空值的字段数
Row Count	显示一个报表部分中的行数

表 10-17　Function 控件的属性

属　　性	说　　明
DataMember	设置 Command 名
DataField	设置字段名
FunctionType	设置内置函数

显示"打印"对话框的代码为：

Private Sub Command1.Click()

　　DataReport. PrintReport True

End Sub

不显示"打印"对话框的代码为：

Private Sub Command1.Click()

　　DataReport. PrintReport False

End Sub

可指定打印范围。例如，若指定打印的页
面范围是 1~10 页，则使用如下代码：

Private Sub Command1.Click()

　　DataReport. PrintReport False, rptRangeFromTo, 1, 10

End Sub

全部打印则可使用如下代码：

DataReport. PrintReport False,rptRangeAllPages

要输出文本数据报表则可使用如下代码：

DataReport. PrintReport False, rptKeyText

图 10-17　添加页数、日期等信息

10.6　图书管理系统设计

10.6.1　系统功能设计

1. 软件开发过程

软件开发是对软件问题的综合解决。软件开发过程中可能涉及到的步骤包括：

(1) 分析软件系统工作模型。

(2) 以软件工作模型为条件，确定软件基本功能成分。

(3) 分析软件系统数据模型。

(4) 以数据模型为条件，确定系统数据库结构。

(5) 以软件功能构成和数据库结构为条件，设计软件结构。

(6) 按照软件设计要求创建软件。

2. 系统分析

图书管理是图书馆管理中的重要环节，图书管理软件是比较常用的管理软件，它包括读者管理、图书管理、系统维护和数据操作等。

3. 系统设计

系统设计包括模块设计、数据库设计和编码设计。

(1) 模块设计。根据系统分析，图书管理系统模块结构如图 10-18 所示。

① 系统维护包括：修改密码、用户管理和退出。

② 读者管理包括：读者种类和读者信息管理。

③ 图书管理包括：图书种类和图书信息管理。

④ 数据操作包括：借还书和数据查询报表操作。

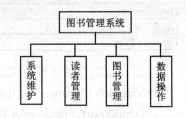

图 10-18 图书管理系统模块结构图

(2) 数据库设计。在图书管理中共设计了读者表、读者类型表、口令表、借还书表、图书表和图书类别表。表结构设置分别如图 10-19、10-20、10-21、10-22、10-23、10-24 所示。

字段名称	数据类型	说明
dzbh	文本	读者编号
dzxm	文本	读者姓名
dzxb	文本	读者性别
dzzl	文本	读者种类
gzdw	文本	工作单位
jtdz	文本	家庭地址
dh	文本	电话
dzyj	文本	电子邮件
djrq	日期/时间	登记日期
jssl	数字	借书数量
bz	备注	备注

图 10-19 读者表

字段名称	数据类型	说明
zlbh	文本	种类编号
zlmc	文本	种类名称
jssl	数字	借书数量
jsqx	数字	借书期限
yxrq	数字	有效期限
bz	备注	备注

图 10-20 读者类型表

字段名称	数据类型	说明
yhm	文本	用户名
mm	文本	密码

图 10-21 口令表

字段名称	数据类型	说明
jybh	文本	借阅编号
dzbh	文本	读者编号
tsbh	文本	图书编号
jhszl	文本	借还书类型
czrq	日期/时间	操作日期
czy	文本	备注

图 10-22　借还书表

字段名称	数据类型	说明
lbbh	文本	类别编号
lbmc	文本	类别名称
gjz	文本	关键字
bz	备注	备注

图 10-23　图书类别表

字段名称	数据类型	说明
txbh	文本	图书编号
tsmc	文本	图书名称
tszl	文本	图书种类
zz	文本	作者
cbs	文本	出版社
cbrq	日期/时间	出版日期
yms	数字	页码数
gjz	文本	关键字
djrq	日期/时间	登记日期
zs	数字	总数
zks	数字	在库数
bz	备注	备注

图 10-24　图书表

(3) 编码设计见下一节。

10.6.2　编码设计

1．主界面设计

新建一个工程，添加一个"MDI"窗体，命名为"图书馆管理系统"，如图 10-25 所示。

(1) 菜单。图书馆管理系统菜单分为两级，内容如图 10-26 所示。

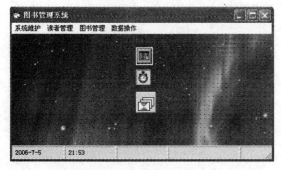

图 10-25　图书管理运行界面

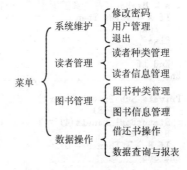

图 10-26　两级管理菜单内容

(2) 控件及属性设置。图书馆管理系统主界面中的控件与控件设置如表 10-18 所示。

(3) 主界面程序代码如代码 10-15 所示。

表 10-18   图书馆管理系统主界面控件的属性设置

对 象	名 称	属性设置
CommonDialog	Cc	
Timer	Timer1	Interval=300
StatusBar	StatusBar1	

代码 10-15

```
Dim A As String
Dim T As String
Dim B As Integer
Dim I As Integer
Sub CHECK()
    A = "欢迎使用" + Me.Caption
    I = Len(A)
    B = 0
End Sub
Private Sub back_clidk()
    cc.ShowColor
    图书管理系统.BackColor = cc.Color
End Sub
Private Sub help_click()
    cc.HelpCommand = cd1helpcontents
    cc.HelpFile = "c:\windows\help\notepad.hlp"
    cc.Action = 6
End Sub
Private Sub aduser_click()
    用户管理.Show
End Sub
Private Sub BB_Click()
    数据查询与报表.Show
End Sub
Private Sub DZXXGL_Click()
    读者信息管理.Show
End Sub

Private Sub DZZLGL_Click()
    读者种类管理.Show
End Sub

Private Sub LENT_Click()
    借还书.Show
End Sub

Private Sub QUIT_Click()
    A = MsgBox("是否真的退出?", vbYesNo + vbQuestion)
    If A = vbYes Then
        End
    Else
        Exit Sub
    End If
End Sub

Private Sub Timer1_Timer()
    T = Left(A, B)
    StatusBar1.Panels(4) = T
    B = B + 1
    If B > I Then B = 0
End Sub

Private Sub TSXXGL_Click()
    图书信息管理.Show
End Sub
```

```
Private Sub UPPASS_Click()
    修改密码.Show
End Sub
```

2. 登录界面设计

添加一个窗体，命名为"图书管理系统登录窗口"，如图 10-27 所示。

(1) 控件的属性设置。登录界面中控件的属性设置如表 10-19 所示。

表 10-19　登录界面控件的属性设置

对象名称	属性设置	标　题
Adodc1	Recordsource=口令表	Sdodc1
Adodc2	Recordsource=口令表	Adodc2
DataCombo1	Datasourec=Adodc1	
Text1	Datasource=Adodc1	
Label1		用户
Label2		密码

(2) 编写代码如代码 10-16 所示。

代码 10-16

```
Private Sub Command1_Click()
    Adodc1.RecordSource = "select * from klb where yhm='" _
    & Trim(DataCombo1.Text) & "' and mm='" & Trim(Text1.Text) & "'"
    Adodc1.Refresh
    If Adodc1.Recordset.RecordCount = 0 Then
        MsgBox "非法用户"
        Adodc1.RecordSource = "select * from klb"
        Adodc1.Refresh
    Else
        图书管理系统.Show
        Unload Me
    End If
End Sub

Private Sub Command2_Click()
    Unload Me
End Sub
```

图 10-27　登录界面

3. 读者信息管理界面设计

添加窗体，将读者管理界面设计成如图 10-28 所示的效果。

 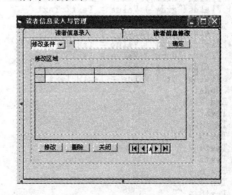

图 10-28　读者信息管理界面

(1) 控件的属性设置。读者信息录入界面的控件属性设置如表 10-20 所示。

(2) 读者信息修改。读者信息修改界面的控件属性设计成如表 10-21 所示的效果。

表 10-20　读者信息录入界面控件的属性设置

控件名称	属性设置	标　　题
SSTab1	Tab(0).caption=读者信息录入	
Adodc1	Recordsource=读者信息表	Adocd1
Adocd2	Recordsource=读者种类表	
Combo1	List=男；女	
DataCombo1	DataSource=adodc2	
DataGrid1	DataSource=adodc1	

10 个 Label、8 个 Text、3 个命令按钮分别设置成图 10-28 所示信息

表 10-21　读者信息修改界面控件属性设置

控件名称	属性设置	标　　题
Adodc3	Recordsource=读者信息表	Adodc1
Label1	=	
Combo2	List=读者编号；读者姓名；借书数量	修改条件
Frame1		修改区域
DataGrid1	DataSource=Adodc3	

4 个命令按钮分别设置为确定、修改、删除的关闭

(3) 编写代码如代码 10-17 所示。

代码 10-17

```
Private Sub Command1_Click()
  ' Adodc1.RecordSource = "select * from dzb "
  ' Adodc1.Refresh
  ' Adodc2.RecordSource = "select * from dzzlb "
  ' Adodc1.Refresh
  With Adodc1.Recordset
  If .RecordCount = 0 Then
    .AddNew
  Else
    .MoveLast
    .AddNew
  End If
  .Fields("dzbh").Value = Text1.Text
  .Fields("dzxm").Value = Text2.Text
  .Fields("dzxb").Value = Combo1.Text
  .Fields("dzzl").Value = DataCombo1.Text
  .Fields("gzdw").Value = Text7.Text
  .Fields("jtdz").Value = Text2.Text
  .Fields("dh").Value = Text8.Text
  .Fields("dzyj").Value = Text3.Text
  .Fields("djrq").Value = Text5.Text
  .Fields("jssl").Value = Text4.Text
  .Fields("bz").Value = Text9.Text
  .Update
  End With
  Text1 = ""
  Text2 = ""
  Text3 = ""
  Text4 = ""
  Text5 = ""
  Text6 = ""
  Text7 = ""
  Text8 = ""
  Text9 = ""
  Text1.SetFocus
  Adodc1.Refresh
```

```
End Sub

Private Sub Command4_Click()
  If Combo1.Text = "修改条件" Then
    MsgBox "选择修改条件"
    Exit Sub
  Else
    Adodc3.RecordSource = "select * from dzb where " _
    & Combo2.Text & "='" & Text10.Text & "'"
    ' Adodc3.Refresh
    Frame1.Visible = True
  End If
End Sub

Private Sub Command5_Click()
  A = MsgBox("真的修改吗?", vbYesNo + vbQuestion)
  If A = vbYes Then
    Adodc3.Recordset.Update
  Else
    Exit Sub
  End If
End Sub

Private Sub Command6_Click()
  With Adodc3.Recordset
  If .RecordCount > 0 Then
    A = MsgBox("真的删除吗?", vbYesNo + vbQuestion)
    If A = vbyse Then
      If .EOF Then
        MsgBox "请选择记录或记录为空"
        Exit Sub
      Else
        .Delete
        .MovePrevious
      End If
    Else
      Exit Sub
    End If
      MsgBox "没有记录"
  End If
  End With
End Sub

Private Sub Command7_Click()
  Unload Me
End Sub

Private Sub Form_Activate()
  图书管理系统.StatusBar1.Panels(5) = "当前窗体为:" + Me.Name
End Sub

Private Sub Form_Load()
  Me.Height = 5000
  Me.Width = 6300
End Sub

Private Sub SSTab1_DblClick()

End Sub

Private Sub Text5_GotFocus()
  Text5.Text = ""
End Sub
```

4. 借还书界面设计

借还书界面主要用来对借还书的各种操作。添加窗体如图 10-29 所示。

(1) 控件的属性设置。借还书界面中的主要控件的属性设置如表 10-22 所示。

(2) 编写代码如代码 10-18 所示。

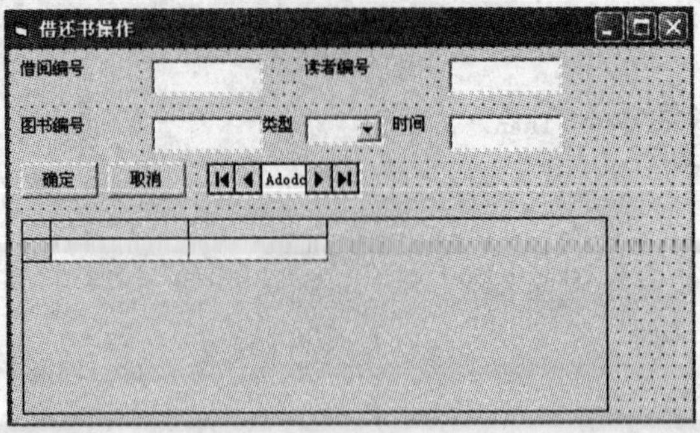

图 10-29　借还书界面

表 10-22　借还书界面主要控件的属性设置

控件名称	属性设置
Adodc1	RecordSource=借还书表
DataGrid1	DataSource=Adodc1

代码 10-18

```
Private Sub Command1_Click()
    With Adodc1.Recordset
    If .record1count = 0 Then
        .AddNew
    Else
        .movelase
        .AddNew
    End If
    .Fields("jybh").Value = Text1.Text
    .Fields("dzbh").Value = Text2.Text
    .Fields("tsbh").Value = Text3.Text
    .Fields("jhslx").Value = Combo1.Text
    .Fields("czsj").Value = Text4.Text
    .Fields("czy").Value = Text4.Text
    Update
    End With
    Text1.Text = ""
    Text2.Text = ""
    Text3.Text = ""
    Text4.Text = ""
    Text.SetFocus
    Adodc1.Refresh
End Sub

Private Sub Form_Activate()
    图书管理系统.StatusBar1.Panels(5) = Me.Caption + "在运行"
End Sub

Private Sub Form_Load()
    Me.Height = 4500
    Me.Width = 6200
End Sub
```

由于篇幅所限，其他内容请读者自行完成。

10.6.3　图书管理执行过程

打开图书管理文件夹，双击 tsgl.vbp 工程文件，进入图书管理软件编辑环境，单击运行按钮，在弹出的系统登录窗口中，单击用户下拉列表，选择用户名，如图 10-30 所示。本系统共有 3 个用户，分别是"高级管理员"、"123"、"222"。选择一个用户，在密码栏中输入密码，高级管理员密码为"123456"，另外 2 个用户的密码与用户名相同。单击"登录"按钮，进入菜单界面，窗体如图 10-31 所示。选择相应菜单即可进行相关操作。

以读者管理为例介绍执行过程。

单击读者管理菜单，弹出图 10-32 所示的窗口，选择"读者信息录入"选项卡，按窗口提示信息输入相应项，单击"保存"按钮即可将信息保存在读者库中。

其他操作与此操作类似，在此不再介绍。

图 10-30　系统登录界面

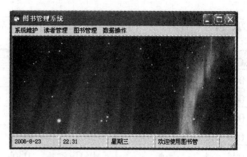

图 10-31　图书管理系统界面

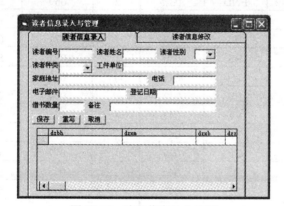

图 10-32　读者信息录入界面

附　录

附录A　常用字符与 ASCII 代码对照表

ASCII 值	字符	控制字符	ASCII 值	字符	ASCII 值	字符	ASCII 值	字符
000	(null)	NUL	032	(space)	064	@	096	`
001	☺	SOH	033	!	065	A	097	a
002	☻	STX	034	"	066	B	098	b
003	♥	ETX	035	#	067	C	099	c
004	♦	EOT	036	$	068	D	100	d
005	♣	END	037	%	069	E	101	e
006	♠	ACK	038	&	070	F	102	F
007	(beep)	BEL	039	'	071	G	103	G
008	■	BS	040	(	072	H	104	h
009	(tab)	TH	041	)	073	I	105	i
010	(line feed)	LF	042	*	074	J	106	J
011	(home)	VT	043	+	075	K	107	K
012	(form feed)	FF	044	,	076	L	108	l
013	(carriage return)	CR	045	-	077	M	109	m
014	♫	SO	046	.	078	N	110	n
015	☼	SI	047	/	079	O	111	o
016	►	DLE	048	0	080	P	112	p
017	◄	DC1	049	1	081	Q	113	q
018	↕	DC2	050	2	082	R	114	r
019	‼	DC3	051	3	083	S	115	s
020	¶	DC4	052	4	084	T	116	t
021	§	NAK	053	5	085	U	117	u
022	▬	SYN	054	6	086	V	118	v
023	↨	ETB	055	7	087	W	119	w
024	↑	CAN	056	8	088	X	120	x
025	↓	EM	057	9	089	Y	121	y
026	→	SUB	058	:	090	Z	122	z
027	←	ESC	059	;	091	[	123	{
028	∟	FS	060	<	092	\	124		
029	↔	GS	061	=	093	]	125	}
030	▲	RS	062	>	094	^	126	~
031	▼	US	063	?	095	_	127	⌂

附录B　函　数

　　VB 中的函数是根据需要编制并提供给用户使用的。函数的种类和数目很多，本附录中只列出了基本函数，并且有些函数的参数只抽取了部分常用的参数，完整和详细的函数说明请参考 VB 的联机帮助。

1. 数学函数

函　数	功能及说明	实　例	结　果
Sin(x)	计算 x(弧度)的正弦值	Sin(1)	.841 470 984 807 897
Cos(x)	计算 x(弧度)的余弦值	Cos(1)	.540 302 305 868 14
Atn(x)	计算 x(弧度)的反正切值	Atn(1)	.785 398 163 397 448
Tan(x)	计算 x(弧度)的正切值	Tan(1)	1.557 407 724 654 9
Abs(x)	计算 x 的绝对值	Abs(−5.4)	5.4
Exp(x)	计算 e 的 x 次幂 即数学中的 e^x	Exp(1)	2.718 281 828 459 05
Log(x)	计算数值 x 的自然对数 即数学中的 lnx	Log(2.718 281 828 459 05)	1
Sgn(x)	返回数的符号值 x>0　函数值是 1 x=0　函数值是 0 x<0　函数值是−1	Sgn(−10)	−1
Sqr(x)	返回 x 的平方根(x≥0)	Sqr(16) Sqr(10)	4 3.162 277 660 168 38
Int(x)	返回不大于 x 的最大整数	Int(5.6) int(−4.4)	5 −5
Fix(x)	返回 x 的整数部分	Fix(−3.6) Fix(3.6)	−3 3
Round(exp [,num])	按照指定的小数位数进行四舍五入运算的结果	Round(3.146 2) Round(3.145 2) Round(3.146) Round(3.646)	3.15 3.14 3 4

2. 字符串函数

函　数	功能及说明	实　例	结　果
Ltrim(C)	返回删除字符串左端空格后的字符串	LTrim("　　Program")或 LTrim$("　　Program")	"Program"
Rtrim(C)	返回删除字符串右端空格后的字符串	RTrim("Program　　")或 RTrim$("Program　　")	"Program"
Trim(C)	返回删除字符串前导和尾随空格后的字符串	Trim("　Program　　")	"Program"
Left(C,N)	返回从字符串 C 左边开始的 N 个字符的字符串	Left("Program",3)	"Pro"
Right(C,N)	返回从字符串 C 右边开始的 N 个字符的字符串	Right("Program",4)	"gram"
Mid(C,N1[,N2])	返回从字符串 C 中指定位置 N1 开始的 N2 个字符的字符串	Mid ("Program",2,3)	"rog"

(续表)

函　数	功能及说明	实　例	结　果
Len(C)	返回字符串中字符的个数	Len("VB 程序设计")	6
LenB(C)	返回字符串所占字节数	LenB("VB 程序设计")	12
Space(N)	产生一个指定数目的空格字符组成的字符串	Space(5)	"　　　　　" 产生 5 个空格
String$(N,C)	取字符串 C 的第 1 个字符构成长度为 N 的新字符串	String(3, "abc") String(3,65)	"aaa" "AAA" (字符"A"的 ASCⅡ码为 65)
Instr(N,C1,C2)	在字符串 C1 中从第 N 个位置开始查找字符串 C2 出现的起始位置	InStr(3,"ASdfDFSDSF", "DF")	5
InstrRev(C1,C2 [,N1][,m])	与 Instr 函数不同的是从字符串的尾部开始查找 m：比较方法，取值： -1：使用 Option Compare 语句设置执行一个比较 0：二进制比较，大小写字母视为不一样(缺省值) 1：以文本方式比较，大小写字母视为一样 2：仅适用于 Microsoft Access 数据库信息的比较	InStrRev("ASvbvbvbSDSb", "vb", 7,1) inStrRev("ASvbvbvbSDSb", "vb", 5,1)	5 3
Replace(C,C1,C2 [,N1][,N2][,m]) m：	在 C 字符串中从 1 或 N1 开始以 C2 替换 C1(有 N2，替换 N2 次) 说明同 InstrRev	s = "123ab123ab" s1 = "123" s2 = "456" ss = Replace(s, s1, s2,,1)	ss 的值是： 456ab123ab
Join(a[,d])	将数组 a 各元素按 d(或空格)分隔符连接为字符串变量	a=Array("abc","d_","1") Join(A, "_")	abc_d_1
Split(C[,d])	与 Join 函数作用相反，将字符串 C 按分隔符 d(或空格)分隔成字符数组	A = Split("abc def gh")	A(0)=ABC" A(1)="DEF" A(2)="GH"
StrReverse(C)	将字符串反序排列	StrReverse("1234567")	7654321
StrComp (C1,C2[, m])	返回 Variant(Integer)，两个字符串比较的结果。 m 为字符串比较类型： -1：使用 Option Compare 语句设置执行一个比较 0：二进制比较，大小写字母视为不一样(缺省值) 1：以文本方式比较，大小写字母视为一样 2：仅适用于 Microsoft Access 数据库信息的比较	S1 = "ABCD" S2 = "abcd" mp=StrComp(S1,S2, 1) mp=StrComp(S1,S2, 0) m[=StrComp(S2,S1)	0，文本比较将大小写字母视为相同 -1 1(s2>s1)

3. 转换函数

函　数	功能及说明	实　例	结　果
Asc(C)	返回字符串 C 中第 1 个字符的 ASCⅡ码值	Asc("a") Asc("abc")	97 97
Chr(x)	把 x 的值转换成对应的 ASCⅡ码字符	Chr(65) Chr(48)	"A" "0"
Str(x)	把数值数据 x 的值转换成字符串,如果 x 为正数,则返回的字符串前有一个前导空格	str(135) len(str(135))	" 135" 字符串长度为 4
Val(C)	把数字字符串 C 转换为数值型数据	Val("135") Val("135sd") Val(".13sd5") Val("a13sd5")	135 135 0.13 0
Hex(x)	返回 x 所代表十六进制数值的字符串	Hex(10)	A
Oct(x)	返回 x 所代表八进制数值的字符串	Oct(8)	10
Ucase(C)	把小写字母转换成大写	UCase("ABCabc")	"ABCABC"
Lcase(C)	把大写字母转换成小写	LCase("ABCabc")	"abcabc"
CBool(x)	把 x 转换成逻辑型 x 为任意有效的表达式	cbool(#01/01/06#) cbool(4>5)	True False
CInt(x)	把 x 转换成整型 x 为任意有效的表达式		CInt 与 Fix 和 Int 函数不同,后两者将数字的分数部分截尾取整,而不是四舍五入。当分数部分恰好为 0.5 时,CInt 函数通常将其四舍五入为最接近的偶数。例如,0.5 被四舍五入为 0,而 1.5 被四舍五入为 2。
CLng(x)	把 x 转换成长整型 x 为任意有效的表达式	Clng(25 427.45) Clng("25 427.55")	25427 25428 同 Cint
CSng(x)	把 x 转换成单精度型 x 为任意有效的表达式	Csng(75.342 111 5) Csng("75.342 155 5")	75.342 11 75.342 16
CDbl(x)	把 x 转换成双精度型 x 为任意有效的表达式	Cur=CCur(234.456 7) Dbl=CDbl(Cur*0.01)	结果转换为 Double 型
CDate(x)	把 x 转换成日期型 x 为任意有效的日期表达式	cdate("October 19, 2005") cdate("4:35:47 PM")	2005-10-19 下午 04:35:47
CCur(x)	把 x 转换成货币型 x 为任意有效的表达式	MDbl= 543.214588 Cur=CCur(MDbl*2)	MDbl 是双精度的 把 MDbl * 2 (1 086.429 176)的结果转换为 Currency (1 086.429 2)

4. 日期与时间函数

函 数	功能及说明	实 例	结 果
Now	返回计算机系统当前的日期和时间 (yy-mm-dd hh:mm:ss)	now	2006-7-5 下午 06:52:15
Date	返回当前系统日期 (yy-mm-dd)	date	2006-7-5
DateSerial (year,month,day)	返回一个日期形式 year：从 100 到 9999 的整数或数值表达式 month：任何数值表达式 day：任何数值表达式	DateSerial(6,2,3) DateSerial(2016-10,9-2, 21-1)	2006-2-3 2006-7-20
DateValue(C)	返回一个日期形式，C 为字符串	Datevalue("6/2/3")	2006-2-3
Time	返回系统时间	Time	下午 07:14:12
day(C|N)	返回参数 d 中指定月份的第几天 自变量为数值型或字符串	Day("2006-7-15")	15
weekday(C|N)	返回是星期几(1~7) 1(星期日)···7(星期六) 自变量为数值型或字符串	WeekDay("2006-7-4")	3(星期二)
WeekDayName (C|N)	返回星期代号(1~7)转换为星期名称，星期日为 1 自变量为数值型或字符串	WeekDayName(1) WeekDayName("4")	星期日 星期三
Month(C|N)	返回参数指定的月份(1~12) 自变量为数值型或字符串	Month("2006-6-5")	6
Monthname(N)	返回月份名	Monthname(10)	十月
Year(C|N)	返回参数中指定的年份	Year("2006-7-5")	2006
Hour(C|N)	返回参数中指定的小时 (0~23)	hour(time)	9(由系统决定)
Minute(C|N)	返回参数中指定的分钟 (0~59)	Minute(Now)	32(由系统决定)
Second(C|N)	返回参数中指定的秒(0~59)	Second(Now)	48(由系统决定)
Timer	返回从午夜算起到现在经过的秒数	timer	34 514.26(由系统决定)
TimeSerial(hour, minute,second)	返回一个时、分、秒的时间	TimeSerial (20,2,3)	下午 08:02:03
TimeValue(C)	返回一个时间形式，自变量为字符串	TimeValue("4:3:52")	上午 04:03:52
DateDiff(单位, D1,D2)	以年、月、日、星期为单位获取两个日期之间的差值	datediff("m",#2006/1/1#,#2006/7/31#) datediff("d",#2006/7/1#,#2006/07/31#) datediff("w",#2006/7/1#,#2006/07/31#)	6(相差 6 个月) 30(相差 30 天) 4(相差 4 周)
DateAdd(单位,N,D)	返回加上一段时间间隔的日期	dateAdd("d",10,#2006/7/10#) dateAdd("m",2,#2006/7/10#) dateAdd("d",-2,#2006/7/10#)	2006-7-20(10 天后的日期) 2006-9-10(2 个月后的日期) 2006-7-8(2 天前的日期)
DatePart(单位,D)	用于计算日期并返回指定的时间间隔	DatePart("d",#2006/3/10#) DatePart("m",#2006/3/10#) DatePart("yyyy",#2006/3/10#)	10 3 2006

5. 其他函数

函 数	功能及说明	实 例	结 果
Rnd[(x)]	产生[0, 1]之间的单精度随机数 x<0：每次使用 x 作为随机数种子，得到相同的随机数 x>0 或缺省：以上一个随机数为种子产生序列中的下一个随机数 x=0：产生与最近生成的随机数相同的数		
Format(<表达式>[,<格式字符串>])	把数字值或日期值转换为字符串	format(8315.4, "00000.00") format(8315.4, "#####.##") format(315.4, "$##0.00")	08315.40 8315.4 $315.40
RGB(red, green, blue)	获取一个长整型的(Long)的 RGB 颜色值		
QBColor(x)	返回一个 Long 类型的数据，用来表示所对应颜色值的颜色码		
Shell(<pathname>[,<windowstyle>])	调用一个可执行文件，返回一个 Variant (Double)。如果调用成功，该值代表这个程序的任务标识 ID；若调用不成功，则返回 0		
Array([arglist])	给可变类型的数组赋值或创建一数组	A = Array(#1/2/2006#, 20, True) Print A(0) Print A(1) Print A(2)	2006-1-2 20 True
Spc(n)	与 Print #语句或 Print 方法一起使用，对输出进行定位		
Tab[(n)]	与 Print #语句或 Print 方法一起使用，对输出进行定位 若当前行上的打印位置大于 n，则 Tab 将打印位置移动到下一个输出行的第 n 列上；若 n 小于 1，则 Tab 将打印位置移动到列 1；若 n 大于输出行的宽度，则 Tab 函数使用以下公式计算下一个打印位置：n Mod width		
UBound(arrayname [, dimension])	返回一个 Long 型数据，其值为指定的数组维可用的最大下标		
LBound(arrayname [, dimension])	返回一个 Long 型数据，其值为指定数组维可用的最小下标		
LoadPicture([filename], [size],[colordepth],[x,y])	将图形载入到窗体的 Picture 属性、PictureBox 控件或 Image 控件中		
InputBox(<Prompt>[,<Title>] [,<Default>])	提示一对话框，等待用户输入正文或按下按钮，并返回包含文本框内容的字符串		
MsgBox(prompt[, buttons] [, title])	在对话框中显示消息，等待用户单击按钮，并返回一个整数告诉用户单击了哪个按钮。		
TypeName(varname)	返回一个 字符串，表示变量的类型		
VarType(varname)	返回一个 整型数，表示变量的类型(2 代表整型 3 代表长整型……)		
IsArray(varname)	返回 Boolean 值，表示变量是否为一个数组		
IsDate(expression)	返回 Boolean 值，表示表达式是否可以转换成日期		
IsEmpty(expression)	返回 Boolean 值，表示变量是否已经初始化		
IsError(expression)	返回 Boolean 值，指出表达式是否为一个错误值		
IsMissing([argname])	返回 Boolean 值，指出一个可选的可变参数是否已经传递给过程		
IsNull(expression)	返回 Boolean 值，指出表达式是否不包含任何有效数据(Null)		
IsNumeric(expression)	返回 Boolean 值，指出表达式的运算结果是否为数字		
IsObject(identifier)	返回 Boolean 值，指出标识符是否表示对象变量		
GetAllSettings(appname, section)	从 Windows 注册表中返回应用程序项目的所有注册表项设置及其相应值 (开始由 SaveSetting 产生)		
GetSetting(appname, section, key[, default])	从 Windows 注册表中的应用程序项目返回注册表项设置值		
object.GetAutoServerSettings ([progid], [clsid])	返回关于 ActiveX 部件的注册状态的信息		
GetAttr(pathname)	返回一个 Integer，此为一个文件、目录、或文件夹的属性		
GetObject([pathname] [, class])	返回文件中的 ActiveX 对象的引用		
CurDir[(drive)]	返回一个 Variant (String)，用来代表当前的路径		

(续表)

函　　数	功能及说明	实　　例	结　果
CreateObject(class,[servername])	创建并返回一个对 ActiveX 对象的引用		
Dir[(pathname[, attributes])]	返回一个 String，用来表示一个文件名、目录名或文件夹名称，它必须与指定的模式或文件属性、或磁盘卷标相匹配		
Input(number, [#]filenumber)	返回 String，从指定文件的当前位置一次读取指定个数的字符		
Inputb(number, [#]filenumber)	返回 ANSI 格式的字符，从指定文件的当前位置一次读取指定字节数的字符		
StrConv(string, conversion, [LCID])	返回按指定类型转换的 Variant (String)		
IMEStatus	返回一个 Integer，用来指定当前 Microsoft Windows 的输入法(IME)，方式只对东亚区版本有效		
CallByName(object,procedurename,calltype, [arguments()])	执行一个对象的方法，或者设置或返回一个对象的属性		
Choose(index, choice-1 [, choice-2 , ... [, choice-n]])	从参数列表中选择并返回一个值		
Command	返回命令行的参数部分，该命令行用于装入 Microsoft Visual Basic 或 Visual Basic 开发的可执行程序		
Error[(errornumber)]	返回对应于已知错误号的错误信息		
CVErr(errornumber)	返回 Error 子类型的 Variant，其中包含指定的错误号		
Partition(number, start, stop, interval)	返回一个 Variant (String)，指定一个范围，在一系列计算的范围中指定的数字出现在这个范围内		
DoEvents( )	转让控制权，以便让操作系统处理其他的事件		
Environ({envstring|number})	返回 String，它关连于一个操作系统环境变量，在 Macintosh 中不可用		
FileAttr(filenumber, returntype)	返回一个 Long，表示使用 Open 语句所打开文件的文件方式		
EOF(filenumber)	返回一个 Integer，它包含 Boolean 值 True，表明已经到达为随机或顺序打开的文件的结尾		
FileDateTime(pathname)	返回一个 Variant (Date)，此为一个文件被创建或最后修改的日期和时间		
FileLen(pathname)	返回一个 Long，代表一个文件的长度，单位是字节		
LOF(filenumber)	返回一个 Long，表示用 Open 语句打开的文件的大小，该大小以字节为单位		
Loc(filenumber)	返回一个 Long，在已打开的文件中指定当前读/写位置		
Seek(filenumber)	返回一个 Long，在 Open 语句打开的文件中指定当前的读/写位置		
LoadResData(index, format)	用以从资源(.res)文件装载若干可能类型的数据，并返回一个 Byte 数组		
Switch(expr-1, value-1 [, expr-2,value-2 … [, expr-n,value-n]])	计算一组表达式列表的值，然后返回与表达式列表中最先为 True 的表达式所相关的 Variant 数值或表达式		
Filter(InputStrings, Value[, Include [, Compare]])	返回一个下标从零开始的数组，该数组包含基于指定筛选条件的一个字符串数组的子集		
FormatCurrency(Expression [,NumDigitsAfterDecimal [,IncludeLeadingDigit [,UseParensForNegativeNumbers [,GroupDigits]]]])	返回一个货币值格式的表达式，它使用系统控制面板中定义的货币符号		
IIf(expr, truepart, falsepart)	根据表达式的值，来返回两部分中的其中一个		

参 考 文 献

[1] 龚沛曾，陆慰民，杨志强. Visual Basic 程序设计教程[M]. 北京：高等教育出版社，2003.

[2] 李畅. Visual Basic 程序设计[M]. 北京：中国铁道出版社，2005.

[3] 罗朝盛. Visual Basic 程序设计实用教程[M]. 北京：清华大学出版社，2004.

[4] 曾强聪，等. Visual Basic 程序设计与开发案例教程[M]. 北京：清华大学出版社，2004.

[5] 蒋加伏，张林峰. Visual Basic 程序设计教程[M]. 北京：北京邮电大学出版社，2004.

[6] 董宛. Visual Basic 编程基础与应用[M]. 北京：清华大学出版社，2002.

[7] 王温君，于健，张海涛. Visual Basic 语言程序设计[M]. 北京：电子工业出版社，2005.

[8] 网冠科技. Visual Basic 6.0 控件时尚编程百例[M]. 北京：机械工业出版社，2001.

[9] 曹青，邱李华，郭志强. Visual Basic 程序设计教程[M]. 北京：机械工业出版社，2002.

[10] 王晓敏，李海波，杨红兵. Visual Basic 程序设计[M]. 北京：中国铁道出版社，2003.

[11] 柴欣，李惠然，李煦. Visual Basic 程序设计基础[M]. 北京：中国铁道出版社，2003.

[12] 王祖伟，曹颖，郭建忠，等. Visual Basic 程序设计[M]. 北京：中国铁道出版社，2005.

[13] 全国计算机等级考试命题研究组. 全国计算机等级考试教程同步辅导(二级 Visual Basic) [M]. 北京：电子工业出版社，2006.

[14] 刘炳文. Visual Basic 程序设计例题汇编[M]. 北京：清华大学出版社，2006.

[15] 曾伟民. Visual Basic 6.0 高级实用教程[M]. 北京：电子工业出版社，1999.

[16] 尹贵祥. Visual Basic 6.0 程序设计案例教程[M]. 北京：中国铁道出版社，2005.

[17] 唐大仕. Visual Basic 程序设计[M]. 北京：清华大学出版社，2003.

[18] 教育部考试中心. 全国计算机等级考试二级教程—Visual Basic 语言程序设计(修订版) [M]. 北京：高等教育出版社，2003.

[19] 朱从旭. Visual Basic 程序设计综合教程[M]. 北京：清华大学出版社，2005.

[20] 陈学东. Visual Basic 6.0 程序设计教程[M]. 北京：清华大学出版社，2005.

[21] 郑阿奇. Visual Basic 教程[M]. 北京：清华大学出版社，2005.

[22] 周必水. Visual Basic 程序设计[M]. 北京：科学出版社，2004.

[23] 张洪明. Visual Basic 6.0 程序设计基础教程[M]. 北京：科学出版社，2003.

[24] 郁红英. Visual Basic.NET 语句与函数大全[M]. 北京：电子工业出版社，2002.

[25] 丁学钧. Visual Basic 语言程序设计教程与实验[M]. 北京：清华大学出版社，2005.